I0064531

DIE SCHWACHSTROMTECHNIK

IN

EINZELDARSTELLUNGEN

Herausgegeben von

J. Baumann und **Dr. L. Rellstab**

München   Hannover

V. Band:

Der Schwachstrom-Monteur

von

J. Baumann

München und **Berlin**

Druck und Verlag von R. Oldenbourg

1908

Der
Schwachstrom-Monteur

Ein Handbuch

für

Anlage und Unterhaltung von Schwachstromanlagen

von

J. Baumann

Mit 167 Abbildungen im Text

München und Berlin

Druck und Verlag von R. Oldenbourg

1908

Vorwort.

Die folgenden Ausführungen bilden einen ersten Versuch, aus dem umfangreichen Stoff herauszuheben und einheitlich zusammenzufassen, was für den Schwachstrommonteur, den mit der unmittelbaren Leitung von Ausführung und Unterhaltung von Schwachstromanlagen befaßten Fachmann vornehmlich in Betracht kommt. So wird erst der praktische Gebrauch entgiltig entscheiden, an welchen Stellen zu viel, an welchen zu wenig auf den einzelnen Gegenstand eingegangen ist, wo Kürzungen und wo Ergänzungen wünschenswert erscheinen. Dem Plan der Sammlung von Einzeldarstellungen entsprechend, setzt auch der vorliegende Band die Kenntnis der Grundlehren von Elektrizität und Magnetismus voraus und ist durchaus elementar gehalten.

Für die freundliche Überlassung von Zeichnungen, Beschreibungen und Klischees ist der Herausgeber der Telephonfabrik Aktiengesellschaft vorm. J. Berliner, der Aktiengesellschaft Mix & Genest, der Telephonapparat-Fabrik E. Zwietusch & Co., der C. Lorenz Aktiengesellschaft, der Siemens & Halske Aktiengesellschaft, der Gesellschaft für drahtlose Telegraphie, Telefunken und dem Verlag der Zeitschrift für Schwachstromtechnik zu bestem Danke verbunden.

München, im Sommer 1907

Der Verfasser.

Inhaltsverzeichnis.

Seite

Vorwort III
Inhaltsverzeichnis IV

Einleitung 1
  1. Schwachstromanlagen. 2. Zweck der Schwachstrom-
    anlagen. 3. Bestandteile einer Schwachstromanlage.
    4. Aufgaben des Schwachstrommonteurs. 5. Kenntnisse
    des Schwachstrommonteurs 1
  6. Einteilung der Schwachstromanlagen 2

I. Die Stromquellen.

  7. Arten der Stromquellen. 8. Wahl der Stromquelle . . 3

    1. Galvanische Elemente und Akkumulatoren.

  9. Regel. 10. Konstante Elemente. 11. Meidingerelemente.
    12. Ansetzen des Meidingerelements 4
  13. Wirkungsweise des Meidingerballonelements. 14. Ver-
    einfachtes Meidingerelement 5
  15. Notbehelf. 16. Regel. 17. Unterhaltung der Meidinger-
    elemente 6
  18. Leistung der Meidingerelemente. 19. Akkumulatoren.
    20. Bauart der Akkumulatoren 7
  21. Leistung der Akkumulatoren. 22. Laden und Entladen
    der Akkumulatoren. 23. Unterhaltung der Akkumulatoren 8
  24. Inkonstante Elemente 10
  25. Das Leclanchéelement. 26. Wirkungsweise des Leclanché-
    elements. 27. Ansetzen der Leclanchéelemente. 28. Unter-
    haltung der Leclanchéelemente 11
  29. Regel. 30. Andere Formen des Leclanchéelements . . 12
  31. Amalgamieren des Zinks. 32. Trockenelemente. 33. Leis-
    tung der Leclanchéelemente 13

2. Thermoelemente.

Seite

34. Die Thermoelemente 13
35. Gülchers Thermobatterie 14

3. Elektrische Maschinen.

36. Die elektrischen Maschinen. 37. Die Magnetinduktoren 14
38. Leistung der Magnetinduktoren. 39. Wechselstrommaschinen und Polwechsler 15
40. Dynamomaschinen 16

4. Funkeninduktoren.

41. Funkeninduktoren 16
42. Leistung der Funkeninduktoren 17

II. Die Leitung.

43. Die Leitung. 44. Aufgabe der Leitung 17
45. Regel. 46. Verminderung der Leitungsfähigkeit. 47. Verminderung der Isolation. 48. Leitungsbau. 49. Regel
50. Leitungsanlage in Innenräumen 18
51. Die Freileitung 19
52. Leitungsdraht. 53. Eisen- und Stahldraht. 54. Bronzedraht. 55. Aluminiumdraht 20
56. Isolatoren 21
57. Die Isolatorenstützen. 58. Die Leitungsträger 22
59. Tränkung der hölzernen Tragstangen. 60. Tragstangen
aus Zement 23
61. Ausführung der Leitung 24
62. Regel 26
63. Einzelheiten über den Leitungsbau 27
64. Einführung der Freileitung 28
65. Unterirdische Leitungen 29
66. Telephonkabel. 67. Regel. 68. Verlegen der Telegraphenkabel 30
69. Lötstellen in Telegraphenkabeln. 70. Einführung der
Telegraphenkabel. 71. Verlegen der Telephonkabel . . 31
72. Anschlüsse der Telephonkabel 32
73. Leitungsunterhaltung 33
74. Regel. 75. Die Unterhaltung von Kabelanlagen . . . 34

III. Die Apparate.

76. Apparate 35

Taster und Unterbrecher.

77. Taster. 78. Taster für Haustelegraphen 35
79. Morsetaster. 80. Mechanisch betätigte Taster 37
81. Tür-, Fenster-, Jalousiekontakte. 82. Der Kontakt in den
Tastern. 83. Regel. 84. Unterbrecher 38
85. Der Wagnersche oder Neefsche Hammer. 86. Quecksilberturbinenunterbrecher 39

Apparate zur Stromverwendung.

87. Der Elektromagnet 40
88. Der elektrische Wecker. 89. Die Gleichstromwecker.
90. Der Einschlagwecker. 91. Der Rasselwecker . . . 41
92. Fortschellwecker. 93. Markierwecker 42
94. Tisch- und Konsolwecker 43
95. Luft- und wasserdichte Wecker. 96. Stufenwecker . . 44
97. Wechselstromwecker 45
98. Resonanzwecker 46
99. Summer-, Schnarr- und Klangfederwecker. 100. Sichtbare Signale 48
101. Fallscheiben und Fallklappen 49
102. Pendelklappen 51
103. Selbsthebende Klappen. 104. Tableaus- und Klappenschränke. 105. Tableaus 52
106. Kontrolltableaus. 107. Schreibende Elektromagnete.
108. Der Morseschreibtelegraph 54
109. Ausführungsformen des Morseapparats 55
110. Morsefarbschreiber, Modell der deutschen Reichspostverwaltung 56
111. Tragbare Morseapparate. 112. Registrierende Schreibelektromagnete 57
113. Relais. 114. Das gewöhnliche Gleichstromrelais . . 58
115. Das polarisierte Relais 60
116. Das Wechselstromrelais 61
117. Das Stufenrelais. 118. Elektromagnete mit eingespannten tönenden Ankern. 119. Das Telephon . . 62
120. Lautsprechende Telephone 64
121. Mikrophone 65
122. Das Kohlenkörnermikrophon 66
123. Mikrotelephon 68
124. Induktionsrollen 69
125. Das Telephon als Sendeapparat. 126. Übertrager . . 70
127. Drosselspulen 71
128. Kondensatoren. 129. Polarisationszellen 72
130. Umschalter. 131. Der Hebelumschalter 73
132. Der Stöpselumschalter. 133. Linienumschalter. 134. Der
Schienenumschalter 47
135. Der Drahtumschalter 75
136. Der Klinkenumschalter. 137. Die Klinke. 138. Der
Klinkenstreifen 77
139. Der Hakenumschalter. 140. Der Kippschalter 79
141. Die Telephonapparate. 142. Telephonapparate für
kleinere Entfernungen 80
143. Das Pherophon, Citophon etc. 81

Seite

144. Wand- und Tischapparate für beiderseitigen Verkehr.
145. Telephonapparate für größere Entfernungen . . 82
146. Wandapparat, Modell der deutschen Reichspostverwaltung 83
147. Andere Ausführungsformen von Wandapparaten.
148. Tischapparate für weite Entfernungen, Modell der deutschen Reichspostverwaltung 88
149. Andere Ausführungsformen der Tischapparate. 150. Zentralbatterieapparate 89
151. Zentralbatterie-Wandapparat, Modell der deutschen Reichspostverwaltung 90
152. Telephonapparate für besondere Zwecke 97
153. Tragbare Telephonapparate 99
154. Linienwähler 100
155. Selbsttätige Linienwähler 101
156. Springzeichenlinienwähler 102
157. Die Klappenschränke 103
158. Der Klappenschrank mit Stöpselschnurverbindung . 104
159. Der schnurlose Klappenschrank 108
160. Der Pyramidenschrank 111
161. Schränke mit Glühlampensignalen 113
162. Schränke mit selbsthebenden Klappen 114
163. Die Vielfachumschalter 115
164. Vielfachumschalter mit Zentralbatterie und Glühlampensignalisierung 117
165. Die automatischen Vielfachumschalter 121
166. Die Maschinentelegraphen. 167. Der Wheatstonetelegraph 122
168. Der Typendrucktelegraph Hughes 123
169. Der Siemenssche Schnelltelegraph 124
170. Die Kopiertelegraphen. 171. Der Telautograph Gray . 125
172. Die Bildtelegraphen. 173. Der Bildtelegraph von Korn 126
174. Die Radiotelegraphen. 175. Die Sende- und Empfangsdrähte 128
176. Die Sendeapparate 129
177. Die Empfangsapparate 130
178. Messungen des Schwachstrommonteurs. 179. Die Meßapparate. 180. Das Galvanometer. 132
181. Anwendungen des Galvanometers. 182. Das Galvanometer als Spannungsmesser 134
183. Das Galvanometer als Strommesser. 184. Vereinigte Volt- und Amperemeter 135
185. Batterieprüfung. 186. Mit einem Element vereinigtes Galvanometer 136
187. Die Schutzvorrichtungen. 188. Die Blitzschutzvorrichtungen. 189. Plattenblitzableiter 137

Seite

190. Stangenblitzableiter 139
191. Abschmelzsicherungen 140
192. Vereinigte Blitzschutzvorrichtung und Abschmelzsicherung. 193. Vereinigte Blitzschutzvorrichtung und doppelte Abschmelzsicherung 141
194. Blitzschutzvorrichtungen mit Schmelzsicherungen für
Fernsprechämter, Modell der deutschen Reichspostverwaltung 143

IV. Die Schwachstromanlagen.

195. Die Schwachstromanlagen. 196. Die Haustelegraphenanlagen. 197. Einfache Weckeranlage 145
198. Weckeranlage mit Fortschellwecker 146
199. Weckeranlage mit Signalisierung nach beiden Richtungen. 200. Alarmanlage. 201. Sicherungsanlage gegen
Einbruch 147
202. Weckeranlage für ein Wohnhaus. 203. Tableauanlagen.
204. Fahrstuhlsignalanlagen 148
205. Fahrstuhltableauanlagen. 206. Türöffneranlagen . . 149
207. Kontrolltableauanlagen mit Fallklappentableau und
Kontrolltableau mit elektrischer Rückstellung . . . 150
208. Haustelephonanlagen 209. Einfachste Form der Haustelephonanlage. 210. Haustelephonanlage mit Benutzung einer Haustelegraphenanlage 151
211. Einfache Haustelephonanlage mit Wechselverkehr . 153
212. Einfache Haustelephonanlage mit Wechselverkehr und
eigener Batterie an den beiden Sprechstellen . . . 154
213. Einfache Haustelephonanlage für den Wechselverkehr
einer Hauptstelle mit mehreren Seitenstellen . . . 155
214. Einfache Haustelephonanlage mit Linienwählerverkehr 156
215. Allgemeines 157
216. Haustelephonanlage mit Vermittlungsbetrieb 158
217. Gemeinsame Leitung für mehrere Sprechstellen bei
Haustelephonanlagen mit Vermittlungsbetrieb . . . 159
218. Die Verbindung von Haustelephonanlagen mit öffentlichen Fernsprechnetzen 160
219. Die Telegraphenanlagen auf größere Entfernungen.
220. Die Morsetelegraphenanlagen. 221. Die Morsetelegraphenanlagen mit metallischer Leitung. 222. Arbeitsstrom 162
223. Ruhestrom 163
224. Einrichtung einer Betriebsstelle mit Ruhestrommorse-
apparat. 225. Der Betrieb der Ruhestrommorseleitungen 165
226. Der wahlweise Anruf der Ruhestrommorseleitungen . 167
227. Morsetelegraphen mit Mehrfachverkehr 169

Seite
228. Die automatischen Morsetelegraphenanlagen. 229.
Morsefeuertelegraphenanlagen 171
230. Automatische Morsetelegraphenanlagen für den Eisenbahndienst 173
231. Automatische Morsetelegraphenanlagen für den Massenverkehr 175
232. Die radiotelegraphischen Morseanlagen 176
233. Die Typendrucktelegraphenanlagen. 234. Die Schnelltelegraphenanlagen. 235. Die Kopier- und Bildtelegraphenanlagen. 236. Die registrierenden Telegraphenanlagen 179
237. Die elektrischen Wasserstandsanzeiger. 238. Die
Wächterkontrollanlagen. 239. Die Telephonanlagen
auf größere Entfernungen 180
240. Einfachste Anlage 181
241. Telephonanlagen mit mehr als zwei Sprechstellen in
einer Leitung 182
242. Telephonanlagen mit mehreren Sprechstellen in gemeinsamer Leitung und wahlweisem Anruf. 243. Wahlweiser Anruf in Telephonanlagen mit vier Stellen in
der gemeinsamen Leitung 187
244. Wahlweiser Anruf in Telephonanlagen mit mehr als
vier Stellen in der gemeinsamen Leitung. 245. Der
wahlweise Anruf in Telephonanlagen mit Geheimverkehr. 188
246. Die Telephonfernleitungen. 247. Direkte Telephonfernleitungen 193
248. Fernleitungen mit mehreren Ortstelephonnetzen. 249.
Fernleitungen mit drei Ortsnetzen 194
250. Fernleitungen mit vier Ortstelephonnetzen 196
251. Fernleitungen mit vier und mehr Ortstelephonnetzen
in gemeinsamer Leitung 197
252. Gemeinsame Benutzung einer Telephonleitung durch
mehrere in Sternschaltung an dem einen Ende angeschlossene Sprechstellen 199
253. Die öffentlichen Ortstelephonanlagen. 254. Einfachste
Form einer Ortstelephonanlage. 255. Weitere Ausgestaltung der Ortstelephonanlagen 200
256. Betrieb der öffentlichen Telephonanlagen 204

V. Die Herstellung der Schwachstromanlagen.

257. Allgemeines. 258. Die Feststellung des Bedürfnisses.
259. Die Ermittelung der Herstellungs- und Betriebs-
bedingungen 209
260. Plan. 261. Kostenanschlag 210
262. Beispiel 211

Seite

263. Vertragsabschluß. 264. Ausführung. 265. Bauausführung 216
266. Montagebuch. 267. Leitungsausführung 217
268. Leitungsprüfung. 269. Leitungsfehler. 270. Aufsuchen
     und Beseitigen von Leitungsfehlern 218
271. Anschluß der Apparate und Stromquellen. 272. Fehler
     in den Stromquellen. 220
273. Fehler in den Apparaten. 274. Elektrische Apparat-
     fehler. 275. Die Widerstandserhöhungen. 276. Die
     Widerstandsverminderungen 221
277. Aufsuchung und Beseitigung elektrischer Apparatfehler 222
278. Die mechanischen Apparatfehler 224
279. Aufsuchen und Beseitigen mechanischer Apparatfehler 225
280. Betriebsübergabe 225
281. Abrechnung 226

VI. Die Unterhaltung der Schwachstromanlagen.

282. Unterhaltung der Schwachstromanlagen 226
283. Die Gefahren für Leib und Leben 227
284. Verhalten bei Betriebsunfällen. 285. Verbandzeug. 286.
     Unfälle durch Starkstrom. 245. Verhalten bei Stark-
     stromunfällen 231

Anhang.

  I. Maßtabellen und Maßeinheiten.
     Maß- und Gewichtstabellen 235
 II. Tabelle der spezifischen Massen oder Dichtigkeiten
     einiger Körper.
     a) feste Körper 237
     b) flüssige Körper 238
III. Widerstandskoeffizient und Zunahme einiger Metalle,
     Legierungen und Halbleiter 239
 IV. Gewicht und Widerstand von Kupferdrähten bei 15° C 242
  V. Eigenschaften der eisernen Leitungsdrähte 243
 VI. Eigenschaften der Bronzedrähte. 244
VII. Durchhang- und Spannungstabelle 245
VIII. Das Morsealphabet 247

Namen- und Sachregister 248

Einleitung.

1. **Schwachstromanlagen.** Schwachstromanlagen sind
technische Einrichtungen, in welchen der Zweck der Anlage
durch verhältnismäßig geringe Stromstärken — bis ungefähr ein
Ampere — erreicht wird.

2. **Zweck der Schwachstromanlagen.** Der Zweck
der Schwachstromanlagen ist in der weitaus überwiegenden Anzahl der Fälle die Übermittlung von Nachrichten von einem Ort
zum andern durch den elektrischen Strom, seltener die Auslösung der Tätigkeit einer entfernten Arbeitsquelle.

3. **Bestandteile einer Schwachstromanlage.** Jede
Schwachstromanlage besteht aus einer Stromquelle, einer Leitung,
welche die Orte, zwischen welchen der Zweck der Anlage erreicht werden soll, verbindet, und Apparaten, an welchen der
von der Stromquelle durch die Leitung diesen Apparaten zu-
gesandte elektrische Strom zur Wirkung kommt, endlich aus
Hilfsmitteln, welche ermöglichen, die Stromwirkung am entfernten
Ort zu beliebiger Zeit hervorzubringen, d. h. den Strom beliebig
in die Leitung und zu den Apparaten zu entsenden und wieder
zu unterbrechen.

4. **Aufgabe des Schwachstrommonteurs.** Aufgabe
des Schwachstrommonteurs ist es, Schwachstromanlagen mit dem
geringsten Aufwand von Mitteln herzustellen und zu unterhalten.
Die Erfüllung dieser Aufgabe erfordert in erster Linie Kenntnisse, dann Intelligenz, Fleiß und größte Gewissenhaftigkeit.

5. **Kenntnisse des Schwachstrommonteurs.** Der
Schwachstrommonteur verfügt über Realschulbildung, welche
zweckmäßig durch den Besuch eines guten Technikums ergänzt
wird. Doch können Praxis und energisches Selbststudium auch
von der Elementarschule Kommende zu tüchtigen Leistungen

führen. In allen Fällen aber bildet die Beherrschung der Grundlehren über Elektrizität und Magnetismus die Voraussetzung jeder
ersprießlichen Tätigkeit des Schwachstrommonteurs. Diese Kenntnisse werden auch für die folgenden Ausführungen voraus-
gesetzt.

6. Einteilung der Schwachstromanlagen. Man
unterscheidet zwei große Gruppen von Schwachstromanlagen:
die Telegraphenanlagen in engerem und weiterem Sinne und
die Telephonanlagen. In den Anlagen der ersteren Art wird
die Nachricht in sichtbaren und hörbaren Signalen übermittelt,
in den Anlagen der zweiten Art besteht die Nachrichtenübermittlung in der Übertragung der menschlichen Sprache von
einem Ort zum andern vermittelst des elektrischen Stromes.
Beide Arten treten oft in ein und derselben Anlage verbunden
auf. So bedient man sich z. B. in Telephonanlagen zur Einleitung eines Gesprächs meist eines durch den elektrischen
Strom erzeugten Glockensignals, während dann der eigentliche
Zweck der Einrichtung durch Übertragung der menschlichen
Sprache vermittelst des Telephons erreicht wird. Eine dritte
Gruppe umfaßt die Schwachstromanlagen, in welchen der in
die Leitung entsandte Strom unmittelbar wirkt oder mittelbar
eine entfernte Arbeitsquelle in Tätigkeit bringt.

Zur erstgenannten Gruppe sind zu rechnen:

1. die Haustelegraphenanlagen,
2. die Telegraphenanlagen für größere Entfernungen, wie
   Staats-, Eisenbahn-, Feldtelegraphen,
3. die Feuertelegraphen,
4. die Telegraphen, welche Zustandsänderungen irgendwelcher Art, wie Änderungen der Temperatur, des Luft-
   drucks, des Wasserstands, der Dichtigkeit von Lösungen
   usw., in die Ferne melden,
5. Schreib- und Drucktelegraphen, vermittelst welcher eine
   mehr oder minder große Anzahl von Interessenten durch
   ein Vermittlungsamt schriftlich miteinander verkehren
   können, ähnlich wie dies die Teilnehmer einer öffentlichen Telephonanlage tun.

Die zweite Gruppe umfaßt:

1. die Haustelephonanlagen,
2. die öffentlichen Stadtfernsprechnetze,
3. die Telephonanlagen für den Fernsprechverkehr von
   Stadt zu Stadt und von Land zu Land,

4. die Telephonanlagen für besondere Zwecke, wie für
   Eisenbahnen, Heer und Marine, Bergwerke, Feuer-
   meldeanlagen usw.

Zur dritten Gruppe gehören Anlagen für medizinische
Zwecke und für wissenschaftliche Untersuchungen verschiedener
Art. Ferner sind zu dieser Gruppe die Anlagen für elektrische
Minenzündung und alle Anlagen, in welchen der Strom zu
mechanischen Auslösungen in die Ferne dient, zu rechnen.

I. Die Stromquellen.

7. **Arten der Stromquellen.** In Schwachstromanlagen
kommen folgende Arten von Stromquellen in Anwendung:

1. galvanische Elemente und Akkumulatoren,
2. Thermoelemente,
3. elektrische Maschinen,
4. Funkeninduktoren.

8. **Wahl der Stromquelle.** Für die Wahl der Stromquelle ist in jedem Falle ausschlaggebend die Leistung, welche
von ihr verlangt werden muß. Je genauer die Wahl dieser
Forderung angepaßt wird, desto vollkommener erfüllt die Stromquelle in einem gegebenen Falle ihre Aufgabe. Es kommen
zwei äußerste Fälle vor: entweder der Strom muß die Anlage
dauernd durchfließen, und der Zweck wird dadurch erreicht, daß
dieser Dauerstrom — Ruhestrom — im Augenblicke der Benutzung für kurze Zeit unterbrochen wird, oder aber der Strom
wird nur im Augenblicke des Bedarfs auf kurze Zeit geschlossen
— Arbeitsstrom —. Im ersten Falle hat die Stromquelle dauernd
einen Strom von unveränderter Stärke zu liefern, im zweiten
Falle genügt es, wenn der Strom auf die kurze Benutzungszeit
die zum Betrieb erforderliche Stärke behält, d. h. in ersterem
Falle ist die Unveränderlichkeit der Leistung der Stromquelle
auf lange, im zweiten nur auf kurze Zeit erforderlich. In allen
Fällen aber muß die Leistung der Stromquelle genügen, um in
der gegebenen Leitung und den in dieselbe eingeschalteten
Apparaten die zur Betätigung der letzteren erforderliche Strom·
stärke zu erzeugen.

1. Galvanische Elemente und Akkumulatoren.

9. Regel. Für Ruhestromanlagen kommen nur konstante Elemente oder Maschinenstrom in Betracht.

10. Konstante Elemente. Die konstanten Elemente in Schwachstromanlagen sind meist vereinfachte Daniellelemente, d. h. Kupfer in Kupfervitriollösung und Zink in Zinkvitriollösung ohne Tonzelle.

11. Meidingerelement. Das Meidingerballonelement besteht aus einem zylindrischen Glasgefäß, welches sich aus einem größeren oberen Teil mit größerem Durchmesser und einem kleineren unteren Teil mit kleinerem Durchmesser zusammensetzt. Fig. 1. In dem unteren Teile steht ein Glasbecher, welcher mit seinem oberen Rande etwas in den oberen Teil hineinragt. In diesem Glasbecher befindet sich ein Streifen Kupferblech oder eine Bleiplatte, an welcher ein isolierter Kupferdraht angelötet ist. Letzterer führt über den Rand des äußeren Glases hinaus und bildet den positiven Pol des Elements. Auf dem Absatz zwischen dem unteren und dem weiteren oberen Teil des äußeren Gefäßes steht ein Hohlzylinder aus Zink, an welchen ebenfalls ein nach außen geführter isolierter, den negativen Pol bildender Kupferdraht angelötet ist. Das Ganze wird durch einen birnförmigen, mit der Spitze nach unten gekehrten Glasballon abgeschlossen. An dieser Spitze befindet sich eine Öffnung, welche mit einem Korkstöpsel verschlossen ist. Den Korkstöpsel durchdringt ein Glasröhrchen. Der Glasballon ist mit Kupfervitriolkristallen gefüllt; in dem Standglas reicht eine Lösung von ca. 50 g Bittersalz pro Element bis über den oberen Rand des Zinkzylinders.

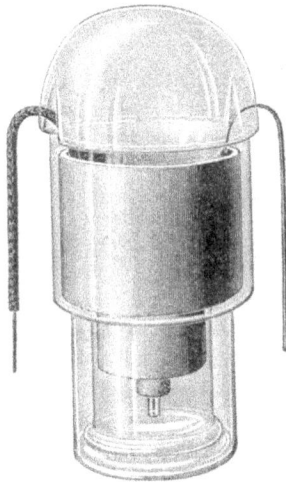

Fig. 1.

12. Ansetzen des Meidingerballonelements. Alle Bestandteile des Elements werden vor dem Ansetzen sorgfältig gereinigt und getrocknet. Der obere Rand des äußeren

Glasgefäßes ist innen auf eine Breite von 1 cm mit einem zu sammenhängenden, festhaftenden Anstrich von Paraffin oder Öl farbe versehen. Das Einsatzglas wird eingestellt, das äußere Glas etwa zur Hälfte mit der Bittersalzlösung gefüllt, dann Kupfer- und Zinkelektroden an Platz gebracht. Nun wird der Ballon mit Kupfervitriol gefüllt und Wasser zugegeben, bis der Ballon voll ist. Der Kork mit dem Glasröhrchen wird eingesetzt und hierauf der Ballon an Platz gebracht.

13. **Wirkungsweise des Meidingerballonele, ments.** Mit dem Einsetzen des mit Kupfervitriollösung ge füllten Ballons fließt die Lösung durch das Glasröhrchen in das Standglas und sinkt, weil schwerer als die Bittersalzlösung zur Kupferelektrode nieder. Sobald nun durch Verbindung der beiden Pole des Elements durch die angeschlossene Leitung der Strom geschlossen wird, wird am Kupferpol aus der Kupfer vitriollösung Kupfer ausgeschieden, welches sich als metallisches Kupfer auf der Kupferelektrode absetzt; anderseits wird Schwefel säure gebildet, welche das Zink auflöst und Zinkvitriol in der Umgebung der Zinkelektrode in Lösung bildet. Dieser Vorgang und damit die Stromerzeugung währen so lange, als einerseits die Zufuhr von Kupfervitriol zur Kupferelektrode, anderseits der Vorrat an unzersetztem Zink an der Zinkelektrode vorhalten. Mit der Zer setzung des Kupfervitriols unter der Wirkung des Stroms wird die Lösung in der Umgebung der Kupferelektrode leichter und steigt in die Höhe, während die schwerere Kupfervitriollösung aus dem Ballon der Schnelligkeit gemäß, mit welcher der erzeugten Stromstärke entsprechend die Kupfervitriollösung sich verdünnt, nachdringt.

14. **Vereinfachtes Meidinger element.** Das vereinfachte Meidinger element Fig. 2 besteht aus einem zylin drischen Standglas, dessen oberer Rand vermittelst Drahthaken oder angegos senen Nasen den Zinkhohlzylinder trägt. Auf dem Boden des Standglases ruht

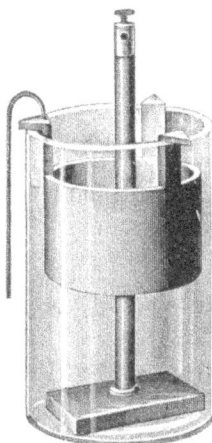

Fig. 2.

ein kreisrund gebogener Streifen aus Kupferblech oder eine Bleiplatte. Das Standglas wird zunächst mit Bittersalzlösung gefüllt. Die Menge des eingefüllten Kupfervitriols ist immer

so zu bemessen, daß die blaue Lösung nicht bis zu dem Zinkzylinder hinaufreicht. Dringt nämlich die Kupfervitriollösung
zum Zinkzylinder, so scheidet sich an letzterem Kupfer ab, was
die Wirkung des Elements beeinträchtigt und einen nutzlosen
Verbrauch von Kupfervitriol mit sich bringt. Die die Stromerzeugung bedingenden Vorgänge sind in dem vereinfachten
Meidingerelement dieselben wie in dem Ballonelement. Wie
in letzterem ist der obere Rand des Standglases innen mit
einem Paraffin- oder Ölfarbanstrich versehen.

15. Notbehelf. Steht zum Ansetzen der Meidingerelemente Bittersalz nicht zur Verfügung, so nimmt man reines
Wasser und verbindet die beiden Pole des Elements direkt miteinander. Der so innerhalb des Elements entstehende, wenn
auch anfänglich infolge des hohen Widerstands des Wassers
schwache Strom erzeugt durch die im Wasser immer in kleinen
Mengen vorhandene Säure am Zinkpol Zinkvitriol, das in Lösung
geht, den Widerstand der Elementflüssigkeit vermindert, die
Stromstärke erhöht und schon in 24 Stunden das Element auf
seine normale Leistungsfähigkeit bringt.

16. Regel. Für galvanische Elemente, welche wässerige
Lösungen enthalten, kommt zur Herstellung sowie zu deren
Unterhaltung nur weiches Wasser, am einfachsten reines Regen-
wasser, zur Verwendung.

17. Unterhaltung der Meidingerelemente. Die
Unterhaltung der Meidingerelemente ist einfach. Die infolge
der Verdunstung abnehmende Flüssigkeit ist durch vorsichtiges
Nachgießen von Wasser zu ergänzen. Verliert der untere Teil
der Flüssigkeit seine blaue Färbung, so sind Kupfervitriolkristalle einzulegen. Je häufiger und in je kleineren Mengen der
Stromlieferung des Elements entsprechend dies geschieht, desto
geringer ist der Verbrauch an Kupfervitriol, weil dabei die nutz-
lose Ausscheidung von Kupfer am Zinkpol am geringsten ausfällt. Ist der Zinkzylinder abgenutzt, so wird er durch einen
neuen ersetzt. Zu gleicher Zeit wird in der Regel auch eine
Reinigung der Kupferelektrode bzw. der Bleiplatte erforderlich
und eine Neuzusammenstellung des Elements ratsam. Die
Flüssigkeit wird vorsichtig abgegossen, nachdem Zinkzylinder
und Kupferelektrode ausgehoben sind. Der Bodensatz, der aus
einem Schlamm von reinem Kupfer besteht, wird zusammen mit
den vom Zinkzylinder und der Kupferelektrode abgekratzten
Kupferausscheidungen getrocknet, als wertvolles Altmaterial
gesammelt und wie die Reste des Zinkzylinders verwahrt. Die

abgegossene Flüssigkeit wird zum Teil zum Neuansetzen des Elements wieder verwendet. Mit einem neuen Zinkzylinder, der gereinigten, nötigenfalls ebenfalls erneuerten Kupferelektrode und neuer Lösung, welche mit Wasser und einem Zusatz aus der alten Lösung hergestellt ist, wird dann das Element wieder zusammengesetzt. Die Kupferelektrode darf nur dann wieder verwendet werden, wenn sich die Isolation des angelöteten Drahtes unbeschädigt erweist. Nach Bedarf werden in die neue Lösung Kupfervitriolkristalle gegeben.

18. Leistung der Meidingerelemente. Die Meidingerelemente der verschiedenen Ausführungsformen geben an den Polen eine Spannung von 0,8 bis 0,9 Volt. Der Widerstand derselben hängt von der Größe ab und schwankt in den gangbaren Ausführungen zwischen 1 und 10 Ohm.

19. Akkumulatoren. Akkumulatoren sind galvanische Elemente, welche ihre erschöpfte Fähigkeit, elektrischen Strom zu erzeugen, dadurch wiedergewinnen können, daß ein dem abgegebenen (Entladestrom) entgegengesetzter (Ladestrom) elektrischer Strom durch das Element geschickt wird.

Die Akkumulatoren werden in der Schwachstromtechnik einzeln, z. B. an Stelle der gewöhnlichen Mikrophonelemente oder als Batterien für größere Telegraphen- und Fernsprechämter, angewendet. In allen Fällen ist die Anwendung nur möglich, wenn Gelegenheit vorhanden ist, die entladenen Elemente wieder zu laden. Als Ladestrom dient nahezu ausschließlich der Strom dynamoelektrischer Maschinen. Mit letzteren sind die Akkumulatoren entweder dauernd durch Leitungen verbunden, wie in dem Falle der Akkumulatorenbatterien, oder sie werden nach Bedarf von dem Verwendungsort zum Zwecke der Ladung an die Maschine herangebracht und nach erfolgter Ladung an den Ort übergeführt, wo die Entladung stattfinden soll. Letztere Art der Benutzung findet hauptsächlich bei der Verwendung von Akkumulatoren für den Betrieb der Mikrophone in den Fernsprechstellen öffentlicher Telephonnetze und für medizinische Zwecke statt.

20. Bauart der Akkumulatoren. Die in der Praxis gebräuchlichste Form des Akkumulators zeigt Fig. 3. In einem viereckigen Glas- oder Holzkasten sind eine Anzahl von viereckigen Platten eingestellt, von welchen alle geraden und ungeraden Nummern zu je einer Elektrode verbunden sind. Die so gebildeten zwei Elektroden sind durch die Flüssigkeit — verdünnte Schwefelsäure — getrennt. Damit die einzelnen Platten

nicht miteinander in Berührung kommen, sind sie noch durch
isolierende Zwischenlagen, meist aus Glas, getrennt. Die Platten
bestehen aus Bleigittern, deren Maschen
beim ungeladenen Akkumulator mit Bleioxyd ausgefüllt sind. Der Ladestrom
verwandelt das Bleioxyd der einen Platte
in Bleisuperoxyd, das der anderen Elektrode in metallisches Blei. Der Entlade-
trom stellt den ursprünglichen Zustand
wieder her.

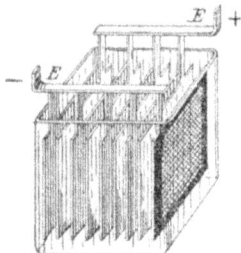

Fig. 3.

21. Leistung der Akkumulatoren.
Die Klemmenspannung eines frisch ge-
ladenen Akkumulators beträgt 2 Volt.
Sie nimmt bei der Entladung anfangs langsam, gegen das Ende
der Entladung rasch ab. Sobald sie auf 1,83 Volt gesunken,
ist die Entladung als beendigt anzusehen und der Akkumulator
neu zu laden. Der Widerstand des Akkumulators ist bei der
verhältnismäßig großen Oberfläche der. Platten sehr gering und
erreicht auch bei kleineren Modellen kaum $1/_{10}$ Ohm. Aus
einem Akkumulator kann immer nur ein Bruchteil der elektrischen Energie, welche zum Laden aufgewendet wurde, beim
Entladen wieder nutzbar gemacht werden. Dieser Teil über-
steigt bei den kleineren Modellen nicht 60%.

22. Laden und Entladen der Akkumulatoren.
Zum Laden einer Akkumulatorenzelle ist eine Stromquelle nötig,
welche mindestens 3 Volt Spannung aufweist. Die Ladestrom-
stärke darf für eine bestimmte Akkumulatorengröße einen bestimmten Betrag nicht überschreiten. Gegen Ende der Ladung,
das sich durch Gasentwicklung anzeigt, wird die Ladestrom-
stärke auf ein Drittel bis zur Hälfte vermindert. Wie die Lade-
stromstärke so darf auch die Entladestromstärke für eine gegebene Akkumulatorengröße einen bestimmten Betrag nicht
überschreiten, ohne den Apparat zu beschädigen.

23. Unterhaltung der Akkumulatoren. Die Unterhaltung der in der Schwachstromtechnik verwendeten Akkumulatoren beschränkt sich, soweit es sich um einzelne Zellen
handelt, auf die Fürsorge, daß der Akkumulator im Gebrauche
keinen Kurzschluß erfährt und rechtzeitig wieder geladen wird.
Für die Unterhaltung von Akkumulatorenbatterien, wie sie in
größeren Telegraphen- und Telephonämtern gebraucht werden,
gelten dieselben Regeln, die für die Unterhaltung von Stark-
strom-Akkumulatorenbatterien zu befolgen sind. Für Batterien

dieses Umfangs werden von den Lieferanten meist bestimmte
Garantien geboten, welche an die Einhaltung bestimmter, für
jedes Fabrikat verschiedener Vorschriften gebunden werden. Im
allgemeinen ist zu sagen: Von höchster Wichtigkeit ist es, daß
die einzelnen Zellen der Akkumulatorenbatterie unter sich sowohl als insbesondere von Erde gut isoliert seien. Zu diesem
Zwecke werden die einzelnen Zellen auf Porzellan- oder Glas-
isolatoren gestellt, welche, wie die äußeren Zellenwände und die
Unterlage der Batterie, stets vollkommen rein und trocken zu
halten sind. Zwischen den einzelnen zur Batterie vereinigten
Zellen ist ein Zwischenraum von mindestens 3 cm zu lassen.
Die Zellengefäße müssen vor dem Einsetzen der Platten sorgfältig gereinigt werden. Die eingesetzten Platten müssen in
allen Zellen gleich weit voneinander abstehen. Die Flüssig-
keitsmischung — 9 l destilliertes Wasser auf 1 l reine konzen-
trierte Schwefelsäure — wird so hergestellt, daß die Säure langsam zum Wasser — nie umgekehrt — gegossen und mit einem
Glasstab umgerührt wird. Erst wenn die so sich erwärmende
Mischung völlig abgekühlt ist, darf sie in die Zellen eingefüllt
werden. Vorher wird mit einem Aräometer festgestellt, daß die
Flüssigkeit das richtige Mischungsverhältnis aufweist.

Da die offen stehenden Zellen im Betriebe Säuredämpfe
ausstoßen, ist gegen alle hierdurch möglichen Schäden vorzu-
sorgen. Zunächst sind alle blanken Metallteile mit Heisinglack
oder säurefester Farbe anzustreichen und der Anstrich stets un-
verletzt zu erhalten. Für den Abzug der Säuredämpfe ist durch
stets wirksame Ventilation zu sorgen.

Allen Kontakten ist ununterbrochene, größte Sorgfalt zuzu-
wenden und jeder Schaden sofort auszubessern.

Der Stand der Flüssigkeit in den Zellen ist derart aufrecht-
zuerhalten, daß sie stets mindestens 1 cm die oberen Platten-
ränder überragt. Das Nachfüllen erfolgt entweder mit Wasser
oder mit Säure, je nachdem der Dichtigkeitsgrad des Zellen-
inhalts dies erfordert. Die Zellenflüssigkeit muß stets ein klares,
durchsichtiges Aussehen aufweisen.

Sämtliche Zellen einer Batterie sollen immer den gleichen
Vorrat an elektrischer Arbeitsfähigkeit aufweisen, damit der
nächstfolgende Ladestrom keine Überlastung und damit Beschädigung einzelner Zellen bewirken kann. Der Forderung
wird genügt, indem die einzelnen Zellen in regelmäßigen
Zwischenräumen auf ihren Zustand untersucht werden. Dies
geschieht durch Messung der Klemmenspannung der einzelnen

Zellen vermittelst eines Taschenvoltmeters, wobei sämtliche
Zellen der Batterie wesentlich gleiche Klemmenspannung zeigen
müssen. Anderseits zeigt eine Prüfung mit dem Aräometer
Unterschiede in der Dichtigkeit der verschiedenen Zelleninhalte
und läßt die Zellen mit geringerer Dichtigkeit als die er-
schöpfteren erkennen.

Werden nun solche Unterschiede wirklich wahrgenommen,
so muß die kranke Zelle ausgeschaltet und ausgebessert werden.

Die hauptsächlichste Störungsgefahr für Akkumulatoren-
zellen besteht darin, daß sich im Verlaufe des Betriebs Teile
der in den Hohlräumen der Bleigitter befindlichen Masse ab-
lösen, zu Boden fallen und bei genügender Menge eine Verbindung zwischen einzelnen Platten herstellen. Dieser Gefahr
kann nur durch regelmäßige, genaue Untersuchung der Zellen
begegnet werden. Dies geschieht allmonatlich vermittelst einer
Glühlampe, welche zweckmäßig zum Einschieben unter die
Platten eingerichtet ist.

Muß eine Akkumulatorenbatterie aus irgendeinem Grunde
längere Zeit unbenutzt stehen, so muß sie vorher voll aufgeladen
sein und allmonatlich etwas über ihre eigentliche Aufnahme-
fähigkeit nachgeladen werden. Das gleiche gilt von einzelnen
Zellen.

Alle Arbeiten mit den Platten erfordern infolge der giftigen
Eigenschaften des Bleis besondere Vorsicht. Sorgfältige Reinigung der Hände nach vollbrachter Arbeit, Vermeidung jeder
Berührung von Platten mit Händen, an welchen sich irgendwelche Verletzung der Haut befindet, Benutzung eigener, die
übrige Kleidung völlig umhüllender Arbeitsanzüge, welche nach
der Arbeit abgelegt werden, Vermeidung von Speisen, welche
mit ungereinigten Händen berührt wurden, sind die wesent-
lichsten Schutzmittel.

Der Umgang mit der konzentrierten wie mit der verdünnten
Schwefelsäure erfordert ebenfalls die größte Vorsicht. Die Stiefel
schützt man durch einen Überzug aus einer Mischung von
Paraffin und Wachs, den Anzug durch paraffingetränkte Schürzen.
Säureflecken an der Kleidung werden mit Ammoniak sofort
angefeuchtet und dann sogleich mit Wasser ausgewaschen.

24. Inkonstante Elemente. Inkonstante Elemente
sind solche Elemente, deren anfängliche Klemmenspannung
unter der Stromabgabe rasch sinkt, sich aber nach Unterbrechung des Stroms, wenn letzterer nicht zu lange angedauert
hat, wieder zu ihrem ursprünglichen Wert erhebt. Sie sind da-

her nur zu verhältnismäßig kurz andauernden Stromwirkungen
zu verwenden.

25. Das Leclanchéelement. Das meist angewandte
Element dieser Art ist das Leclanchéelement. Eine Ausführungsform dieses Elements zeigt die Fig. 4. In einem viereckigen
Glasgefäß steht ein durch Gummi-
bänder zusammengehaltenes Bündel,
welches aus einem Zinkstab, einer
Porzellanzwischenlage und einer Kohlenplatte, welche von zwei Braunsteinplatten in die Mitte genommen ist,
besteht. Das Gefäß ist bis auf zwei
Drittel seiner Höhe mit einer Lösung
von Salmiak angefüllt. Die Lösung
ist gesättigt, der Zinkzylinder amalgamiert. Das Glasgefäß ist zur Vermeidung kriechender Kristalle am
oberen Rande außen und innen mit
einem 1—2 cm breiten Paraffinanstrich
versehen.

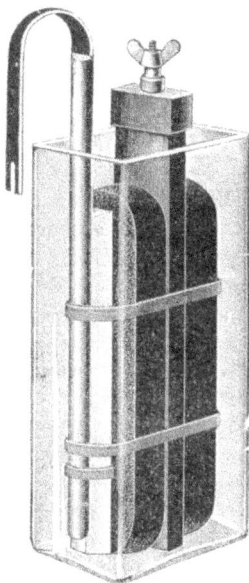

26. Wirkungsweise des Leclanchéelements. Bei der Stromerzeugung verbindet sich das Zink
mit dem Chlor des Salmiaks zu Chlor-
zinklösung; der Wasserstoff, welcher
an der Kohle ausgeschieden wird, verbindet sich mit dem Sauerstoff des
Braunsteins zu Wasser. Durch die

Fig. 4.

Zersetzung des Salmiaks werden ferner kleine Mengen von
Ammoniakdämpfen entwickelt, welche in die Luft austreten.

27. Ansetzen der Leclanchéelemente. Zunächst
wird die Salmiaklösung hergestellt. In einem irdenen Gefäß
— der Salmiak erzeugt bei der Auflösung in Wasser eine Abkühlung von 6—10°, durch welche die Batteriegläser gefährdet
würden — wird Salmiak mit Wasser in solcher Menge gelöst, daß
auf ein Element mit der gangbaren Glasform von 16 cm Höhe
50—60 g, von 25 cm Höhe 100 g Salmiak treffen. Das Glas wird
hierauf mit der Lösung beschickt derart, daß nach Einsetzen
der Elektroden der vorgeschriebene Stand der Flüssigkeit besteht.

28. Unterhaltung der Leclanchéelemente. Je
nach der Schnelligkeit, mit welcher die Flüssigkeit im Element
abnimmt, wird dieselbe durch Nachgießen von Wasser ergänzt.

Nach vier- bis sechsmonatlichem Gebrauch werden einige Gramm
Salmiak nachgegeben. Hat die Leistung eines Elements wesent
lich nachgelassen, so wird das Element zerlegt, das Zink gereinigt, Kohlen- und Braunsteinplatten werden in heißem, mit
etwas Soda versetztem Wasser ausgelaugt. Ist der Zinkstab
wieder amalgamiert und sind die ausgelaugten Platten wieder
vollkommen ausgetrocknet, so werden die Teile mit dem ebenfalls gereinigten Porzellanstück wieder zusammengefügt und in die
erneuerte Lösung eingesetzt, nachdem noch der Paraffinanstrich
am Glase erneuert und die Kohlenplatten mit ihren oberen
erwärmten Rändern in geschmolzenes Paraffin getaucht waren.

29. R e g e l. In allen Elementen, in welchen die eine Elektrode durch Kohle gebildet wird, daher der den Strom abnehmende Leitungsdraht nicht mit der Elektrode verlötet werden
kann, müssen Klemmen mit großen metallischen Berührungsflächen zwischen Kohle und Klemme verwendet werden. Es
ist sorgfältig darauf zu achten, daß die beiden sich berührenden
Flächen der Kohle sowohl als der Klemmen stets blank und
glatt sind und daß die Berührung unter angemessenem Druck
stattfindet, damit der Übergangswiderstand von Kohle zur
Klemme möglichst klein bleibt.

30. A n d e r e F o r m e n d e s L e c l a n c h é e l e m e n t s. Es
gibt noch zahlreiche andere Formen des Leclanchéelements, in
welchen bald der eine bald der andere Zweck besonders berücksichtigt ist. Die Form, in welcher in einem auf dem oberen
Glasrand aufsitzenden Holzbrettchen befestigt eine Zinkplatte
und eine Kohlenplatte nebeneinander in die Flüssigkeit tauchen,
während der Boden des Gefäßes handhoch mit einem Gemisch
von Kohlenklein und Braunsteinstücken bedeckt ist, stellt die
größtmögliche Einfachheit in Fabrikation und Zusammensetzung
in den Vordergrund. Die Formen mit dichtem Deckelverschluß
verlangsamen die Verdunstung der Flüssigkeit. Die Anwendung
von Hohlzylindern aus Zinkblech, welche durch Lappen oder
Drahthaken vom Rande des Standglases getragen werden, gestattet, hohe Leistung bei geringem Widerstande des Elements
bzw. lange Arbeitsfähigkeit zu erreichen. Braunstein und Kohle
werden auch wohl zu einem einzigen Körper zusammengepreßt,
was den Gesamtaufbau des Elements vereinfacht. Die Kohlen-
elektrode und die Braunsteinstücke werden auch dadurch zu
einem Körper vereinigt, daß die Braunsteinstücke vermittelst
eines Braunstein und Kohle umschließenden Tuchbeutels an
die Kohle angepreßt werden.

31. Amalgamieren des Zinks. Das Zink in den Elementen muß vor der Amalgamierung sorgfältig gereinigt werden. Letztere geschieht durch Eintauchten in eine Lösung von 1 Teil Quecksilbernitrat auf 5 Teile Wasser.

32. Trockenelemente. Die Trockenelemente gehören der Mehrzahl nach zum Typus der Leclanchéelemente, in welchen die wirksame Flüssigkeit schwammartig an eine feste, poröse Masse gebunden ist. In einem zylindrisch oder viereckig gestalteten Gefäße, welches oben durch einen Asphaltguß abgeschlossen ist, sind die Elektroden derart untergebracht, daß von jeder Elektrode eine Stromableitung — Klemme, Draht, Blechstreifen — durchdringt. Ein haardünnes Loch in dem Asphaltabschluß gestattet den geringen Gasmengen, welche sich im Innern beim Gebrauch entwickeln, zu entweichen. Die Trockenelemente bedürfen selbstverständlich keiner besonderen Unterhaltung, können jedoch auch, nachdem sie erschöpft, nicht ohne weiteres wieder instand gesetzt werden.

33. Leistung der Leclanchéelemente. Die Klemmenspannung der Leclanchéelemente beträgt im Anfange nahezu 1,5 Volt, sinkt aber mehr oder minder rasch bei der Stromabgabe je nach der Stärke der Beanspruchung. Der Widerstand schwankt in den gebräuchlicheren Größen zwischen 0,1 und ungefähr 2 Ohm.

2. Thermoelemente.

34. Die Thermoelemente. Die Thermoelemente beruhen auf der Erscheinung, daß zwei aneinander gelötete Stücke Wismut und Antimon, wenn die Lötstelle erwärmt wird, an den nicht erwärmten Enden eine elektrische Spannung zeigen, welche, wenn der Temperaturunterschied zwischen Lötstelle und freien Enden aufrechterhalten wird, zu einem dauernden elektrischen Strom Veranlassung geben kann. In einem Thermoelement wird daher die zur Aufrechterhaltung des Stroms erforderliche Arbeit nicht von irgendwelchen chemischen Vorgängen, sondern ausschließlich von der der Lötstelle zugeführten Wärme geliefert. Das Thermoelement enthält daher keinerlei unter der Stromerzeugung sich zersetzende, früher oder später wieder zu ersetzende Teile, enthält aber auch keinen Energievorrat, sondern bedarf der ununterbrochenen Wärmezufuhr, solange es Strom abgeben soll. Da auch bei starker Erwärmung die in einer Lötstelle auftretende E. M. K. nur klein ist, so muß eine mehr oder minder große Anzahl von solchen Lötstellen vereinigt werden, um die Wirkung galvanischer Elemente zu erzielen.

35. Gülchers Thermobatterie. Eine häufig angewendete Form der Thermobatterie ist die von Gülcher angegebene.
Die Wärmezufuhr geschieht vermittelst Leuchtgases. Eine Batterie
der Art von 66 Elementen gibt 4 Volt Klemmenspannung bei 0,65 Ω
innerem Widerstand und verbraucht 170 l Gas in der Stunde.

3. Elektrische Maschinen.

36. Die elektrischen Maschinen. Die elektrischen
Maschinen sind Vorrichtungen, vermittelst welcher elektrische
Ströme dadurch erzeugt werden, daß ihnen mechanische Arbeit
zugeführt wird. Wie die Thermoelemente enthalten sie keinen
Energievorrat, sondern erzeugen Elektrizität, nur solange die
Zufuhr von Energie von außen in der Form der mechanischen
Arbeit dauert. Diese Zufuhr geschieht meist durch Umdrehung
einer Achse. Sobald die Umdrehung aufhört, hört auch die Strom-
erzeugung auf. Soll daher der Strom ständig zur Verfügung stehen,
so muß die Achse in ständiger Umdrehung erhalten werden.

37. Die Magnetinduktoren. In der weitaus überwiegenden Zahl der Anwendung von elektrischen Maschinen
in der Schwachstromtechnik handelt es sich um kurze Stromwirkungen. Die Maschinenachse wird nur auf einige Sekunden
und meist von Hand umgedreht. Der Magnetinduktor besteht
aus einer mehr oder minder großen Anzahl nebeneinander
gestellter Hufeisenmagnete (Fig. 5), zwischen deren Polen ein
zylindrischer Anker gedreht werden kann. Der Anker besteht
aus einem I-förmigen Weicheisenstück, auf dessen Steg eine

Fig. 5.

Spule isolierten Drahtes aufgewunden ist. Wird dieser Anker zwischen den Magnetpolen gedreht, so entsteht durch Induktion bei jeder ganzen Umdrehung je ein positiver und ein negativer Strom, d. h. eine Periode eines Wechselstroms, wenn die Spulenenden an eine geschlossene Leitung angelegt werden.

Die Fig. 5 zeigt einen Magnetinduktor, wie er namentlich in der Telephonie in ausgedehnter Verwendung steht. Da die Zahl der Drahtwindungen auf dem Anker ziemlich groß sein muß, um die gewünschte E. M. K. zu erzeugen, der Widerstand des Ankers demnach verhältnismäßig hoch ist, ist der Anker nicht ständig direkt in die Leitung eingeschaltet, sondern nur auf die Dauer der Benutzung. Zu diesem Zwecke dient die Feder der Fig. 6, welche in der Ruhelage die Windungen des Ankers kurzschließt, beim Drehen der Induktorkurbel jedoch von dem Kontakt abgehoben

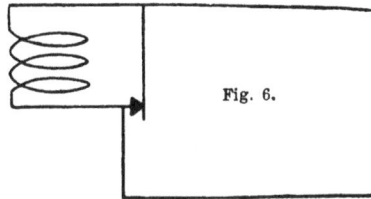

Fig. 6.

wird und so den Übergang des aus der Spule kommenden Stroms in die Leitung ermöglicht. Die Magnetinduktoren dienen meist zur Betätigung von Fallklappen oder Relais in den Fernsprechämtern oder von Wechselstromklingeln in Telephonstationen.

38. Leistung der Magnetinduktoren. Die Leistung der Magnetinduktoren hängt naturgemäß in erster Linie von den Maßen der Vorrichtung ab. Die in Fig. 5 dargestellte Ausführungsform gestattet, ein normales Wechselstromklingelwerk in einer Leitung von 25 000 Ohm Widerstand zu betätigen.

39. Wechselstrommaschinen und Polwechsler. In den Fernsprechämtern werden zur Betätigung der bei den Teilnehmern aufgestellten Wechselstromläutwerke Wechselstrommaschinen und Polwechsler verwendet. Die Wechselstrommaschinen unterscheiden sich prinzipiell nicht von den Magnetinduktoren. Sie erhalten nur der größeren Leistung entsprechende größere Maße und die ständige Verbindung mit einer Kraftquelle, welche den Anker in ständiger Umdrehung erhält. Die Polwechsler sind meist elektrisch angetriebene Apparate, welche, wie die Wechselstrommaschinen in ständiger Tätigkeit erhalten, abwechselnd den einen und dann den andern Pol einer galvanischen Batterie an die Leitung legen und so in letzterer Wechselströme erzeugen, wie sie der Betrieb der

Wechselstromklingeln erfordert, die Batterie allein aber ohne diesen Hilfsapparat nicht liefern könnte.

40. **Dynamoelektrische Maschinen.** Gleichstrommaschinen finden in der Schwachstromtechnik nur zur Erzeugung der Telegraphierströme in sehr großen Telegraphenämtern oder zur Ladung der für den Betrieb der Glühlichtsignallampen in großen Fernsprechämtern Anwendung. Sie sind auch in dieser Anwendung Starkstromapparate, welche hier nur der Vollständigkeit halber genannt sind.

4. Funkeninduktoren.

41. **Funkeninduktoren.** Die Funkeninduktoren dienen zur Erzeugung der elektrischen Wellen in der drahtlosen Telegraphie. Der Funkeninduktor besteht im wesentlichen aus zwei übereinander gewickelten Drahtspulen, von welchen die innere aus wenigen Windungen isolierten dicken, die äußere aus zahlreichen Windungen isolierten dünnen Drahtes besteht. Sobald in dem dicken Drahte ein starker Strom niedriger Spannung entsteht oder verschwindet, entsteht im dünnen Drahte ein schwacher Strom hoher Spannung und zwischen den Enden dieses dünnen Drahtes springt ein elektrischer Funke über.

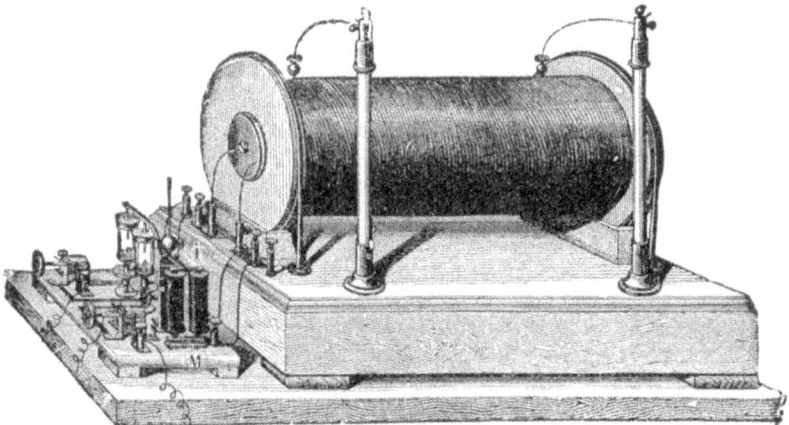

ELVES. DEL.   RADGUELAC

Fig. 7.

Die Fig. 7 zeigt einen Funkeninduktor in der von Rhumkorff angegebenen Anordnung. Die Spule, in deren Innerem zur Erhöhung der Wirksamkeit ein Bündel weicher Eisendrähte untergebracht ist, steht auf einem Holzbrett, auf welchem zwei

Säulen befestigt sind, deren Köpfe mit den Enden der dünnen Drahtwicklung verbunden sind. In horizontalen Bohrungen der Säulenköpfe lassen sich zwei Metallstäbe (nicht gezeichnet) verschieben. In dem zwischen den beiden inneren Enden dieser Stäbe liegenden Luftraum gehen die Funken über. Zur Erzeugung eines dauernden Funkenstroms ist es nötig, daß der Strom — einer Batterie oder einer elektrischen Maschine — in den dicken Drahtwindungen in regelmäßiger, rascher Folge unterbrochen und wiederhergestellt wird.

42. Leistung der Funkeninduktoren. Die Leistung der Funkeninduktoren wird in der Regel nur nach der Länge der Funken bemessen. Sie hängt nur von den Maßen des Apparats, vor allem dem Verhältnis zwischen dick- und dünndrähtiger Wicklung und der in dem dicken Draht verwendbaren Stromstärke ab. Es werden gegenwärtig Funkeninduktoren gebaut, welche eine Funkenlänge von 1 m und darüber erreichen lassen, wobei Spannungen von mehreren hunderttausend Volt zwischen den Enden der dünndrähtigen Wicklung auftreten.

II. Die Leitung.

43. Die Leitung. Die Leitung ist die metallische, ununterbrochene Verbindung zwischen der Stromquelle und dem Ort der Stromverwendung. Sie besteht ausschließlich aus Draht, Eisen, Stahl, Kupfer, Bronze, Aluminium. Sie ist entweder ganz oder teilweise ober- oder unterirdisch angelegt, entweder ganz oder teilweise aus blankem Draht oder mit isolierendem Stoff überzogen hergestellt. Sie befindet sich ganz oder teilweise in gedeckten Räumen oder ganz oder teilweise im Freien.

44. Aufgabe der Leitung. Die Aufgabe der Leitung besteht darin, den von der Stromquelle gelieferten Strom störungslos mit möglichst geringem Verlust an die Stromverwendungsstelle überzuführen. Die bei der Überführung unvermeidlich auftretenden Verluste sind zweierlei Art: 1. die Erwärmung der Leitung durch den Strom, welche bei bestimmter Stromstärke und bestimmtem Leitungswiderstand einen bestimmten, durch nichts beeinflußbaren Betrag ausmacht, 2. der Stromübergang, welcher von einer Leitung zur andern oder zur Erde dadurch stattfindet, daß die zur Isolation der Leitung verwendeten Materialien nur mehr oder minder gut, nicht aber vollkommen isolieren.

Bei den in der Schwachstromtechnik angewendeten geringen Stromstärken und den schon aus mechanischen Gründen zu
benutzenden großen Leitungsquerschnitten kommen die Verluste
durch Erwärmung der Leitung in der Regel nicht in Betracht.
Dagegen ist die Vermeidung von Verlusten durch ungenügende
Isolation von höchster Bedeutung.

Damit die Überführung keine Störung erleide, soweit die
Leitung beteiligt ist, ist es notwendig, daß letztere dauernd die
für den Betrieb vorgesehene Leitungsfähigkeit und Isolation
bewahre.

45. Regel. Wie ohne eine dauernd wirksam erhaltene
Stromquelle, so ist auch ohne dauernd wirksam erhaltene Leitung kein Schwachstrombetrieb möglich.

46. Verminderung der Leitungsfähigkeit. Die
Leitungsfähigkeit wird entweder aufgehoben durch Unterbrechung der Leitung, Abreißen des Drahtes, oder sie wird ein-
geschränkt dadurch, daß sich der Leitungsquerschnitt an einer
oder mehreren Stellen aus irgendeinem Grunde — Verrosten
des Drahtes, Verzehren desselben durch Säuren u. a., durch
mechanisches Abscheuern usw. — vermindert. Namentlich die
Stellen, an welchen zwei Drahtenden durch Lötung oder Zu-
sammendrehen verbunden werden, geben häufig durch Oxydation der Berührungsflächen zur Erhöhung des Widerstandes
Veranlassung.

47. Verminderung der Isolation. Die Ursachen,
welche eine Verminderung der Isolation veranlassen können,
sind sehr zahlreich. Sie lassen sich in zwei Hauptgruppen zusammenfassen: Ursachen, welche die Wirksamkeit der angewendeten Isoliermittel vermindern oder vernichten, und Ursachen, welche die Leitung mit leitenden fremden Körpern vorübergehend oder dauernd in Berührung bringen.

48. Leitungsbau und Leitungsunterhaltung.
Die für den gegebenen Fall zweckmäßigste Herstellung der
Leitung ist Aufgabe des Leitungsbaues, die dauernde Erhaltung
der durch die zweckmäßigste Ausführung geschaffenen Eigenschaften der Leitung ist Aufgabe der Leitungsunterhaltung.

49. Regel. Die beste Leitung wird durch schlechte Unterhaltung unbrauchbar, eine schlecht gebaute Leitung kann durch
keine noch so große Sorgfalt der Unterhaltung befriedigend gemacht werden.

50. Leitungsanlage in Innenräumen. Die Leitung
wird an Decken, Wänden und Fußböden offen oder in Schutz-

rohren angebracht. Jeder Leitungsdraht ist auf seine ganze Länge mit isolierendem Material umgeben. Sind die Verlegungsstellen dauernd trocken und vor mechanischen Beschädigungen geschützt, so genügt als Leitungsmaterial mit Wachs oder Paraffin getränkter Baumwollumspinnung isolierter Draht. In feuchten Räumen kommt mit Guttapercha isolierter Draht zur Anwendung. In Räumen, in welchen sich Säuredämpfe finden, wird Guttaperchadraht mit Bleiumhüllung verwendet. Wo mechanische Beschädigungen zu befürchten, wird die Leitung in festverlegte Rohre aus isolierendem Material mit oder ohne Metallarmierung eingezogen. Die solideste Art der Befestigung offen verlegter Leitungen an Wänden und Decken besteht darin, daß in Abständen von 50—60 cm Porzellanrollen in der Mauer befestigt werden, um welche die zu verlegende Leitung geschlungen wird. Bei dauernd absolut trockenen Wänden genügt es, jeden Draht einzeln mit in angemessenen Abständen eingeschlagenen verzinnten Nägeln anzunageln. Auch hufeisenförmig gebogene, mit Spitzen versehene Metallklammern, welche in das Holz von Türstöcken etc. eingetrieben werden und mit der oberen Rundung den Draht festhalten, werden häufig angewendet. Doch soll immer nur ein einziger Draht unter eine Klammer genommen werden. Um Ableitungen und Berührungen zu vermeiden und die Möglichkeit, mehrere Drähte unter eine Klammer zu nehmen, ist in der Klammer von E. Zwietusch & Co. der obere Bügel mit einer doppelten Fiberschicht versehen, wie

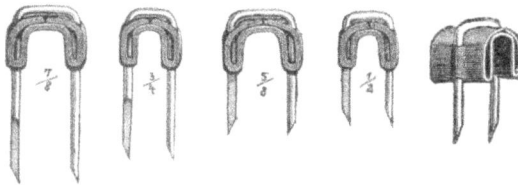

Fig. 8.

Fig. 8 zeigt. Wo eine größere Anzahl von Leitungen nebeneinander zu verlegen sind, wie in größeren Telegraphen- oder Fernsprechämtern, da werden ausschließlich Kabel angewendet, welche in aus Holz oder Eisen gebildeten, in Wänden, Decken und Fußböden eingebauten Kanälen eingelegt werden.

51. Die Freileitung. Die im Freien in der Luft zu führende Leitung wird fast ausnahmslos aus blankem Draht

hergestellt. Als Isoliermittel dient die Luft, mit Ausnahme der
Stellen, an welchen der Draht an die Leitungsstützen befestigt
ist. Die Leitungsstützen sind in den Boden eingegrabene Holz-
oder Eisenstangen, an deren oberen Enden isolierende Körper,
meist aus Porzellan oder Glas, angebracht sind, an welche der
Draht befestigt ist. Leitungsdraht, Isolatoren und Isolatorenstützen sind demnach die drei wesentlichen Bestandteile der
Freileitung.

52. Leitungsdraht. Als Leitungsdraht kommen in
Schwachstromanlagen für Freileitungen in Verwendung: Eisen-,
Stahl-, hartgezogener Kupfer-, Silizium- oder Phosphorbronze-
und Aluminiumdraht. Eisendraht von 3—6 mm Durchmesser
dient hauptsächlich zur Herstellung von Telegraphenleitungen,
Stahldraht von 2—3 mm Durchmesser wird für kürzere Strecken
von Telegraphen- und Telephonleitungen benutzt, wo bei ungewöhnlich großen Abständen der Leitungsstützpunkte, wie bei Fluß-
oder Talübergängen, hohe Bruchfestigkeit des Drahtes verlangt
ist. Hartgezogene Kupferdrähte und die im wesentlichen aus
Kupfer mit geringen, die Festigkeit erhöhenden Zusätzen bestehenden Bronzen werden mit Durchmessern von 0,8—5 mm
für Telephonleitungen und für Schnelltelegraphenanlagen verwendet, während Aluminiumdraht für alle Arten Leitungen, in
welchen das geringe Gewicht des Materials von Wichtigkeit ist,
in Betracht kommt.

53. Eisen- und Stahldraht. Zum Schutze gegen Rost-
bildung wird Eisen- und Stahldraht mit einem dünnen Überzug
aus Zink versehen. Die Verzinkung muß fünf Eintauchungen
von je einer Minute Dauer in konzentrierter Kupfervitriollösung
aushalten, ohne völlig zu verschwinden. Der Draht muß sich
an ein und derselben Stelle dreimal zu einer Öse zusammen-
ziehen lassen, ohne zu brechen oder zu spalten. Er muß ferner
auf eine freie Länge von 15 cm folgende Anzahl von Drehungen
aushalten, ohne zu brechen: Draht von 5 mm Dicke 13 Drehungen, 4 mm 14 Drehungen, 2,5 und 2 mm 20 Drehungen, ausgeführt zu je 15 in einer Sekunde.

54. Bronzedraht. Biegungen im rechten Winkel müssen
aushalten der 3 und 2 mm starke Draht 6, der 1,5 mm starke 9,
der 1,2 mm starke 11.

55. Aluminiumdraht. Aluminiumdraht findet bisher
nur in beschränktem Maße Anwendung. Tabellen über Leitungs-
widerstände, Gewichte und Bruchfestigkeit der verschiedenen
Drahtsorten siehe Anhang.

56. Isolatoren. Die Isolatoren dienen als die unmittelbaren Stützen des Leitungsdrahtes. Sie sind glockenförmige Körper, an welche der Draht meist vermittelst eines eigenen Bindedrahtes festgebunden wird. In der Achse der Glocke ist meist ein Gewinde angeordnet, vermittelst dessen der Isolator mit der Isolatorstütze — meist eisernen Stiften oder Bügeln — verbunden wird (Fig. 9). Die Isolatoren bestehen in der Regel

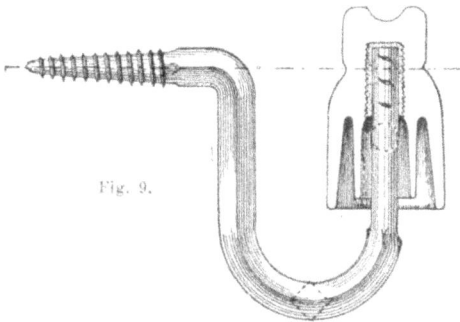

Fig. 9.

aus Porzellan, seltener aus Glas. Die Eigenschaften derselben, auf welche es in der Verwendung für Schwachstromanlagen in erster Linie ankommt, sind der Widerstand gegen Ableitung und die Kapazität. Der Widerstand gegen Ableitung oder Oberflächenströme hängt zunächst von dem Wege, den die Elektrizität von dem Berührungspunkte zwischen Draht und Glocke und dem eisernen Isolatorenträger zurückzulegen hat, dann davon ab, welcher Teil dieses Weges ständig trocken gehalten ist, d. h. von Größe und Form des Isolators ab. Die Kapazität eines Isolators ist um so größer, je größer die metallische Berührungsfläche des Leitungsdrahtes mit der Isolatorenoberfläche und je geringer der Abstand dieser Berührungsfläche von dem eisernen Glockenträger ist.

In einer neueren Form wird der Draht nicht an den Hals oder Kopf der Glocke festgebunden, überhaupt nicht an der Glocke befestigt, sondern durch eine im Kopf angeordnete Durchbohrung gezogen. Diese Durchbohrung besteht aus einem kurzen, engen, direkt über dem Tragstiftende gelegenen mittleren Teile, an welchen sich rechts und links kegelförmige Hohlräume anschließen, welche der Leitungsdraht frei passiert, so daß der Draht nur auf ein kurzes Stück mit dem Isolator in Berührung kommt.

Die Anordnung hat den Vorteil, daß der Drahtstützpunkt im Innern der Glocke sich befindet, daher stets trocken bleibt, und daß der von der Elektrizität vom Drahtstützpunkt bis zum Isolatorenträger zurückzulegende Weg für eine gegebene Isolatorengröße so groß als möglich wird und daß ferner die Kapazität gegenüber der Form mit Bindedrahtbefestigung am Glockenhals bedeutend kleiner ist. So zeigt der Isolator der Fig. 10 einen Widerstand gegen Oberflächenströme bei Regen von 20000 Megohm, während der gleich große Isolator nach Fig. 9 nur 2300 Megohm aufweist.

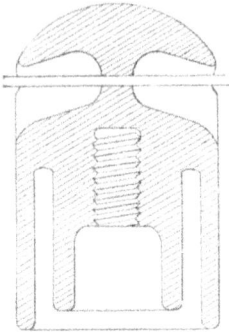

Fig. 10.

57. Die Isolatorenstützen. Die Isolatorenstützen bilden den Übergang zu den eigentlichen Leitungsträgern — Stangen, Bäumen, Mauern, Dachbalken, Eisonkenstruktionen. Sie bestehen aus Rund- oder Vierkanteisen mit Aufrauhung am Glocken- und Gewinde am Trägerende oder aus Stiften mit Aufrauhung am Glocken- und Vorkehrung zur Schraubenbefestigung am Trägerende.

58. Die Leitungsträger (Tragstangen). Die weitaus am häufigsten verwendeten Leitungsträger sind die hölzernen Tragstangen. Sie bestehen aus 7—20 m langen, abgerindeten Baumstämmen, welche mit dem Stammende in die Erde gesetzt, am Zopfende die Isolatorstützen tragen. Um die Stangen möglichst lange vor dem Verfaulen zu bewahren, werden sie in der Regel vor der Verwendung mit fäulniswidrigen Stoffen getränkt. Für Tragstangen wird das Holz der Föhre, Tanne, Fichte, Lärche, Kastanie verwendet.

(Eiserne Tragmasten.) Für geringere Längen, 7—10 m, werden T- oder ⊔-förmige Profile von Walzeisen, für größere Längen, bis 25 m und mehr, werden aus Fassoneisen zusammengesetzte Gittermaste angewendet. Zum Schutz gegen Verrosten werden alle Eisenteile mit wetterfestem Farbanstrich versehen. Die Isolatorenstützen werden entweder direkt oder, wo es sich um die Anbringung einer größeren Anzahl von Leitungen handelt, vermittelst besonderer Zwischenkonstruktionen an den Tragstangen oder eisernen Masten befestigt. Diese Zwischenkonstruktionen bestehen in der Regel aus senkrecht zur Stangenachse be-

festigten Querarmen aus Fassoneisen, welche eine mehr oder
minder große Anzahl von Isolatorstützen aufnehmen und durch
senkrechte Versteifungen zu einem starren Rahmen verbunden
sind.

Als Leitungsträger an Mauern und
Dächern werden Eisenkonstruktionen angewendet, welche je nach dem einzelnen Falle
sehr verschiedene Formen annehmen können.
Die Fig. 11 zeigt einen zur Befestigung auf
einem Dache bestimmten Rohrständer mit
Flacheisenquerträgern.

59. Tränkung der hölzernen Tragstangen. Als fäulniswidrige Stoffe werden
zur Tränkung der hölzernen Tragstangen verwendet: Kupfervitriol, Quecksilbersublimat,
Kreosot, Karbolineum. Die Tränkung mit
Kupfervitriol geschieht in der Weise, daß eine
Lösung von 2 Gewichtsteilen Kupfervitriol auf

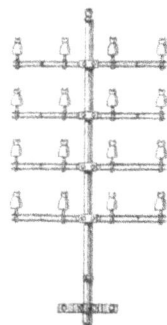

Fig. 11.

100 Gewichtsteile Wasser aus einem 6—7 m über der Erde aufgestellten Bottich vom Stamm- zum Zopfende durch den von
dem erhöhten Bottich ausgehenden Flüssigkeitsdruck durch die
Stange gepreßt wird. Die Lösung nimmt den Baumsaft mit und
hinterläßt anderseits fäulniswidrige Masse in dem Gewebe des
Baumes. Die Tränkung erfordert ca. 14 Tage. Bei der Queck-
silbertränkung werden die gut ausgetrockneten Stangen in mit
Sublimatlösung gefüllte Bottiche 8—10 Tage gelegt, dann heraus-
genommen und getrocknet. Die Behandlung mit Karbolineum
besteht nur in der Aufbringung eines Anstrichs. Die Wirksamkeit der verschiedenen Behandlungsarten hängt zu sehr von
der Güte der Stangen, dem Standort und den Witterungsver-
hältnissen ab, als daß die eine als vorzüglicher gegenüber der
andern bezeichnet werden könnte. Im allgemeinen kann gesagt
werden, daß gut getränkte Stangen aus gutem Material eine
Dauer von 15—17 Jahren gegenüber von 5—8 Jahren der un-
getränkten aufweisen.

60. In neuester Zeit werden auch Tragstangen aus Zement
hergestellt. Vier in den Ecken eines Vierecks aufgestellte, durch
Querstücke zu einem festen Rahmenwerk verbundene Eisen-
stäbe bilden ein Gerippe, um welches vermittelst Bretterverschlag
der Zement gegossen wird. In dem Gußkörper sind Quer-
durchlässe zur Aufnahme von Querträgern für die Isolatoren
und Nischen zum bequemen Besteigen ausgespart.

61. Ausführung der Leitung. Die Ausführung der
Leitung beginnt mit der Ermittlung der zweckmäßigsten Standorte der Stangen und sonstigen Leitungsträger. Dabei kommt
zunächst der Abstand, welcher zwischen den einzelnen Leitungs-
stützpunkten zu wählen ist, in Betracht. Dieser Abstand hängt
in erster Linie von den zu überspannenden Hindernissen, dann
von der Anzahl der Drähte ab, welche die Leitung schließlich
zu umfassen hat. In zweiter Linie bestimmend sind Höhe und
Widerstandsfähigkeit der Leitungsstützpunkte und Gewicht und
Bruchfestigkeit des zu verwendenden Drahtes. Endlich ist die
Anzahl der Stützpunkte in den gekrümmten Teilen der Linie
größer als in den geraden. Im allgemeinen schwankt der Abstand der einzelnen Stangen zwischen 20 und 60 m unter gewöhnlichen Umständen. In der Regel folgt die Leitung dem
Zuge einer Straße, eines öffentlichen oder privaten Weges, einer
Eisenbahn, einem Kanal und kommt dann an den Straßen- und
Wegrändern, auf den Böschungen von Dämmen oder Ein-
schnitten zu stehen. Ist der Leitungszug im allgemeinen festgestellt, so folgt die Bestimmung der einzelnen Stangen- und
Trägerstandorte. Dies geschieht dadurch, daß die betreffenden
Entfernungen durch Meßkette oder durch Abschreiten im Ge-
lände festgelegt und an den zur Aufstellung der Leitungsstützen
ausgewählten Punkten Merkpfähle angebracht werden. Sind so
die Stützpunkte für die ganze oder einen Teil der Leitung festgestellt, so werden die Stangen- bzw. Trägerkonstruktionen an
die einzelnen Standorte verteilt und die Baugruben ausgehoben.
Die Tiefe der letzteren schwankt je nach der Höhe der Stangen
zwischen 1 und 2,5 m. Zum Ausheben der Gruben dienen
Pickel und Schaufel. Nur bei ganz kompaktem, hartem Gestein
wird zum Sprengen mit Pulver gegriffen. Gleichzeitig mit den
Stangen sind die an jeder Stange zu befestigenden Isolatorenstützen und Isolatoren, welche bei unmittelbar an die Stangen
festzuschraubenden Trägern schon vor der Verteilung in den
Werkstätten verbunden wurden, verteilt worden. Sind die Baugruben für eine mehr oder minder lange Strecke ausgehoben,
so beginnt das Aufstellen der armierten Stangen. In den geraden Strecken der Leitung werden die Stangen einfach nach
dem Aufstellen in ihren Gruben festgestampft. In Kurven muß
dafür gesorgt werden, daß der Draht die Stangenenden nicht
einwärts, d. h. gegen den Kurvenmittelpunkt, hinzieht. Zu
diesem Zwecke werden an den Stangen, an welchen die Leitung
ihre Richtung ändert, entweder Streben — Stangen, welche den

von den beiden Leitungsästen gebildeten Winkel halbieren —
oben mit der Tragstange unterhalb der Leitung verbunden, unten
in 1—1,5 m Abstand vom Fußpunkte der Tragstange gegen den
Kurvenmittelpunkt im Boden, ähnlich wie die Tragstange selbst,
eingegraben, oder Anker — Drahtseile, welche, an
dem oberen Teile der Tragstange befestigt, mit dem
unteren Teile an einem in der Halbierungslinie des
von den Leitungsästen gebildeten Winkels 1—2,5 m
vom Stangenende liegenden Punkte zu einem in der
Erde vergrabenen hölzernen Querriegel oder ein-
gerammten Pfahl oder Steinblock geführt sind
— angebracht (Fig. 12).

Sind die Tragstangen aufgestellt und mit
Anker und Streben, wo nötig, versehen, die
übrigen Trägerkonstruktionen an Mauern,
Dächern usw. befestigt, so beginnt das
Drahtspannen. Der Draht kommt in
mehr oder minder langen Abschnitten,
zu Rollen aufgerollt, zur Baustelle.
Hier wird die einzelne Rolle auf
einen Haspel aufgebracht und dann
längs der Leitung ausgelegt. Hierauf
wird er zu jedem einzelnen Stütz-

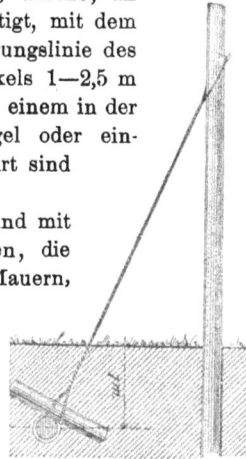

Fig. 12.

punkte emporgehoben und nachdem der richtige Durchhang
durch Anspannen oder Nachlassen erreicht ist, an den einzelnen
Isolatoren festgebunden.

Der in jedem einzelnen Falle einzuhaltende Durchhang
des Drahtes hängt von der Spannweite — dem Abstand zweier
benachbarter Isolatoren —, dem Drahtgewicht und der zur Zeit
des Spannens herrschenden Temperatur ab.

Da die einzelnen Drahtrollen nur eine verhältnismäßig
geringe Drahtlänge enthalten, müssen zum Bau einer Leitung
meist eine mehr oder minder große Anzahl einzelner Draht-
abschnitte verbunden werden. Die Verbindungsstellen — Lötstellen — müssen mit besonderer Sorgfalt ausgeführt werden,
damit sie einerseits dieselbe elektrische Leitungsfähigkeit, anderseits dieselbe mechanische Festigkeit wie die ungestückelten
Teile der Leitung aufweisen und behalten.

Die Fig. 13, 14, 15, 16 zeigen die verschiedenen Arbeitsabschnitte
für Herstellung einer der gebräuchlichen Arten der Leitungs-
kuppelung. Die zu verbindenden Drahtenden werden, sorgfältig
gereinigt, auf eine Länge von 5—8 cm nebeneinander gelegt,

in fest aneinander liegenden Windungen mit Bindedraht, mit Lötwasser bestrichen, umwickelt und auf die ganze Länge der Umwicklung mit Lot überzogen.

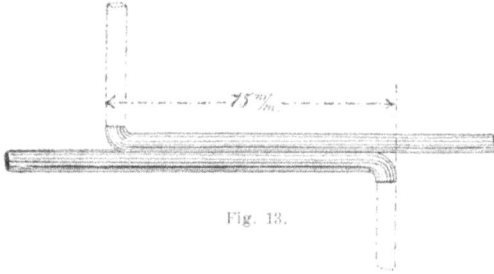

Fig. 13.

Bei der Kuppelung von Leitungen aus Hartkupfer oder Bronzedraht bedingt die mit dem Löten verbundene Erhitzung eine bedeutende Verminderung der Bruchfestigkeit des Drahtes.

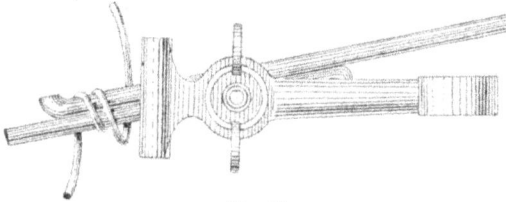

Fig. 14.

Eine Art der Kuppelung, welche dies vermeidet, zeigen die Fig. 17 u. 18: die beiden Drahtenden werden zusammengewickelt, über den Bund wird ein Bleiröhrchen geschoben und vermittelst einer Formzange in die dargestellte Gestalt gepreßt.

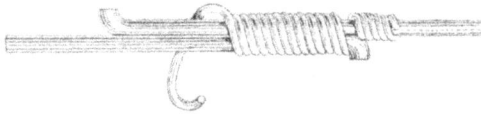

Fig. 15.

Fig. 16.

62. Regel. Das Ziel des Leitungsbaues ist, daß der Leitungsdraht auf seine ganze Länge und dauernd durch die Luft, an seinen Befestigungspunkten durch die Isolatoren isoliert bleibt.

63. Einzelheiten über den Leitungsbau. Bei der
Auswahl der Leitungsstützpunkte ist vor allem darauf zu sehen,
daß der zwischen den Stützpunkten zu spannende Draht nicht
nur zur Zeit des Baues sondern auch in Zukunft auf seine
ganze Länge von der Berührung mit fremden Körpern, welche
eine Stromableitung herbeiführen könnten, bewahrt bleibe. Die

Fig. 17.

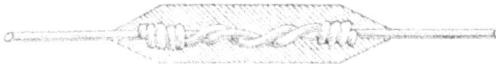

Fig. 18.

Nähe von Bäumen, Wohn- und Betriebsgebäuden, Baugeländen,
elektrischen Leitungen aller Art ist möglichst zu vermeiden.
Dabei ist immer zu berücksichtigen, daß Störungen nicht nur
dadurch zustande kommen, daß ein fremder Körper an den
Draht herankommt, sondern auch dadurch, daß der Draht durch
Vergrößerung des Durchhangs infolge hoher Temperatur oder
Schnee- und Eisanhangs sich benachbarten Körpern nähert.

Ganz besondere Sorgfalt ist anzuwenden, wenn die Leitung
in der Nähe anderer elektrischer und insbesondere Starkstromleitungen anzulegen ist und solche Leitungen zu kreuzen hat.
Hier müssen alle Umstände, welche eine Berührung der Leitung
mit der fremden verursachen könnten, berücksichtigt werden.
Insbesondere muß solche Berührung für den Fall, daß die eine
oder die andere der Leitungen sich dehnt oder reißt, vollkommen
ausgeschlossen werden. Das ist notwendig, weil im Falle der
Berührung einer Schwachstromleitung mit einer Starkstromleitung die Spannung der letzteren durch erstere zu den an
diese angeschlossenen Apparaten und den damit hantierenden
Personen übertragen wird und dadurch Brandschäden und
Schäden an Leben und Gesundheit von Menschen und Tieren,
die mit der Schwachstromleitung in Berührung kommen, verursachen kann. Schutzgitter aus Draht sind ein häufig ange-
wandtes Mittel.

Da aber Freileitungen infolge von Sturm, Gewittern, Eisanhang in Verbindung mit Winddruck einer Gefahr des Bruches ausgesetzt sind, gegen welche keine menschliche Vorsicht ausreicht,

so gibt es nur ein absolut sicheres Mittel, jener Gefahr der Berührung zwischen Schwach- und Starkstromleitung vorzubeugen.
Dies Mittel besteht darin, daß man an solchen Stellen, wo eine
solche Berührung möglich, die eine der beiden Leitungen unterirdisch verlegt. In den meisten Fällen, insbesondere bei der
Kreuzung mit der oberirdischen Stromzuführung für elektrische
Bahnen, wird sich die unterirdische Verlegung für die Schwachstromleitung empfehlen. Von dem Isolator der letzten Stange
vor der Kreuzung wird dann ein Kabel längs der Stange niedergeführt, in einem Graben verlegt und an der ersten Stange
jenseits der Kreuzung wieder bis zum Isolator emporgeführt.
Die Kabelstücke an den beiden Stangen werden von der Sohle
bis mindestens 2 m über der Bodenoberfläche mit einem eisernen
Schutzrohr umgeben. Im Graben wird das Kabel je nach der
Gefahr einer Beschädigung entweder auf seine ganze Länge
oder nur zum Teil in ein eisernes Rohr eingezogen oder mit
einer Schutzdecke aus Eisen oder Ziegeln überdeckt. Der Anschluß des Kabels an die Freileitung an den beiden Stangen
vor der Kreuzung geschieht vermittelst kleiner Isolierglocken
aus Hartgummi, deren Kopf ein blanker Kupferdraht durchdringt, dessen oberes Ende an die Freileitung, dessen unteres
im Innern der Glocke endigendes mit dem Kabeldraht verbunden wird, so daß die Verbindungsstelle zwischen Kabel und
nach oben gehendem Draht im Innern der kleinen Glocke stets
trocken gehalten bleibt. Wo es sich um die Überführung einer
größeren Anzahl von Leitungen handelt, werden ähnliche Anordnungen verwendet, wie sie für unterirdische Telephonanlagen
benutzt werden, und im folgenden noch näher zur Sprache
kommen.

64. Einführung der Freileitung. Bevor eine Schwachstromleitung an ihren Enden die Betriebsapparate erreicht, ist
sie in der Regel durch die Wände oder das Dach des Gebäudes
zu führen, in welchem die anzuschließenden Apparate aufgestellt
sind. Dabei wäre es meist unbequem, die Luft als Isolierung
zu benutzen. In der Regel schließt daher die Leitung an dem
letzten Isolator an eine Kabelleitung an, welche bis zu den
Betriebsapparaten fortgesetzt ist.

Der Übergang von der Freileitung zur Kabelleitung geschieht
dann entweder in der im vorigen Paragraphen dargestellten Weise
oder nach der in Fig. 19 angegebenen Anordnung. Bei dieser wird
ein wagerechtes Porzellan- oder Hartgummirohr mit äußerem
trichterförmigen Ende oberhalb dem letzten Isolator der Freileitung

durch die Mauer geführt. Dieses Rohr durchdringt die aus
dem Innern des Gebäudes kommende Kabelleitung, deren Ende
mit der Freileitung verlötet wird. Häufig wird die Freileitung
unmittelbar vor dem letzten
Isolator noch mit einer Blitzschutzvorrichtung G vermittelst des Drahtes a ver-
bunden, durch welche in
die Freileitung eindringende
atmosphärische Entladungen
über eine bei b angelegte
Bodenleitung zur Erde ab-
geführt werden. Über Ein-
richtung und Wirkungsweise
derartiger Blitzschutzvorrichtungen wird noch bei Be-
schreibung der verschiedenen Betriebsapparate Näheres zu sagen sein.

    65. Unterirdische
Leitungen. Für die Herstellung unterirdischer Schwach-
stromleitungen kommen nur
Kabel in Betracht, d. h.
Kupferdraht, welcher auf
seine ganze Länge mit einer

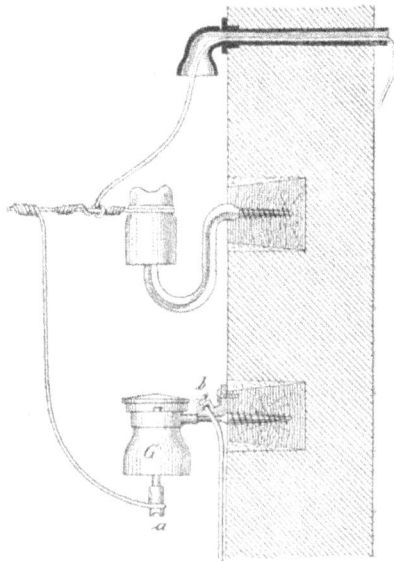

Fig. 19.

Isolierschicht überzogen ist, welch letztere wieder auf ihre ganze
Länge mit einer mehr oder minder dicken Schutzhülle umgeben
ist. Der Kupferdraht besteht immer aus
weichem, bestleitendem elektrolytischem
Kupfer, während Isolierschicht und Schutzhülle je nach dem Zwecke des Kabels und
der Verwendungsart verschiedenes Material
und verschiedene Anordnung aufweisen.
Die Fig. 20 zeigt den Querschnitt eines
Telegraphenkabels, wie es für das unterirdische Telegraphennetz des Deutschen
Reiches verwendet ist. Jede der sieben
Litzen besteht aus sieben zusammen-

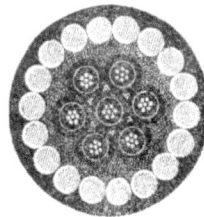

Fig. 20.

gedrehten, 0,6 mm starken, blanken Drähten und ist folgendermaßen
isoliert: Zunächst ist eine Mischung von Guttapercha, Holzteer
und Harz, sog. Chattertoncompound, aufgebracht, dann folgt eine

Schicht Guttapercha, dann eine zweite Lage Chattertoncompound,
dann eine zweite Lage Guttapercha. Das aus den sieben Leitungen gebildete Bündel wird dann von einer gemeinschaftlichen
Lage geteerten Hanfs umgeben. Hierauf folgt die Bespinnung
mit 18 verzinkten Eisendrähten von je 3,8 mm Durchmesser,
deren jeder einen Umgang auf 23—26 cm Kabellänge macht.
Das so gebildete Kabel ist asphaltiert, mit 1,5 mm starkem Garn
umsponnen und endlich mit einer Schicht von Clarkcompound
— einer Mischung von Asphalt, Teer und Quarz — umgeben.
Der Isolationswiderstand der äußeren Leitungen dieser Kabel
schwankt zwischen 448,7 und 3935,3 Mill. Ohm pro km bei
15° C. Bei derselben Temperatur beträgt der Kupferwiderstand
6,59—8,38 Ohm und die Kapazität 0,18—0,25 Mikrofarad pro km.

66. Telephonkabel. Die Telephonkabel weisen eine
wesentlich abweichende Bauart auf. Da die Verwendung der Erde
als Rückleitung ausgeschlossen, besteht im Telephonkabel jede
Leitung aus zwei Adern, welche zur Vermeidung von Induktion
zusammengedrillt sind. Jeder Draht ist mit einer Papierhülse
umgeben, welche nur lose anliegt und reichlichen Luftzwischenraum läßt. Diese Art der Isolierung gestattet, den Wert der für
die Lautübertragung so schädlichen Kapazität auf ein brauchbares
Maß herabzudrücken. In einem Kabel werden bis fünfhundert
Doppeladern und mehr vereinigt. Die zum Kabel zusammen-
geseilten Doppeladern werden mit doppeltem Juteband umsponnen und dann mit einem doppelten Bleimantel umpreßt.
Die einzelnen Maße richten sich nach der Zahl und Länge der
Leitungen und nach den äußeren Umständen, unter welchen
das Kabel zu arbeiten hat.

67. Regel. Alle Vorkehrungen bei Herstellung und Gebrauch von Kabeln haben in erster Linie den Zweck, das Eindringen von Feuchtigkeit zu den Leitungen des Kabels zu verhindern. Diesem Zwecke dient im Telegraphenkabel die den
Leiter allseitig fest umschließende, wasserundurchlässige Guttapercha, in den Bleikabeln der stets unversehrt zu erhaltende
wasserdichte Bleimantel.

68. Verlegung der Telegraphenkabel. Ist die
Linie, längs welcher ein Telegraphenkabel zu verlegen ist, festgestellt, so wird zunächst in dieser Linie ein Graben von
30—40 cm Breite und 1—1,5 m Tiefe ausgehoben. Hierauf
wird das Kabel in Abschnitten von 0,4—1 km von dem Kabel-
wagen abgerollt und in den Graben eingelegt, mit einer Schicht
Erde und, wenn nötig, über dieser mit einer Schutzschicht aus

Ziegelsteinen bedeckt, worauf der Graben eingefüllt und festgestampft wird. Etwa aufgebrochene Straßenflächen, Pflaster etc.,
werden wiederhergestellt, die Verbindungsstellen mit dem vorhergehenden und dem nachfolgenden Kabelstück geprüft und
eingelegt und die Verlegungskolonne nachgezogen. Während
der ganzen Verlegungsarbeit findet eine ständige Kontrolle darüber statt, daß das Kabel unverändert die vorschriftsmäßigen
Werte des Leitungs- und Isolationswiderstandes aufweist. Sobald sich eine Abweichung in dieser Beziehung bemerklich
macht, wird die Ursache sofort festgestellt und beseitigt. So
ist das Kabel mit dem Einlegen des letzten Abschnitts sofort
betriebsfertig. An solchen Stellen des Kabelzugs, an welchen
größere Gefahr der Beschädigung besteht, in Städten, Bahn-
höfen, auf Brücken, Viadukten etc., werden besondere Schutzmaßregeln getroffen, indem das Kabel in eisernen oder steinernen
Röhren eingezogen wird. Gleichzeitig mit der Verlegung findet
eine genaue Eintragung der Kabellage mit Angabe aller wich-
tigen Einzelheiten in die Karten statt.

69. Lötstellen in Telegraphenkabeln. Die Verbindung zweier Kabelstücke ist eine wesentlich schwierigere und
folgenreichere Arbeit als die Verbindung zweier Stücke einer
Luftleitung. Wie die Lötstelle in der Luftleitung hat die Kabel-
verbindungsstelle die Bedingung zu erfüllen, daß die Verbindungsstelle elektrisch und mechanisch sich von einem gleich
langen Stück des zusammenhängenden Kabels nicht nennens-
wert unterscheiden darf.

70. Einführung der Telegraphenkabel. Die Telegraphenkabel werden in der Regel unmittelbar in die Betriebs-
gebäude durch Kanäle in den Kellermauern eingeführt und zu
den Schalttafeln, an welchen die Verbindungen zu den Apparaten und zu den Untersuchungsvorrichtungen angelegt sind,
geführt.

71. Verlegung der Telephonkabel. Die Haupt-
anwendung finden die Telephonkabel in den Fernsprechanlagen
der Städte zur Verbindung der Apparate der Teilnehmer mit
den Vermittlungsämtern. Die Kabel werden meist in den Bürger-
steigen der Straßen verlegt. Da sie mit Gas-, Wasserleitungs-,
Kanalisationsanlagen, den Kabeln für elektrische Beleuchtung
und anderen Tiefbauobjekten den Raum zu teilen haben, sind
sie Beschädigungen in solchem Maße ausgesetzt, daß sie auf
ihre ganze Länge mit Schutzvorrichtungen umgeben werden
müssen. An solchen Stellen, wo eine größere Anzahl von

Kabeln, wie in der Nähe der Vermittlungsämter, in derselben Straße zu verlegen ist, werden eigene feste Kabelführungen von folgender Anordnung in den Straßenkörper eingebaut: Zement- oder Betonblöcke mit einer mehr oder minder großen Anzahl nebeneinander laufender Durchbohrungen werden im Graben aneinander gereiht, daß die aneinander stoßenden Durchbohrungen je ein zusammenhängendes Rohr bilden, welches je ein Kabel aufnehmen kann. In mehr oder minder großen Abständen an Straßenecken und Kreuzungen münden diese mehrfachen Beton- rohre in sog. Kabelbrunnen — gemauerte Schachte im Straßen- körper —, welche das Einziehen der Kabel in die Rohre und den Richtungswechsel im Zuge eines Kabels ermöglichen, auch zur Aufnahme der Vorrichtungen dienen, welche zur Verbindung des Kabels mit den Zuleitungen zu den einzelnen Teilnehmer- sprechstellen notwendig sind. Mit dem Bau der Zementkanäle werden in die Rohre gleichzeitig Drahtseile eingelegt, vermittelst welcher schließlich die einzelnen Kabel je nach Bedarf in die einzelnen Rohre eingezogen werden können. Das Einziehen geschieht vermittelst Winden, welche, in der Nähe der Kabel- brunnen aufgestellt, die Drahtseile aufwinden und das am Ende befestigte Kabel nachziehen.

An Stellen, wo nur wenige Kabel zu verlegen sind, werden wohl auch Schutzeisen, welche aus zwei Zoreseisen durch an den Flanschen angreifende Klammern zu einem geschlossenen Rohr zusammengefügt werden, angewendet.

72. Anschlüsse an Telephonkabel. Die Papier- isolation der Telephonkabel bringt es mit sich, daß auch nicht die geringste Feuchtigkeit in das Innere des Kabels eindringen darf. Es muß daher nicht nur der Bleimantel des Kabels auf seine ganze Länge völlig unversehrt bleiben, sondern es müssen auch an den Enden des Kabels, an welchen Leitungsanschlüsse irgendwelcher Art hergestellt werden, Vorkehrungen getroffen werden, daß keine Feuchtigkeit eindringen kann. Zu diesem Zwecke werden die Kabelenden mit besonderen Endverschlüssen — hermetisch verschlossene Metallkasten, in welche einerseits das Kabel durch fest anschließende Muffen eintritt, anderseits die aufgelösten Kabeladern austreten, während das Innere voll- kommen mit einer isolierenden Masse ausgegossen ist, welche einerseits das Kabelende völlig abschließt, die aufgelösten Kabel- adern getrennt hält und am andern Ende voneinander isoliert austreten läßt — versehen. Auch die Verbindungsstellen zweier Telephonkabel müssen in ähnlicher Weise gesichert werden,

wozu Überführungsmuffen verwendet werden, welche die Lötstellen umschließen und ebenfalls mit Isoliermasse ausgegossen
werden.

73. Leitungsunterhaltung. Aufgabe der Leitungsunterhaltung ist es, die Leitung in allen ihren Punkten in be-
triebsfähigem Zustande zu erhalten, d. h. dafür zu sorgen, daß
jede betriebstörende Änderung an der Leitung hintangehalten,
jede eingetretene Änderung derart beseitigt werde. Betriebsstörungen treten auf, wenn sich der Leitungswiderstand an
irgend einem Punkte der Leitung mehr als zulässig erhöht oder
wenn der Isolationswiderstand an irgend einem Punkte mehr
als zulässig sinkt. Rosten des Leitungsdrahtes, Abreißen desselben, Verschlechterung der Lötstellen sind in Freileitungen
die Hauptursachen der Erhöhung des Leitungswiderstandes; Beschädigung der Isolatoren, Berührung des Leitungsdrahtes mit
Fremdkörpern, benachbarten Leitungen, Bäumen, Mauern,
Dächern sind die gewöhnlichsten Ursachen der Verminderung
der Isolation. Die durch Verrosten des Leitungsdrahtes bewirkte
Verschlechterung des Leitungszustandes wird durch Auswechseln
der betreffenden Leitungsabschnitte behoben, abgerissene Enden
werden wieder verbunden und verlötet, schlechte Lötstellen
werden ausgeschnitten und durch tadellose ersetzt. Die Isolatoren werden häufig durch Steinwürfe oder Blitzschläge beschädigt und so ganz oder teilweise unwirksam gemacht. Sie
werden durch neue ersetzt. Die Wirksamkeit von Isolatoren
wird auch zuweilen dadurch beeinträchtigt, daß sich auf der
Oberfläche Schmutz, Staub oder Ruß ansetzt oder daß sich im
Innern der Glocken Insekten mit Nestern und Geweben ein-
nisten. Sorgfältige Reinigung stellt die alte Leistung wieder
her. Freileitungen, welche in der Nähe von mehr oder minder
rasch wachsenden Bäumen verlaufen, müssen ständig sorgfältig
überwacht werden, daß sie nicht mit Ästen oder Stämmen der
Bäume in Berührung kommen. Die Bäume werden im Frühjahr
ausgiebig beschnitten oder es wird, wo dies unzulässig, die
Leitung rechtzeitig verlegt. Eine häufige Ursache dafür, daß
Freileitungen im Laufe der Zeit mit Fremdkörpern in Berührung kommen, besteht darin, daß der Leitungsdraht sich infolge ungewöhnlicher Hitze oder von Eis- und Schneeanhang
mehr als vorgesehen einsenkt. Verkürzung des Drahtes, Ab-
klopfen des Anhangs sind die Mittel zur Abhilfe, von welchen
letzteres, rechtzeitig angewendet, auch häufig sonst unvermeid-
liches Abreißen des Drahtes verhindert.

Die umfangreichsten Betriebsstörungen werden durch Beschädigung oder Zerstörung der Leitungsstützpunkte, Tragstangen, Mauerträger, Dachständer etc. veranlaßt. Die Zerstörung der hölzernen Tragstangen durch die Witterungseinflüsse kann nur verzögert, nicht vermieden werden. Für die Leitungsunterhaltung kommt es daher nur darauf an, den Zeitpunkt zu erkennen, wann die Widerstandsfähigkeit des Holzes so weit gesunken ist, daß Gefahr für den Bestand der Leitung gegeben ist. In erster Linie ist für diese Beurteilung der Zustand der Stange an der Bodenoberfläche maßgebend. Ob er genügt, wird dadurch festgestellt, daß die Stange in der Nähe des oberen Endes mit einer Schubstange mit Eisenspitze gefaßt und mehrmals aus der Leitungsrichtung gedrückt wird. Morsche Stangen krachen mehr oder minder und werden durch neue ersetzt. Doch kommt es auch vor, daß die Stange im Boden gut, dagegen oben so verfault ist, daß die Auswechslung nötig wird. Dieser Fall läßt sich meist leicht durch den Augenschein erkennen.

Eisenkonstruktionen, Mauerträger, Dachständer bedürfen zunächst der regelmäßigen Erneuerung des schützenden Ölfarbanstrichs.

Dann sind die Befestigungen derselben einer regelmäßigen sorgfältigen Besichtigung und Ausbesserung zu unterziehen, insbesondere bei Dachständern der wasserdichte Anschluß zu sichern.

Der Drahtdurchhang bedarf ebenfalls ständiger Nachsicht und muß, wo sich aus irgendeinem Grunde Änderungen ergeben haben, nachreguliert werden.

74. Regel. Nur die größte Sorgfalt und Umsicht in der Leitungsunterhaltung können einen befriedigenden Betrieb sichern.

75. Die Unterhaltung von Kabelanlagen. Alle Kabelanlagen werden von vornherein so ausgeführt, daß Veränderungen in Lage und Zustand des Kabels möglichst ausgeschlossen, regelmäßige Unterhaltungsarbeiten daher nicht erforderlich sind. Die Hauptsorge besteht daher darin, Beschädigungen, falls das Kabel durch irgendwelchen Umstand auf eine mehr oder minder große Länge bloßgelegt oder durch Tiefbauvornahmen in dessen Nähe gefährdet wird, hintanzuhalten. Da die Kabel meist in solchem Grund zu liegen kommen, in welchem Grabungen nicht ohne Wissen und Genehmigung der Besitzer oder der zuständigen Behörden vorgenommen werden

können, bedarf es zu diesem Zwecke in der Regel nur der
Verständigung zwischen Kabelbetriebsleitung und der Stelle,
welche über den betreffenden Grund verfügt. Wird von letzterer
eine Tiefbauvornahme in der Nähe des Kabels beabsichtigt und
der Kabelbetriebsleitung mitgeteilt, so ist es letzterer meist
leicht, durch vorübergehendes Ausheben oder Verlegen des
Kabels oder andere Schutzmaßregeln Beschädigungen zu verhindern. Selbstverständlich ist, daß das Kabel nach jeder
solchen Bauvornahme in einem Zustande der Sicherheit zurück-
zulassen ist, welcher dem der übrigen Kabelstrecken nichts
nachgibt.

III. Die Apparate.

76. **A p p a r a t e**. Die in Schwachstromanlagen verwendeten
Apparate zerfallen in drei Gruppen:

I. Apparate, welche zur Verbindung der Stromquelle mit
der Leitung und zur Trennung derselben von der Leitung dienen;

II. Apparate, in welchen der Strom unmittelbar oder
mittelbar zur Wirksamkeit kommt, und

III. Apparate, welche die Anlagen selbst oder Teile derselben oder die benutzenden Personen vor Schädi-
gungen, die von der Anlage ausgehen können,
schützen.

Taster und Unterbrecher.

77. **T a s t e r**. Der Taster ist ein Metallstück, welches mit
dem einen Ende ständig mit der Stromquelle verbunden ist,
mit dem andern meist durch Druck beliebig lang mit der Leitung verbunden werden kann und während dieser Verbindung
den Strom von der Stromquelle zur Leitung überführt. In den
meisten Fällen wird der Taster von Hand, in andern von irgendwelchen Mechanismen betätigt.

78. **T a s t e r f ü r H a u s t e l e g r a p h e n**. Die für Haustelegraphen verwendeten Taster bestehen in der Regel aus einer
auf einer kreisförmigen Grundplatte montierten, spiralförmig
gebogenen Messing- oder Packfongfeder, deren freies Ende einen

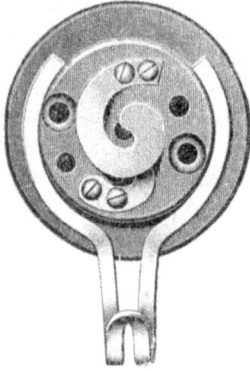

Fig. 21.

Druckknopf in einem die Grundplatte überdeckenden Gehäuse nach außen drückt (Fig. 21.) Wird der Druckknopf und damit das freie Federende nach innen gedrückt, so kommt letzteres mit einem Metallstück derart in Berührung, daß der Strom von dem festen Federende über die Feder und die Berührungsstelle zwischen dem freien Federende und dem berührten Metallstück übergeht, dagegen wieder unterbrochen wird, sobald nach Aufhören des Druckes auf den Druckknopf das freie Federende samt Druckknopf wieder in die Ausgangslage zurückkehrt.

Die Fig. 22—24 zeigen eine Anzahl von Ausführungsformen, wie sie zur Befestigung an Wänden, Türen, in Fußböden usw. bestimmt sind.

An beweglichen Leitungen anzubringende Taster dieser Art erhalten häufig die in Fig. 25 dargestellte birnförmige Ausführung.

Fig. 22.

Fig. 23.

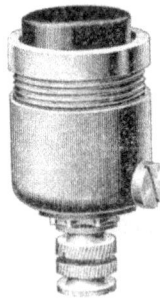

Fig. 24.

Fig. 25.

Eine Vereinigung mehrerer Tasten dieser Art in gemeinsamer Grundplatte zeigt Fig. 26.

79. Morsetaster. Der eigentliche Morsetaster ist ein um eine wagerechte Axe drehbarer Metallhebel, dessen eines Ende mit einem Druck-knopf versehen ist, während dessen anderes Ende von einer an dem Hebel angreifenden Feder an einen Anschlag festge-drückt wird. Durch Druck auf den Knopf wird ent-weder ein vom Anschlag über den Hebel verlaufen-der Strom unterbrochen oder dadurch, daß das Druckknopfhebelende mit einem Metallstück beim Drücken des Druckknopfes in Berührung kommt, ein Strom von diesem Metall-stück über den Morsehebel übergeführt.

Die Fig. 27 zeigt die allgemeine Anordnung des Morsetasters, wie er in der Morsetelegraphie vielfach verwendet wird.

Mit Morsetaster wer-den häufig auch Taster be-zeichnet, bei welchen das bewegliche Metallstück in der Ruhe-lage einen Stromweg schließt, beim Übergang in die Arbeits-stellung diesen Stromweg unter-bricht und einen andern her-stellt (vgl. Magnetinduktor S. 15).

80. Mechanisch betä-tigte Taster. Unter mecha-nisch zu betätigenden Tastern sind alle Taster zu verstehen, welche den Stromübergang nicht durch die unmittelbare Beeinflussung durch Menschenhand be-wirken. Die Kräfte, welche dabei die beabsichtigte Wirkung zustande bringen, können dabei sehr verschieden sein. Ein Elektromagnet kann einen Anker anziehen, der, wie der Hebel

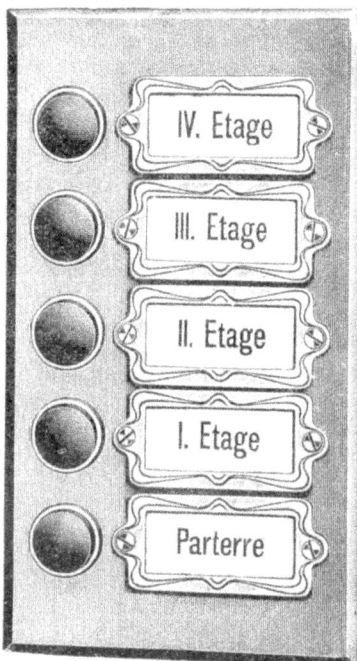

Fig. 26.

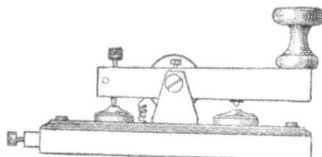

Fig. 27.

im Morsetaster, einen Strom schließt oder unterbricht; ein durch die Wärme sich ausdehnender Körper kann einen Kontakt schließen und nach der Abkühlung wieder öffnen; ein Uhrwerk kann ein Zahnrad bewegen, dessen Zähne beim Gange des Uhrwerks Stromschlüsse und Unterbrechungen hervorrufen; das Wasser eines Flusses oder Sees kann einen Schwimmer heben oder senken und durch die Bewegungen des Schwimmers Stromschlüsse und Unterbrechungen hervorrufen usw.

81. Tür-, Fenster-, Jalousiekontakte. Zu den mechanisch betätigten Tastern gehören die in der Haustelegraphie ausgiebig verwendeten Tür-, Fenster-, Jalousiekontakte. Sie dienen dazu, beim Öffnen oder Schließen des damit versehenen Objekts vorübergehend oder dauernd eine Stromwirkung hervorzubringen, welche zu einem vorübergehenden oder dauernden Signal Veranlassung gibt.

Fig. 28.

Die Fig. 28 und 29 zeigen einige Anordnungen dieser Art, deren Wirkungsweise ohne weiteres verständlich ist.

82. Der Kontakt in den Tastern. Die Wirksamkeit jedes Tasters hängt in erster Linie von der Güte des Kontakts, von der Leitungsfähigkeit der Stelle, an welcher der Strom von dem einen Kontaktstück zum andern übergeht, ab. Da an dieser Stelle immer Stromschluß und Stromunterbrechung miteinander wechseln, so treten an derselben immer mehr oder minder starke Funken auf, welche gewöhnliche Metalle verbrennen und damit den Widerstand dieser Stelle erhöhen. Um dies zu verhindern, werden die Stromschlußstücke an der Berührungsstelle mit Platinstückchen armiert, deren Berührungsflächen den eigentlichen Kontakt bilden.

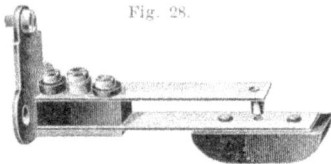

Fig. 29.

83. Regel. Die Kontakte in Tastern müssen immer sauber gehalten sein; Federn, Achsen, Lager müssen immer in solchem Stande sein, daß das bewegliche Stück unter den vorgesehenen Kräften immer die gewollte Stellung sicher und ohne weiteres einnimmt.

84. Unterbrecher. Während vermittelst der Taster Stromschlüsse und Stromunterbrechungen von unregelmäßiger,

meist von der Willkür des Benutzers abhängiger Dauer hervorgebracht werden, dienen die Unterbrecher, die im Wesen nichts
anderes als ebenfalls Taster sind, dazu, Stromschlüsse und
Stromunterbrechungen in regelmäßiger, mehr oder minder rascher
Folge zu bewirken.

85. Der Wagnersche oder Neefsche Hammer.
Die einfachste und in ungeheurem Umfang angewendete Form
des Unterbrechers ist der sog. Wagnersche oder Neefsche
Hammer. Das Prinzip der Anordnung zeigt die Fig. 30.

Die Windungen eines Elektromagneten b
sind einerseits mit der Batterie s, anderseits
mit einer Blattfeder, deren anderes Ende
den Eisenanker h trägt, verbunden. Die Blattfeder wird von der Spitze der Schraube k
berührt, die ihrerseits mit dem zweiten Pol
der Batterie s verbunden ist. Der Strom
der Batterie s geht über die Schraube k, den
Berührungspunkt zwischen dieser Schraube
und der Blattfeder, von dieser zum Elektromagneten b und zurück zur Batterie s.

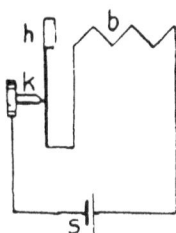

Fig. 30.

Der Anker h wird angezogen, die damit verbundene Blattfeder
von der Schraube k abgehoben und dadurch der Strom unterbrochen. Da nun die anziehende Wirkung des Elektromagneten b
auf den Anker h ebenfalls aufhört, wird letzterer durch die
Federkraft der Feder in die Ausgangstellung zurückgeführt.
Die Blattfeder legt sich wieder an die Schraube k an, schließt
dadurch neuerdings den Strom der Batterie s über den Elektromagneten b, es erfolgt neue Anziehung, neue Stromunterbrechung, neues Abfallen des Ankers, neuer Stromschluß usw.
Die Feder mit dem Anker gerät in regelmäßige Schwingungen,
welche so lange andauern, als die Batterie s genügenden
Strom liefert.

Selbstverständlich kann der
Anker h auch dazu eingerichtet
werden, daß durch seine Bewegungen auch Stromschlüsse und
Stromunterbrechungen in einem
zweiten Stromkreis entstehen, wie
dies bei dem S. 16 dargestellten
Funkeninduktor der Fall ist.

86. Quecksilber-Tur-
binenunterbrecher. Zum

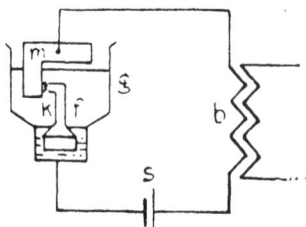

Fig. 31.

Betrieb der Funkeninduktoren für die drahtlose Telegraphie werden vielfach sog. Quecksilber - Turbinenunterbrecher verwendet, deren schematische Anordnung Fig. 31 zeigt. Der dicke Draht der Spule des Funkeninduktors *b* ist einerseits mit der Batterie *s*, anderseits mit dem Metallring *m* verbunden. Letzterer ist mit Fenstern versehen und befindet sich in dem zylindrischen Gefäß *g*, dessen Boden mit Quecksilber bedeckt ist. In das Quecksilber taucht die Turbine *f*, welche mit großer Geschwindigkeit um ihre senkrechte Achse gedreht wird. Sie

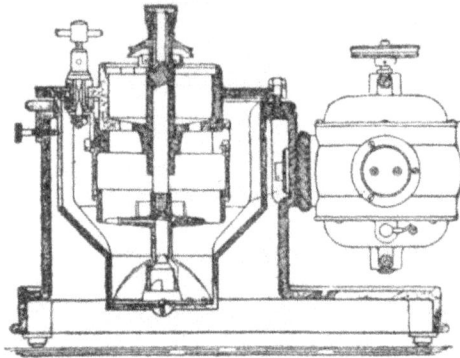

Fig. 32.

besteht aus einer Röhre, welche mit ihrem unteren Teile in das Quecksilber taucht und sich im oberen Teile in rechtem Winkel dem Ringe zuwendet. Bei der Umdrehung steigt das Quecksilber in der Röhre in die Höhe und wird schließlich als zusammenhängender Strahl gegen den Ring geschleudert. Da das Quecksilber mit dem andern Pol der Batterie verbunden ist, wird der Strom geschlossen, so oft es durch ein Fenster geht.

Fig. 32 zeigt den Querschnitt der praktischen Ausführung des Quecksilberunterbrechers mit Elektromotor, welcher durch Seiltrieb mit der Achse des Unterbrechers verbunden ist.

Apparate zur Stromverwendung.

87. Der Elektromagnet. In der weitaus überwiegenden Mehrzahl der Apparate zur Stromverwendung ist der wesentliche Bestandteil, an welchem die Stromwirkung zu dem beabsichtigten Zwecke sich äußert, ein Elektromagnet. Der Elektromagnet besteht aus einem geraden oder ⊔-förmig gebogenen

Stück weichen Eisens, über welches eine oder zwei Rollen isolierten Drahtes geschoben sind, und einem in der Nähe der
Enden der Eisenstücke — den Polen — beweglich angebrachten
Anker aus weichem Eisen. Werden die Drahtspulen von einem
Strom durchflossen, so werden die Eisenkerne magnetisch und
verursachen Bewegungen des Ankers, jene Wirkung, auf welche
es in der Regel abgesehen ist.

88. Der elektrische Wecker. Der elektrische Wecker
ist ein Elektromagnet, dessen Ankerbewegungen unmittelbar zur
Hervorbringung von Glockensignalen benutzt werden. Man
unterscheidet Gleichstrom-, Wechselstrom- und Resonanzwecker.

89. Die Gleichstromwecker. Die Gleichstromwecker
arbeiten entweder unter mehr oder minder verschiedenen Stromstärken oder mit einer bestimmten einzigen Stromstärke. In
letzterem Falle heißen sie Stufenwecker. Man unterscheidet
ferner Einschlag- und Rasselwecker. Im Einschlagwecker erzeugt
eine beliebig lange Dauer der Stromzuführung nur einen einzigen
Glockenschlag, der Rasselwecker erzeugt eine mehr oder minder
rasche Folge von Schlägen während der Stromwirkung.

90. Der Einschlagwecker.
Der Einschlagwecker ist ein einfacher
Elektromagnet, dessen Anker einen
Klöppel trägt, welcher bei der An-
ziehung des Ankers durch den Strom
an eine Glocke schlägt und nach
Aufhören des Stroms in die Aus-
gangslage zurückkehrt.

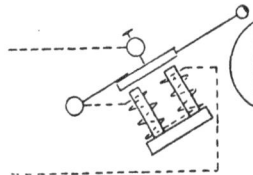

Fig. 33.

91. Rasselwecker. Man
unterscheidet selbstunterbrechende
und Nebenschlußrasselwecker. Der
selbstunterbrechende Rasselwecker
ist nichts als ein Wagnerscher Hammer (s. S. 39), dessen Anker einen
an eine Glocke anschlagenden Klöppel trägt. Der Anker des Neben-
schlußweckers trägt außer dem Klöppel noch ein Kontaktstück, welches
bei angezogenem Anker einen Nebenschluß zu den Windungen des Elektromagneten herstellt und damit das
Abfallen des Ankers, Öffnen des
Nebenschlußkontakts, erneutes An-

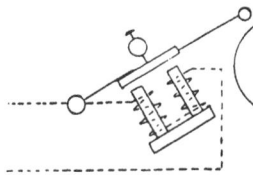

Fig. 34.

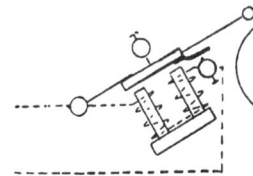

Fig. 35.

ziehen des Ankers, neues Herstellen des Nebenschlusses usw.
und damit das Rasselgeräusch bewirkt.

Die Fig. 33, 34 u. 35 zeigen die Schaltung der gewöhnlichen
selbstunterbrechenden Einschlag- und Nebenschlußwecker.

Fig. 36.

Die Fig. 36 stellt eine
praktische Ausführungs-
form des Rasselweckers
in ein Drittel der natür-
lichen Größe dar, wie sie in
Haustelegraphenanlagen
häufig verwendet wird.

92. Fortschell-
wecker. Häufig ist es er-
wünscht, daß die Glocken-
signale am Wecker fort-
dauern, auch wenn die
rufende Person aufhört,
auf den Taster zu drücken.

Zu diesem Zwecke wird der Wecker
meist mit einer Fallscheibe versehen,
welche, durch die Ankeranziehung
ausgelöst, zum Fallen gebracht wird
und damit einen Kontakt schließt,
welcher den Strom der Batterie dem
Wecker so lange zuführt, bis die
Fallscheibe wieder in die Höhe gehoben und damit der erzeugte Kontakt wieder aufgehoben wird. Eine
Anordnung dieser Art zeigt die Fig. 36.

93. Markierwecker. Soll
der Wecker nicht fortschellen, sondern nur erkennen lassen, daß ge-
schellt worden ist, so kann hierzu
die Scheibe des Fortschellweckers
ohne weiteres dienen, indem ihr

Fig. 37.

Kontakt einfach nicht angeschlossen wird. Doch werden auch Wecker mit Fallscheiben ohne Fortschellkontakt verwendet. Die Fig. 37 gibt die Ansicht eines solchen Weckers. Die in den Fig. 36 und 37 angedeuteten Schnurzüge dienen zur Rückstellung der Fallscheiben.

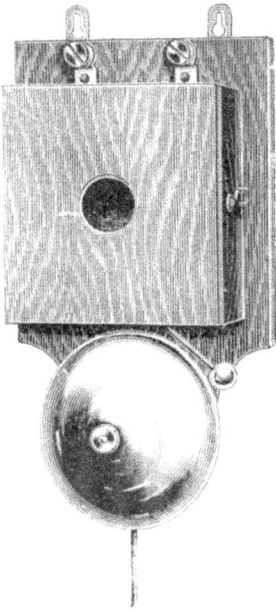

94. Tisch- und Konsolwecker. Sollen die Wecker auf Tischen aufgestellt oder an Konsolen angebracht werden, so werden

Fig. 38.

Fig. 40.

Fig. 39.

Fig. 41.

Elektromagnet und Zubehör häufig im Innern der Glockenschalen untergebracht. Die Fig. 39—41 zeigen einen Tischwecker und einen Konsolwecker dieser Art.

95. Luft- und wasserdichte Wecker. Der Aufstellungsort des Weckers bedingt es häufig, daß das Innere des Weckers von Luft- und Wasserzutritt dauernd geschützt bleibe.

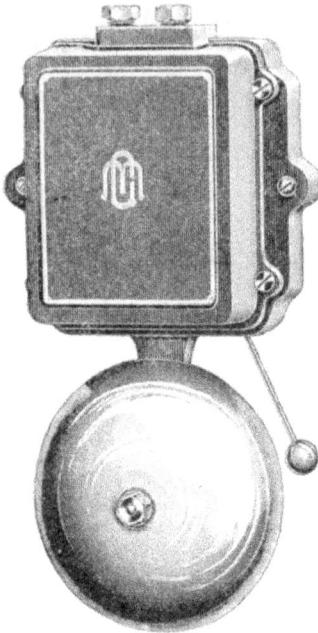

Fig. 42.

Fig. 43.

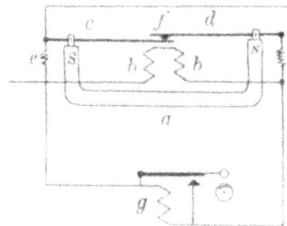

Fig. 44.

Hierzu dienen entweder dichte Gehäuse, aus welchen den Klöppel tragende Achsen nach außen dringen, oder Gehäuse, die zu einem Teil mit einer Membrane abgeschlossen sind, welche, von dem im Innern befindlichen Elektromagneten in Bewegung gesetzt, mit ihrer äußeren Fläche unmittelbar nach außen wirkt (Membranwecker).

Die Fig. 42 und 43 zeigen Ausführungen der Art.

96. Stufenwecker. Es gibt verschiedene Arten von Gleichstromstufenweckern. Eine der einfachsten ist folgende: In Fig. 44 ist a ein Hufeisenmagnet mit den Polen N und S. bb sind zwei auf den Steg parallel zu den Schenkeln aufgesetzte Elektromagnetrollen mit weichen Eisenkernen. c und d sind Weicheisenanker, welche sich um wagerechte Achsen über N

und S drehen. Die freien Enden dieser Anker stehen den Polen der Elektromagnetrollen bb gegenüber und schließen in der Ruhelage den Kontakt f. Am andern Ende der Anker wirkt je eine Spiralfeder e. g ist ein einfacher Nebenschlußwecker. Letzterer spricht nur bei einer ganz bestimmten Stromstärke und Stromrichtung an. Denn ist der Strom zu schwach oder von solcher Richtung, daß die polarisierten Anker von den Polen der Elektromagnete bb abgestoßen werden, so bleiben die Anker in Ruhe, der Kontakt f bleibt geschlossen und bildet einen Nebenschluß zu dem Wecker g; letzterer schweigt.

Hat der Strom die richtige Stärke und Richtung, so wird der Anker c, dessen Feder weniger gespannt ist als die von d, angezogen, der Kontakt f geöffnet, der Strom dem Wecker g zugeführt und letzterer betätigt. Ist dagegen der Strom zu stark, so werden sowohl der Anker c als auch der Anker d angezogen, der Kontakt f bleibt geschlossen, der Nebenschluß zum Wecker g bestehen, letzterer unbetätigt.

Die Stufenwecker dienen dazu, von mehreren in einer Leitung eingeschalteten Stellen die eine oder andere nach Wahl derart anzurufen, daß das Signal nur in der ausgewählten, nicht aber in den übrigen Stellen erscheint. Mit dem beschriebenen Stufenwecker gelingt es leicht, zehn oder zwölf in einer Leitung eingeschaltete Stationen wahlweise anzurufen, wobei nur fünf bis sechs verschiedene Stromstärken nötig sind. Die in den einzelnen Stationen verwendeten Wecker unterscheiden sich dabei nur durch die verschiedenen Federn, welche die Anker beeinflussen.

97. Wechselstromwecker. Die Wechselstromwecker sind im wesentlichen Elektromagnete, deren Weicheisenkerne und Anker durch einen Dauermagneten ständig polarisiert gehalten werden. Die Fig. 45 zeigt eine einfachste Ausführungsform. In der Mitte des Stegs des Hufeisenelektromagneten ist das eine Ende des ⊐-förmig gebogenen Dauermagneten festgeschraubt. In der Nähe des anderen Endes ist ein Lager angebracht, welches um eine wagerechte Achse drehbar den Anker des Elektromagneten trägt. An letzterem ist ein Klöppel befestigt, dessen Stab eine Öffnung in dem Pole des Dauermagneten durchdringt. Die Wirkungsweise ist folgende: Im Ruhezustande stehen die beiden den Elektromagnetenden gegenüberstehenden Enden des Ankers gleich weit von diesen ab, da die auf den Anker wirkenden magnetischen Kräfte sich das Gleichgewicht halten. Entsteht in den Spulen des Elektromagneten ein Strom,

so wird der in den Kernen durch den Dauermagneten vorhandene
Magnetismus in der einen Spule verstärkt, in der andern geschwächt, die Anziehung auf das eine Ankerende wird größer
als die auf das andere; dies Ankerende bewegt sich gegen den
betreffenden Elektromagnetkern, der Klöppel schlägt nach einer
Seite aus. Kehrt sich nun der Strom in den Elektromagnet-
spulen um, wie der Wechselstrom dies mit sich bringt, so über-
wiegt die Anziehung des andern Elektromagnetkerns, der Anker

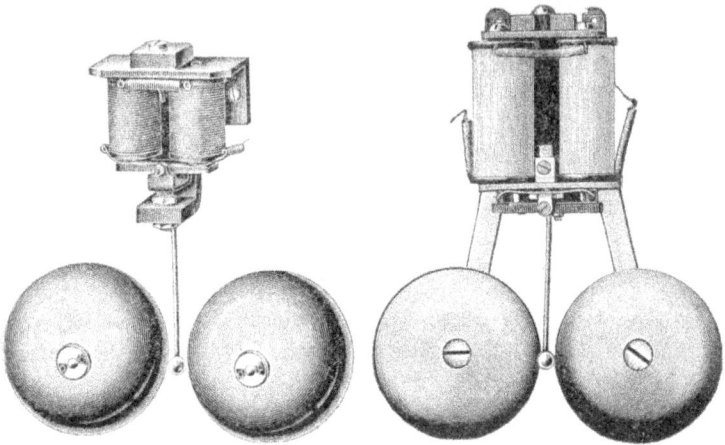

Fig. 45.   Fig. 46.

bewegt sich nach der andern Seite und der Klöppel schlägt
nach der andern Seite aus. Unter andauerndem Wechselstrom
bewegen sich daher Anker und Klöppel ständig hin und her
und der Klöppel schlägt abwechselnd an eine links und dann
an eine rechts angebrachte Glockenschale an. Die Fig. 46 zeigt
das in der Reichspostverwaltung verwendete Modell des Wechsel-
stromweckers.

98. Resonanzwecker. Unter Resonanzwecker versteht
man Wecker, welche nur dann ansprechen, wenn der in den
Elektromagneten wirkende Strom nur in bestimmten Zeitab-
schnitten auftritt oder sich verändert. Im Grunde ist jeder
Einschlag- und jeder Unterbrechungswecker auch Resonanzwecker, wie aus folgender Erklärung der Resonanz leicht ersichtlich. Versucht man eine große Kirchturmglocke zu läuten

und zieht an dem Seil, so bewegt sich die Glocke bei dem ersten Zug kaum merklich. Erfolgt dagegen der zweite Zug in dem Augenblicke, in welchem die durch den ersten Zug ein wenig aus dem Gleichgewicht gebrachte Glocke zurückzuschwingen beginnt, und der nächste Zug wieder in solchem Augenblicke, d. h. folgen sich die einzelnen Züge in dem Tempo, in welchem die Glocke schwingt, in Resonanz mit den Eigenschwingungen der Glocke, so verstärkt sich die Bewegung der Glocke selbst bei mäßiger Kraftanwendung immer mehr, bis endlich der Klöppel anschlägt und ein regelmäßiges Läuten beginnt. Ein solcher mit einer bestimmten Eigenschwingung begabter Körper ist auch der Anker eines jeden Elektromagneten, bei welchem die durch den Strom bewirkte anziehende Kraft der Pole dem Zug am Seil der Glocke entspricht. Tritt der Strom und damit diese Zugkraft in solchen Zeitabständen auf, wie sie der Eigenschwingungszahl des Ankers entsprechen, so kann wie bei der Glocke mit einer verhältnismäßig kleinen Stromstärke der Anker zu weitem Ausschwingen gebracht werden, zu weiterem, als dies möglich wäre, wenn derselbe Strom den Elektromagneten dauernd und ohne Unterbrechung erregte. Wie die Glocke selbst bei großer Kraftanstrengung nicht zum Läuten gebracht werden kann, wenn die einzelnen Züge am Seil unregelmäßig oder nicht der Schwingungszahl der Glocke entsprechend erfolgen, so gerät auch ein Elektromagnetanker nicht in regelmäßige Schwingungen, wenn die einzelnen Stromwirkungen sich nicht in den der Schwingungszahl des Ankers entsprechenden Abständen folgen. Von mehreren in eine Leitung eingeschalteten Resonanzweckern verschiedener Schwingungszahl wird daher immer nur der ansprechen, dessen Schwingungszahl mit der Folge der einzelnen in der Leitung hervorgebrachten Stromstöße übereinstimmt. Die Resonanzwecker können demnach ähnlich wie die Stufenwecker dazu benutzt werden, von mehreren in eine Leitung eingeschalteten Stellen die eine oder die andere wahlweise anzurufen, ohne daß der Ruf in einer andern als der gerufenen Station vernommen würde. Eine einfache Ausführungsform eines Resonanzweckers zeigt die Fig. 47. Der Anker eines polarisierten Hufeisenelektromagneten *b* ist senkrecht zu seiner Längsachse in der Mitte durchbohrt. Die Durchbohrung durchdringt ein Stahldraht *c*, mit welchem der Anker fest verbunden ist. Der Draht *c* ist in den beiden Pfosten *d d* so eingespannt, daß die Ankerenden gleich weit von den Polen des Elektromagneten *b* abstehen. An dem Anker

ist senkrecht zu dessen Längsachse und in dessen Mitte der
Klöppel *e* befestigt. Der Anker, der Stahldraht und der Klöppel
bilden das bewegliche System, dessen Eigenschwingungszahl im
wesentlichen von der Masse des Ankers und Klöppels, der
Torsionskraft des Drahtes und dem Abstand des Ankers von den
Elektromagnetpolen abhängt, so daß die Eigenschwingungszahl um so größer ist, je kleiner
die Masse des beweglichen Systems, je kleiner
der Polabstand des Ankers und je größer die
Torsionskraft, d. h. je dicker der Draht ist.

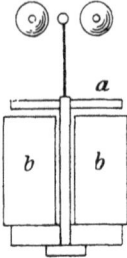

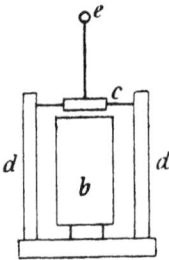

Bei derartigen mit Wechselstrom betrie-
benen Resonanzweckern genügt schon eine Veränderung von einigen Stromwechseln in der
Sekunde, um einen bei richtiger Wechselzahl
sicher und kräftig anschlagenden Wecker zum
Schweigen zu bringen. Gegenüber den Stufen-
weckern haben die Resonanzwecker den Vorzug,
daß sie in ihrer Wirksamkeit von dem Isolations-
zustand der Leitung in viel geringerem Maße
abhängig sind als jene.

99. Summer, Schnarrer und Klangfederwecker. In vielen Fällen ist das gewöhnliche Glockengeräusch der elektrischen
Wecker unnötig oder unerwünscht. Man verwendet dann häufig Summer, Schnarrer oder
Klangfederwecker. Summer und Schnarrer sind
meist nichts anderes als Selbstunterbrecher, bei
welchen Klöppel und Glocke fehlen und das

Fig. 47.

beabsichtigte Geräusch nur
durch den Anker des Elek-
tromagneten hervorgebracht
wird. Die Klangfederwecker
sind Einschlagwecker, bei
welchen der Anker gegen
eine Klangfeder, wie sie in
Wanduhren gewöhnlich ver-
wendet sind, anschlägt. Die
Fig. 48 zeigt einen Schnarrer.

100. Sichtbare Si-
gnale. Eine ausgedehnte
Verwendung findet der
Elektromagnet zur Hervor-

Fig. 48.

bringung sichtbarer Signale. Dabei sind zwei Hauptarten der Anwendung zu unterscheiden: entweder das Signal ist ein dauerndes, auch nach Aufhören der Stromwirkung fortbestehendes oder das Signal dauert nur so lange an, als die Stromwirkung dauert. Im ersten Falle bewirkt der Elektromagnetanker eine Auslösung eines mechanisch festgehaltenen Teils, einer Fallscheibe, Fallklappe u. a., welche Auslösung immer wieder vorher rückgängig gemacht werden muß, bevor der Elektromagnet zu einer zweiten Signalisierung verwendet werden kann, im zweiten bewirkt der Elektromagnetanker unmittelbar durch seine Bewegungen das Signal, welches mit der Stromwirkung beginnt und aufhört.

Fig. 49.

101. **Fallscheiben und Fallklappen.** Fallscheiben und Fallklappen sind Elektromagnete, deren Anker in der Ruhelage ein bewegliches Teil stützt und bei der Anziehung durch den Strom freigibt, so daß dies Teil in die Signalstellung übergeht, durch das eigene Gewicht in diese Stellung fällt und erst durch Aufheben wieder mit dem Anker so verbunden wird, daß eine erneute Signalgebung stattfinden kann. Das Aufheben erfolgt entweder von Hand oder durch den elektrischen Strom. In letzterem Falle wird entweder der Elektromagnet der Scheibe oder Klappe selbst oder ein Hilfselektromagnet verwendet.

Die wichtigste Forderung, welche Fallscheiben und -klappen zu erfüllen haben, besteht darin, daß sie möglichst geringe Strom-

arbeit zur Betätigung bzw. auch zur Rückstellung beanspruchen.
Zur Erfüllung dieser Forderung werden verschiedene Mittel angewendet. Man sucht die Reibung zwischen Elektromagnetanker
und Fallkörper möglichst zu vermindern; man gibt dem Anker
die Form eines Hebels, dessen langer Arm die Auslösung bewirkt, während der kurze das Eisenstück des Ankers trägt; man
verringert das Gewicht des Fallkörpers soviel als möglich, so
daß es eben noch genügt, die Widerstände, wie Reibung, Luft-
druck u. a., welche dem Fallen entgegenwirken, zu überwinden.
Die Fig. 49 zeigt eine Fallscheibe, deren Fallkörper aus einem
um eine wagerechte Achse drehbaren Hebel besteht, dessen
eines Ende die Fallscheibe trägt, während das andere Ende zur
mechanischen Rückstellung dient.

Eine Fallscheibe mit elektrischer Rückstellung zeigt die
Fig. 50. In der Ruhelage bedeckt die Scheibe K die Nummer 12.

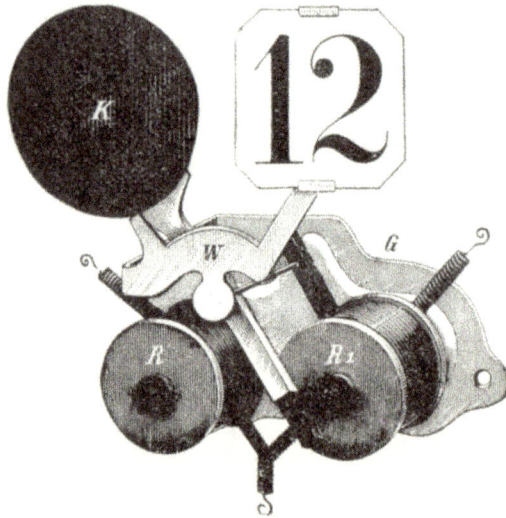

Fig. 50.

Der mit K verbundene, um eine wagerechte Achse drehbare Stahl-
magnetbügel liegt mit seinem Südpol S an dem vorderen Pol
der Rolle R an, während der Nordpol des Magnetbügels an dem
hinteren Pol der Rolle R anliegt. Durchfließt nun der Signal-
strom die Rolle R derart, daß vorn ein Südpol, hinten ein
Nordpol entsteht, so wird der Magnetbügel abgestoßen und geht

in die in der Figur dargestellte Lage über, das Signal Nr. 12
erscheint. Wird nun zum Zwecke der Abstellung ein Strom in
die Spule R von solcher Richtung geschickt, daß vorn ein
Südpol, hinten ein Nordpol entsteht, so wird der Magnetbügel
neuerdings abgestoßen und in die Ausgangslage zurückgeführt,
wodurch die Scheibe K wieder die Nummer 12 bedeckt.

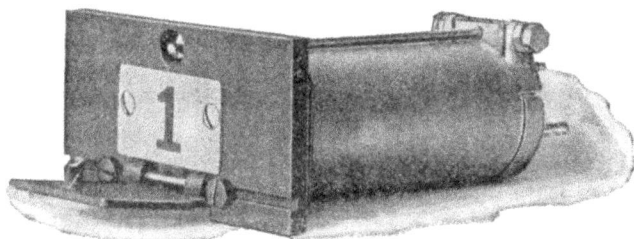

Fig. 51.

Als Beispiel einer Fallklappe sei die in Fig. 51 dargestellte
Anordnung angeführt. Der Elektromagnet ist in einem allseitig
geschlossenen Eisenzylinder untergebracht, dessen hinteren Abschluß der scheibenförmige Eisenanker bildet, welcher um eine
wagerechte Achse drehbar oben eine Messingstange trägt, die in
einem Loche über der Nummer in der Nummernplatte endigt.
In der Nummernplatte ist das Lager für die wagerechte Achse
der Fallklappe angebracht. Wird die Klappe aufgeschlagen, so
hakt ein oben in der Mitte angebrachter Ansatz in die Nase der
Messingstange im Loch der Nummernscheibe ein, wodurch die
Klappe festgehalten wird. Wird der Elektromagnet erregt, so
wird die Ankerscheibe angezogen, die Messingstange hebt sich
am Klappenende, die Nase gibt die Klappe frei, letztere fällt
nach vorn und läßt die betreffende Nummer erscheinen, welche
sie in der Ruhelage bedeckt hatte.

Fallscheiben und Fallklappen sind häufig noch mit Kontakten versehen, welche durch den Fallkörper geschlossen einen
Strom in einem zweiten Stromkreis und damit an irgendeinem
zweiten, dritten Ort ein hörbares oder sichtbares oder hörbares
und sichtbares Zeichen geben, daß die Fallscheibe oder die
Klappe betätigt worden ist.

102. Pendelklappen. Soll das von dem Elektromagneten
hervorgebrachte Zeichen zwar nicht ständig andauern, aber auch
nicht sofort nach Aufhören der Stromwirkung verschwinden,
sondern mehr oder minder lange fortbestehen, so hängt man

4*

den Anker des Elektromagneten derart pendelnd auf, daß er
nach Aufhören der Stromwirkung eine mehr oder minder große
Anzahl von Schwingungen ausführt, bevor er wieder völlig in
die Ruhelage zurückkehrt. An dem Anker wird häufig eine
gestreifte Papier- oder Blechfahne angebracht, deren Bewegungen
das Signal weithin sichtbar machen.

103. Selbsthebende Klappen. Man bezeichnet mit
selbsthebenden Klappen Anordnungen, bei welchen die Rückstellung der Klappe nicht von Hand, sondern durch den
elektrischen Strom erfolgt. Es sind zwei Hauptarten dieser
Klappen zu unterscheiden. In der einen wird durch einen
Tasterdruck ein Hilfselektromagnet erregt, dessen Anker die
abgefallene Klappe wieder hebt, in der zweiten schließt der
Anker des Klappenelektromagneten einen Kontakt, wodurch
eine zweite auf dem Klappenelektromagneten angebrachte, von
der mit der Leitung verbundenen unabhängige Drahtwicklung
mit Strom beschickt und so der Anker festgehalten wird, auch
wenn der Strom in der mit der Leitung verbundenen Wicklung
aufhört. Wird nun durch einen Tastendruck der Strom in dieser
Haltewicklung unterbrochen, so fällt der Anker des Klappenelektromagneten ab und stellt so die Ruhelage der Klappe her-

104. Tableaux und Klappenschränke. Handelt
es sich darum, von mehreren Orten aus an einen gemeinsamen
Ort vermittelst Fallscheiben und Fallklappen zu signalisieren,
so wird eine der Anzahl der Orte entsprechende Anzahl von
Fallscheiben oder Fallklappen zu sogenannten Tableaux und
Klappenschränken vereinigt.

105. Tableaux. Die ausgedehnteste Anwendung finden
die Tableaux in den Gasthöfen. Meist ist für jedes Stockwerk
ein eigenes Tableau eingerichtet mit so viel einzelnen Fallscheiben, als sich Fremdenzimmer in dem Stockwerk befinden.
In jedem Zimmer ist ein Druckknopf angebracht, von welchem
eine Leitung zu der Fallscheibe führt, welche die Nummer des
betreffenden Zimmers aufweist. Mit dem Tableau ist in der
Regel noch ein Wecker derart verbunden, daß beim Drücken
eines Knopfes in irgendeinem Zimmer nicht nur das sichtbare
Zeichen am Tableau, welches angibt, von welchem Zimmer aus
signalisiert wurde, erscheint, sondern zugleich der gemeinsame
Wecker ertönt, solange auf den Knopf gedrückt wird, oder
auch so lange, als die betätigte Fallscheibe nicht zurückgestellt
wird. Die Tableaux unterscheiden sich im wesentlichen nur
durch die Bauart der Fallscheiben und die Art der Rückstellung.

Eine Ausführungsform eines Tableaus mit mechanischer Rückstellung zeigt die Fig. 52. Das dargestellte Modell enthält in sechs Reihen je zehn Fallscheiben. Für je drei Reihen ist die Rückstellung gemeinsam angeordnet. Jede der beiden Rückstellvorrichtungen besteht aus einem in wagerechter Führung durch Federdruck nach auswärts gedrückten Rahmen, an dessen rechtem senkrechten Rahmenteil ein Stift befestigt ist, welcher durch das Holzgehäuse nach außen dringt und an seinem Ende einen Handgriff trägt. Jedes der drei wagerechten Rahmenteile

Fig. 52.

trägt je zehn Stifte. Wird der Rahmen durch den Handgriff nach innen gedrückt, so treffen diese Stifte auf die freien Enden der Winkelhebel der abgefallenen Fallscheiben, heben diese wieder hoch und bringen sie wieder mit den Ankern der Fallscheibenelektromagnete in Eingriff. Sämtliche abgefallene Scheiben derselben Gruppe werden daher gleichzeitig durch das Einschieben des zugehörigen Rahmens wieder zurückgestellt. Wird der Handgriff des Rahmens hierauf losgelassen, so verschiebt sich letzterer von selbst unter dem Druck der Feder nach rechts und ist dann zu einer weiteren Rückstellung bereit.

Bei den Tableaux mit elektrischer Rückstellung erfolgt die Rückstellung vermittelst eines Tasters, der naturgemäß in beliebiger Entfernung von dem Tableau angebracht sein kann.

106. Kontrolltableaux. In großen Gasthöfen ist es meist erforderlich, daß die Benutzung der in den einzelnen Stockwerken befindlichen Tableaux durch die Gäste und die Rückstellung durch das bedienende Personal an einem dritten Orte beobachtet werden kann. Zu diesem Zweck wird an letzterem ein sog. Kontrolltableau aufgestellt und mit den einzelnen Tableaux in den Stockwerken derart verbunden, daß von jedem der letzteren eine Leitung zu einem Signalelektromagneten im Kontrolltableau führt. Jedes Stockwerktableau erhält ferner eine besondere Fallklappe, welche beim Abfallen irgendeiner Zimmerklappe mit abfällt und einen Kontakt schließt, der in die vom Tableau zum Kontrolltableau einen Strom sendet, welcher die zugehörige Signalvorrichtung im Kontrollbureau betätigt. Dies Signal dauert so lange an als der Strom und verschwindet erst, wenn an dem betreffenden Stockwerkstableau abgestellt, d. h. mit der Zimmerfallklappe auch die Zusatzfallklappe gehoben und damit der Strom zum Kontrolltableau unterbrochen wird.

107. Schreibende Elektromagnete. Wird der Anker eines Elektromagneten etwa mit einem Bleistift verbunden, dessen Spitze sich bei der Anziehung des Ankers auf ein Papier niedersenkt, und wird letzteres unter der angedrückten Bleistiftspitze fortbewegt, so hat man die Grundanordnung aller Schreibtelegraphen, dessen wesentliche Bestandteile immer sind: ein Elektromagnet, dessen Anker eine Schreibspitze bewegt, eine Schreibfläche, welche durch die Bewegungen des Ankers mit der Schreibspitze in Berührung kommt, und eine Vorrichtung, welche die Schreibfläche unter der Schreibspitze wegführt.

108. Der Morseschreibtelegraph. Die weitaus umfangreichste Anwendung finden die Schreibelektromagnete in der Form des Morseschreibtelegraphen. In diesem Apparat besteht die Schreibfläche aus einem ca. 8 mm breiten Papierstreifen, welcher durch ein Uhrwerk von einer Rolle abgewickelt und an einem mit dem Anker verbundenen Farbrädchen vorbeigeführt wird. Wird der Anker angezogen, so drückt das Farbrädchen gegen den Streifen, auf letzterem eine zusammenhängende farbige Linie erzeugend, solange der Strom anhält. Durch längere oder kürzere Stromentsendung werden längere oder kürzere Striche — Striche oder Punkte — und durch entsprechende Kombination von Strichen und Punkten die Morsezeichen, d. h. die Buchstaben des Morsealphabets, erzeugt. Dabei erhält ein sog. Strich die Länge von drei Punkten, der Abstand zwischen den

einzelnen Zeichen eines Buchstabens ist gleich der Länge eines
Punktes, der Abstand zwischen zwei Buchstaben ist gleich drei
Punkten, der Abstand zwischen zwei Worten ist gleich fünf
Punkten.

109. Ausführungsformen des Morseapparats.
In der Fig. 53 dargestellten Ausführungsform ist auf poliertem

Fig. 53.

Nußbaumbrett ein viereckiges Metallgehäuse aufgesetzt, das in
seinem Innern das zur Fortbewegung des Papierstreifens dienende
Uhrwerk enthält. An der Rückwand ist der Träger der Papierrolle angebracht, an der Vorderwand die Schreibvorrichtung, der
Handgriff zum Aufziehen des Uhrwerks und die Auslösevorrichtung für letzteres. Vor der rechten Seitenwand befindet sich

der aufrechtstehende Elektromagnet. Der röhrenförmige Anker
des letzteren ist an einem um eine wagerechte Achse drehbaren
Winkelhebel befestigt, dessen eines Ende zwischen auf Säulen
angebrachten Anschlagschrauben spielt, während das andere
Ende mit einer Spannfeder verbunden ist, die der anziehenden
Kraft der Elektromagnetpole entsprechend mehr oder minder
gespannt werden kann und den Anker nach Aufhören der
Stromwirkung in die Ruhelage zurückführt. An der Achse des
Ankerwinkelhebels ist eine längs der vorderen Gehäusewand
verlaufende Stahlfeder angebracht, die an ihrem anderen Ende
das Stahlfarbrädchen trägt, welches ständig in das Farbgefäß
eintaucht und an das unmittelbar oberhalb vorübergeführte
Papier mit seinem oberen Rand so lange Farbe abgibt, als die
Ankeranziehung und die Papierbewegung andauern.

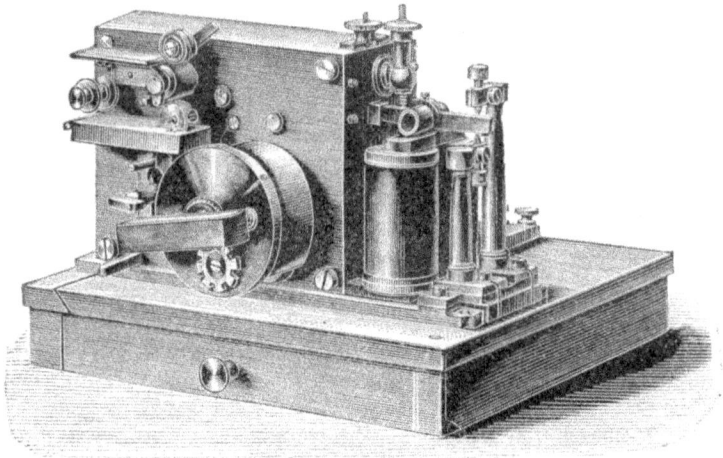

Fig. 54.

110. Morsefarbschreiber, Modell der deutschen
Reichspostverwaltung. In dem Modell des Morsefarb-
schreibers der deutschen Reichspostverwaltung, welches in Fig. 54
dargestellt ist, befindet sich die Papierrolle in einem dem Apparat
zum Lager dienenden Holzkasten um eine senkrechte Achse
drehbar angeordnet. Die Federtrommel für das Uhrwerk ist an
der Vorderwand des Metallgehäuses angebracht. Der Anker
wird durch eine Spannfeder hochgezogen, welche in einem Rohr
eingebaut ist, das an der rechten Seitenwand des Gehäuses sitzt.

Durch eine in dem Rohr laufende Schraube kann die Spannung
der Feder geregelt werden. Das eine Ende des Ankerhebels
spielt zwischen zwei Anschlägen, die von einer Säule vor dem
Elektromagneten gebildet werden, das andere dringt durch die
Seitenwand des Gehäuses in dessen Inneres und trägt an diesem
Ende einen in einem Schlitz der Vorderwand nach außen treten-
den Stift, welcher dem Farbrädchen als Achse dient.

111. Tragbare Morseapparate. Die hauptsächlichste
Anwendung tragbarer Morseapparate findet im Eisenbahndienst
und für die Zwecke des Heerwesens statt. Der Apparat besteht
meist aus Morsefarbschreiber, Taster und Galvanoskop, welche
Teile auf einem gemeinsamen Grundbrett montiert sind. Das
Ganze wird in einen verschließbaren Kasten aus Eschenholz
eingeschoben. Bei den tragbaren Apparaten ist die Anwendung
flüssiger Farbe untunlich. Statt des Farbgefäßes, in welches
das Farbrädchen eintaucht, wird daher eine Filzrolle angewendet,
auf welche von Zeit zu Zeit vermittelst eines Pinsels Farbe
aufgetragen wird, die dann von dem Rand des Farbrädchens
abgenommen und auf das Papier übertragen wird.

112. Registrierende Schreibelektromagnete. In
den registrierenden Schreibelektromagneten ist die Schreibfläche
derart mit dem Uhrwerk verbunden, daß mit dem Schriftzeichen
zugleich angegeben wird, wann letzteres auf der Schreibfläche
entstanden ist. Solche registrierende Schreibelektromagnete
dienen dazu, Zustandsänderungen verschiedener Art in der Ferne
anzuzeigen. Eine der häufigsten Anwendungen besteht in der
Meldung von Änderungen in der Höhe eines Wasserspiegels,
in den sog. Wasserstandsanzeigern. An dem in der Ferne zu
beobachtenden Wasserspiegel wird ein Schwimmer angebracht,
welcher mit dem Steigen und Sinken des Wasserspiegels gleichmäßig steigt und sinkt, bei dieser Bewegung Ströme in eine
den Wasserspiegel mit dem Beobachtungsort verbindende Leitung
schickt und hierdurch den Schreibelektromagneten betätigt. Vor
letzterem bewegt sich in ständigem, gleichmäßigem Fortschreiten
eine Schreibfläche, welche durch zur Bewegungsrichtung senkrechte Striche von gleichen Abständen in gleiche Abschnitte
geteilt ist, welche bestimmten Zeiten entsprechen. Hat sich
beispielsweise der Wasserspiegel um 12 Uhr mittags geändert,
so daß der Schwimmer einen Strom in die Leitung schickte, so
hat die Schreibspitze des Schreibelektromagneten am Beobachtungsort sich auf die Schreibfläche gesenkt und auf dem Quer-
strich, der mit 12 Mittag bezeichnet, ist ein Zeichen hervor-

gebracht. Häufig ist die Schreibfläche durch ein auf eine Trommel aufgewickeltes Blatt Papier gebildet, welches sich mit der
durch das Uhrwerk umgedrehten Trommel vor der Schreibspitze
derart vorbeibewegt, daß etwa in einem Tage die Trommel eine
Umdrehung gemacht hat und so die ganze Schreibfläche vor
der Schreibspitze vorübergeführt hat. Für die Aufzeichnungen
des nächsten Tages wird dann ein gleiches neues Blatt auf die
Trommel aufgebracht. Außer zur Anzeige von Wasserstands-
änderungen werden die registrierenden Schreibelektromagnete
auch zur schriftlichen Meldung von Temperatur-, Dampf- und
Luftdruckänderungen, von Schwankungen in der Dichtigkeit
von Lösungen usw. verwendet. Die Ausführungsformen der
registrierenden Schreibelektromagnete unterscheiden sich in den
einzelnen Fällen im wesentlichen nur durch die Art, in welcher
die Ankerbewegungen der Schreibspitze mitgeteilt werden.

113. Relais. Das Relais ist ein Elektromagnet, dessen
Anker einen zweiten Stromkreis öffnet und schließt. Es ist
demnach nichts anderes als ein aus der Ferne vermittelst des
elektrischen Stroms betätigter Taster. Ein Punkt des Relaisankers — meist die Ankerachse — ist ständig mit der zweiten
Leitung, ein anderer, der Kontaktpunkt, ist vorübergehend damit
verbunden. Die Anwendung ist meist folgende: In der entfernten Stelle einer Leitung wird ein Strom entsandt. Der
Strom bewegt den Anker des Relais. Letzterer schließt am Ort
des Relais eine Batterie über eine zweite Leitung und einen
zweiten Elektromagnet, an welchem das von der entfernten
Stelle beabsichtigte Zeichen erscheinen soll. Man nennt den
Stromkreis, in den die Relaiswindungen eingeschaltet sind, den
Linienstromkreis, den Stromkreis, der den Anker des Relais,
die Batterie und den Signalapparat enthält, den Ortsstromkreis,
die Batterie des letzteren die Ortsbatterie, während die im
Linienstromkreis wirksame Batterie die Linienbatterie heißt.
Man unterscheidet gewöhnliche und polarisierte Gleichstrom-
relais, Wechselstromrelais und Stufenrelais.

114. Das gewöhnliche Gleichstromrelais. Das
gewöhnliche Gleichstromrelais ist ein Elektromagnet mit weichen
Eisenkernen und einem Anker, der ebenfalls aus weichem Eisen
besteht. Der Anker trägt an einem Ende eine Metallzunge,
welche an der Seite, an welcher der Ortsstrom geschlossen und
geöffnet wird, ein aufgenietetes Platinblättchen enthält. Die
Zungenspitze spielt zwischen zwei Anschlägen, von welchen
der dem Platinblättchen gegenüberstehende eine Platinspitze

trägt. Die Berührungsfläche zwischen Platinblättchen und Platinspitze bildet den sog. Relaiskontakt, welcher den Übergang des
Ortsstroms vermittelt. Eine Ausführungsform zeigt das in Fig. 55
dargestellte Modell eines
Dosenrelais, wie es in
der preußischen Eisen-
bahnverwaltung in ausge-
dehntem Gebrauch steht.
In einer auf einem Nuß-
baumsockel befestigten
Messingdose steht der
Elektromagnet aufrecht
mit den Polen nach oben.
In der Mitte zwischen den
letzteren ist das Lager
für die senkrecht durch
die Längsachse des Ankers
gehende Drehachse des
letzteren angebracht. Dies
Lager ist mit einer
der Ortsstromklemmen am
Nußbaumsockel verbun-

Fig. 55.

den. An dem vorderen Ankerende ist eine Spannfeder angebracht, welche durch eine links aus dem Gehäuse tretende
Schraube gespannt oder nachgelassen werden kann. Die Ankerzunge spielt zwischen zwei Stellschrauben, durch welche der

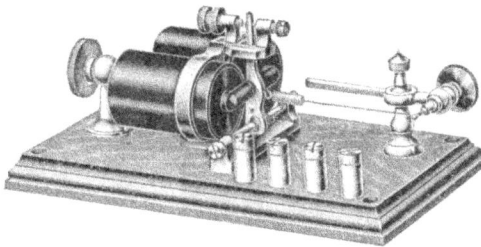

Fig. 56.

Zungenspielraum geregelt werden kann. Von der den Kontakt
vermittelnden dieser Stellschrauben führt die zweite Verbindung
zum Ortsstromkreis.

Ein zweites in Amerika vielfach verwendetes Modell des
Relais zeigt Fig. 56. In dieser Ausführungsform ist das Magnet-

system durch eine Schraube verstellbar angeordnet. Die Regelung
der Ankerrückführung geschieht vermittelst einer Spannfeder,
die durch Auf- oder Abwickeln eines Fadens gespannt oder
nachgelassen wird.

115. Das polarisierte Relais. Das polarisierte Relais
unterscheidet sich von dem gewöhnlichen Relais nur dadurch,
daß Anker und Elektromagnetkern durch einen Dauermagneten
polarisiert sind. Die Wirkungsweise ist dieselbe, wie sie bei
den polarisierten Weckern beschrieben wurde, mit dem Unterschied, daß bei dem polarisierten Gleichstromrelais meist nur eine
Stromrichtung in Verwendung kommt. Eine einfache Ausführungsform eines polarisierten Gleichstromrelais gibt die Fig. 57.

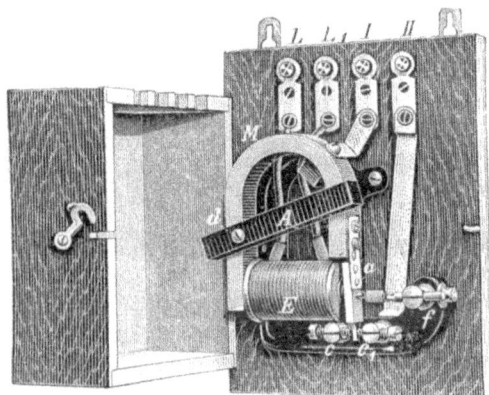

Fig. 57.

Der aus einer einzigen Drahtrolle mit Weicheisenkern bestehende
Elektromagnet ist auf den einen Pol eines hufeisenförmigen
Dauermagneten aus Stahl aufgesetzt. Der zweite etwas kürzere
Schenkel des letzteren trägt mit einer Blattfeder befestigt den
freien, dem Elektromagnetpol gegenüberstehenden Anker aus
weichem Eisen a, dessen Zunge zwischen den Anschlägen c
und c_1 spielt. Die Spannfeder f gestattet die Anziehung zwischen
Anker und Elektromagnetpol zu regeln. Durch den um d drehbaren Eisenstab A kann die Polarisierung des Elektromagneten E
derart verändert werden, daß sie am größten ist, wenn A völlig
aufgeschlagen und mit dem linken Schenkel des Hufeisenmagneten M parallel steht, am schwächsten wird, wenn A die
Schenkel des Hufeisenmagneten M senkrecht kreuzt. Die Feder f

kann so gespannt werden, daß die Ankerzunge in der Ruhelage
entweder an einem der beiden Anschläge anliegt oder frei
zwischen letzteren steht. In letzterem Falle können die beiden
Anschläge als Relaiskontakte verwendet werden, wodurch die
Möglichkeit entsteht, durch Anwendung der beiden Stromrichtungen zwei Ortsstromkreise zu schließen bzw. zu öffnen und
damit wahlweise von zwei mit dem Relais verbundenen Signalapparaten entweder den einen oder den anderen zu betätigen. Die
Wirkungsweise ist dabei folgende: Wird z. B. durch den Strom in
E der am freien Ende von E durch den Dauermagneten erzeugte
Magnetismus verstärkt, so wird der Anker a angezogen und der
Kontakt c geschlossen. Bei der entgegengesetzten Stromrichtung
wird dagegen jener Magnetismus geschwächt, die Feder f reißt
den Anker ab und der Kontakt c_1 wird geschlossen. Das polarisierte Relais kann auch dazu dienen, an zwei verschiedenen von
einer gemeinsamen Leitung berührten Orten wahlweise ein
Signal derart hervorzubringen, daß der die gemeinsame Leitung
durchfließende Strom nur in dem einen oder andern der beiden
Orte das gewünschte Signal erzeugt. Zu diesem Zwecke ist es
nur nötig, in beiden Orten je ein polarisiertes Relais in die
Leitung zu schalten und in dem einen Ort den Kontakt c, im
andern den Kontakt c_1 mit dem Ortsstromkreis zu verbinden.
Der Strom, welcher dann den Kontakt c schließt, wird den
Kontakt c_1 offen lassen, da der Strom der erstgenannten Richtung den Anker a anzieht. Da der Kontakt c nur in dem ersten
Relais mit einem Ortsstromkreis verbunden ist, wird diese in
beiden Relais stattfindende Ankeranziehung nur an dem Ort
des ersten Relais, nicht aber an dem Ort des zweiten Relais zu
einem Signal Veranlassung geben. Bei der andern Stromrichtung
dagegen wird der Anker in beiden Relais abgestoßen, aber nur
am zweiten Relais der Kontakt c_1 geschlossen, da nur an diesem
der Kontakt c_1 mit einem Ortsstromkreis verbunden ist.

116. Das Wechselstromrelais. Das Wechselstromrelais ist ein Relais, dessen Anker unter der Wirkung eines in
den Relaiswindungen kreisenden Wechselstroms in einem Ortsstromkreis eine der Dauer des Wechselstroms entsprechend an-
dauernde Wirkung hervorbringt. Es ist entweder so angeordnet,
daß der Anker für jede halbe Welle des Wechselstroms eine
Hin- und Herbewegung ausführt und damit in der Zeiteinheit
so viele Stromschlüsse und Stromöffnungen im Ortsstromkreis
erzeugt, als in derselben Zeit Stromstöße in den Windungen des
Relais durch den Wechselstrom auftreten oder der Anker auf

die ganze Dauer des Wechselstroms angezogen bleibt. Die
erstere Anordnung ist nur anwendbar, wenn die Zahl der
Wechsel des Wechselstroms in der Zeiteinheit und die Trägheit
des Ankers verhältnismäßig klein, die andere, wenn diese Werte
verhältnismäßig groß sind. Im letzteren Falle wird der Anker
wohl auch noch mit einer Bremsvorrichtung oder Dämpfung
versehen, um den Druck der Ankerzunge gegen den Relaiskontakt auch für jene Momente genügend zu erhalten, in
welchen die Stärke des Wechselstroms nicht hinreicht.

117. Das Stufenrelais. Das Stufenrelais ist ein Relais,
welches nur bei einer bestimmten Stromstärke anspricht. Ein
Stufenrelais einfachster Anordnung erhält man, wenn man in
der Seite 44 beschriebenen Stufenweckeranordnung Fig. 44 den
Nebenschlußwecker *g* durch ein einfaches Relais ersetzt. Es ist
klar, daß der Linienstrom diesem Relais wie dort dem Nebenschlußwecker nur dann zufließt, wenn er diejenige Stärke aufweist, bei welcher sich der Kontakt *f* öffnet, im Relaisortsstrom-
kreis daher nur bei dieser Linienstromstärke Stromschluß und
Signal erfolgt. Die Stufenrelais können wie die Stufenwecker
dazu dienen, von mehreren in eine gemeinsame Leitung eingeschalteten Stellen an der einen oder andern wahlweise ein
Signal zu erzeugen, ohne daß in irgendeiner der andern als
der gewählten Stelle das Zeichen erschiene.

118. Elektromagnete mit eingespannten, tönenden Ankern. Wird der Anker eines Elektromagneten an
seinen beiden Enden fest eingespannt, so wird ein die Spulen
des Elektromagneten durchfließender Strom keine Bewegung
des Ankerganzen, sondern nur eine mehr oder minder große
Durchbiegung des Ankers in der Mitte hervorbringen. Ist der
in den Spulen fließende Strom kein Dauerstrom, sondern setzt
er sich aus einer Anzahl mehr oder minder rasch sich folgender
einzelner Stromstöße gleicher oder wechselnder Richtung zusammen, so folgen sich in gleichem Maße die Durchbiegungen
des Ankers und letzterer erzeugt einen der Zahl der Durchbiegungen in der Zeiteinheit entsprechenden mehr oder minder
hohen Ton.

119. Das Telephon. Das Telephon ist ein polarisierter
Elektromagnet mit membranförmigem, eingespanntem Anker. Es
wird in zwei Hauptformen angewendet: In der einen ist der
polarisierte Magnet ein gerader Stahlstab, dessen eines Ende
den Weicheisenkern mit der Drahtspule trägt und dem Mittelpunkt der kreisförmigen Eisenblechmembrane gegenübersteht,

in der andern ist der Magnet hufeisenförmig gebogen und
beide Pole tragen je einen Weicheisenkern mit Drahtspule,
welche beide symmetrisch zum Mittelpunkt der gemeinsamen
Membrane gegenüberstehen. Die Bewicklungen dieser Spulen
sind meist in gleicher Weise wie die beiden Spulen eines gewöhnlichen Hufeisenelektromagneten miteinander verbunden.
Die Spulen sind auf dem Boden einer
dosenförmigen Kapsel, deren Deckel
die Membrane bildet, aufgesetzt. Der
Rand der Membrane wird durch einen
mit Gewinde aufschraubbaren, mit
Schallöffnung versehenen Abschluß an
den oberen Dosenrand festgepreßt,
doch so, daß der nicht zwischen Dose
und Deckel eingespannte Teil der
Membrane völlig frei schwingen kann.

Die Wirkungsweise ist die folgende: In der Ruhestellung ist die
Membrane in ihrer Mitte durch die
Anziehung des oder der gegenüberstehenden Magnetpole dauernd ein-
gebogen, doch so, daß sie weder
Spulen noch Kern des Elektromagneten berührt. Ein in die Drahtwicklung eintretender Strom verstärkt

Fig. 58.

oder schwächt je nach seiner Richtung den Magnetismus des
Weicheisenkerns, vermehrt oder vermindert demnach die Anziehung zwischen Membrane und Magnetpol. Die Membrane
gerät den in den Spulen vor sich gehenden Stromschwankungen
entsprechend in hin und her gehende Bewegungen, in Schwingungen, welche ihrerseits die anliegende Luft in Schwingungen
versetzen und so einen Ton hervorbringen.

Dieser Ton ist in den Vorrichtungen, welche zur elektrischen Übertragung der menschlichen Sprache dienen, in der
Regel so schwach, daß es notwendig wird, die schwingende
Membrane dem Ohr des Hörers mehr oder minder zu nähern.
Diese Notwendigkeit bedingt die verschiedenen Ausführungsformen, welche das Telephon in den praktischen Anwendungen
erfährt. Dabei wird das Telephon entweder mit der Hand
zum Ohr geführt, oder es wird vom Kopf des Hörers getragen dauernd in der zum Hören geeigneten Lage erhalten.
Im ersteren Falle zeigt das Telephon die in den Fig. 58, 59

dargestellten Formen. Fig. 58 zeigt die Form, in welcher das
Telephon zuerst von Amerika gekommen ist. Man bezeichnet
sie als die Bellsche Form nach dem Namen des Erfinders. Der
Handgriff steht beim Gebrauch dieser Anordnung senkrecht.

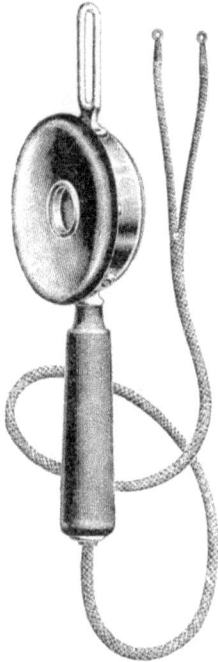

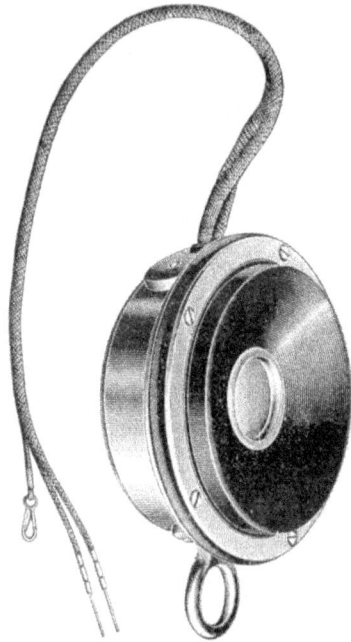

Fig. 59.   Fig. 60.

zum Kopf des Hörers. Die Ausführungsformen Fig. 59, bei
welchen der Handgriff parallel zum Kopf des Hörers gehalten
wird, bezeichnet man mit Löffeltelephonen. Die Ausführungsform
ohne Stiel, wie sie Fig. 60 zeigt, nennt man Dosentelephone.

    Wo das Telephon dauernd am Ohr gehalten werden soll,
wird meist ein oder ein Paar Dosentelephone an einem Bügel
befestigt, welcher auf den Kopf des Hörers aufgesetzt wird
(Fig. 61).

    120. Lautsprechende Telephone. Die Lautstärke
eines Telephons hängt davon ab, wieweit die Membrane unter
dem Einfluß der in den Spulen fließenden Ströme ausschwingt.

Diese Schwingungsweite kann offenbar um so größer auffallen, je stärker der Magnet ist, d. h. je weiter er die Membrane in der Mitte durchbiegen kann und je größer die Änderung der An-ziehung des Magneten durch die in den Spulen fließenden Ströme ausfällt, d. h. je stärker jene Ströme sind. Lautsprechende Telephone bestehen daher aus besonders kräftigen Dauermag-neten mit großen Spulen und Membranen. Die Tragweite des Schalls kann noch erheblich ge-steigert werden, indem man auf die Schallöffnung des Telephons einen Trichter aus Papier, Pappe oder Blech aufsetzt. Bei entsprechenden Strom-stärken gelingt es mit laut-sprechenden Telephonen die Schallwirkung an al-len Punkten eines großen Saales hörbar zu machen (Fig. 62).

Fig. 61.

121. Mikrophone. Das Mikrophon ist ein Apparat, welcher gestattet, den einem Telephon zugeführten elektrischen

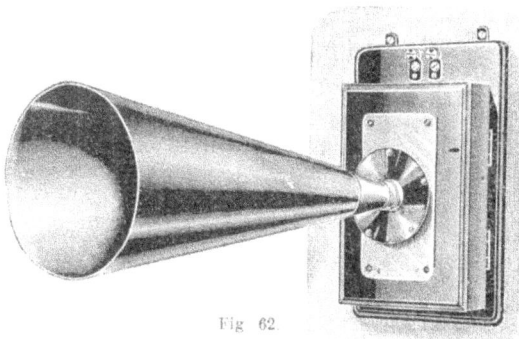

Fig. 62.

Strom so zu verändern, daß letzteres die menschliche Stimme wiederzugeben vermag. Es besteht im wesentlichen aus einem losen, leicht beeinflußbaren Kontakt, welcher mit einer Batterie, der Leitung und dem Telephon in Reihe geschaltet ist. Im Ruhezustand durchfließt die Leitung und das Telephon ein unveränderlicher Strom. Die Anziehung zwischen Magnet und Membrane bleibt ebenfalls unverändert, solange der Strom unverändert bleibt. Erfährt dagegen der Mikrophonkontakt durch irgendeine Ursache leichte Erschütterung u. a. eine Änderung, d. h. wird er loser oder inniger, so erhöht oder vermindert sich sein elektrischer Widerstand und der Strom im Stromkreis und damit im Telephon wird schwächer oder stärker. Die Anziehung zwischen Magnet und Membrane ändert sich den Stromänderungen entsprechend; letztere gerät in Schwingungen, welche den am Mikrophon vor sich gehenden Widerstandsänderungen entsprechen. Werden nun die Erschütterungen des Mikrophonkontaktes durch die Luftwellen bewirkt, wie sie das Mikrophon treffen, wenn vor dem Apparate gesprochen wird, so macht die Membrane im Telephon diesen Luftwellen entsprechende Schwingungen und erzeugt dieselben Wellen in der anliegenden Luftschicht, wie sie am andern Ort das Mikrophon treffen. Mit andern Worten: Das vor dem Mikrophon Gesprochene wird im Telephon wiedergegeben.

Aus der zahllosen Menge von Ausführungsformen, welche im Lauf der Zeit aufgetaucht sind, sind nur einige wenige im allgemeinen Gebrauch übriggeblieben. Sie sind dadurch gekennzeichnet, daß sie für den losen Kontakt ausschließlich Kohle, und zwar so verwenden, daß die sich berührenden Kohlen nicht bloß einen. sondern eine mehr oder minder große Anzahl von Berührungspunkten einschließen. Die Kohle wird in Form von Membranen, Stäben oder Körnern angewendet. Ein Mikrophon mit Holzmembrane und Kohlenwalzen zeigt die Figur 63.

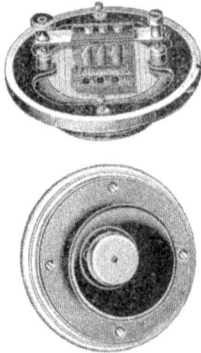

122. Das Kohlenkörnermikrophon. Eine der verbreitetsten Ausführungsformen des Mikrophons ist das Kohlenkörnermikrophon. Eine Ausführungsform,

Fig. 63.

Bauart Mix u. Genest, zeigt Fig. 64. Es besteht im wesentlichen aus einer kleinen, aus Blech gedrückten zylindrischen Kapsel d, deren Deckel durch eine dünne, kreisrunde Kohlenmembrane m gebildet wird, welche von dem umgebördelten Kapselrand festgehalten wird. Im

Innern der Kapsel steht der Mitte der Membrane ein kleiner
Behälter gegenüber, welcher mit Kohlenkörnern gefüllt ist und
durch eine Feder leicht gegen die Membrane angedrückt wird.
Der Behälter enthält gegen die Membrane einen schmalen Rand
aus elastischem Stoff, welcher an die Membrane geklebt das
Durchfallen der Kohlenkörner zwischen Membrane und Behälter
verhindert. Den rückwärts gelegenen Boden des Behälters bildet
eine Kohlenscheibe *l*, an welche die eine Stromzuführung angelegt ist, während die Blechkapsel selbst die Stromzuführung
zur Membrane bewirkt. *t* ist ein Filzpropfen, welcher gegen
die Mitte der Membrane zur Dämpfung anliegt. Der Druck
zwischen Pfropfen und Membrane kann durch die Schraube *s*
geregelt werden. Wird nun gegen die Kohlenmembrane ge-

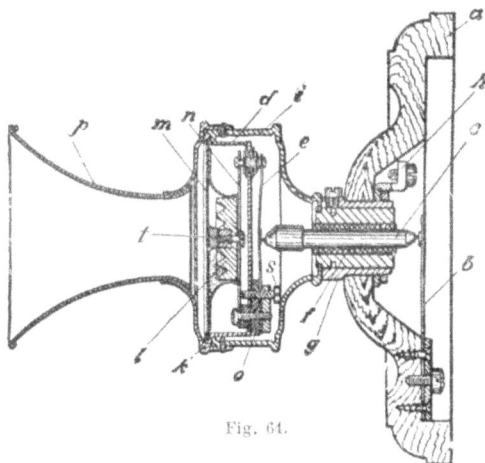

Fig. 64.

sprochen, so verändern deren Schwingungen die gegenseitige
Lage einer mehr oder minder großen Anzahl von Kohlenkörnern
im Innern des Behälters und damit den Widerstand zwischen
der Membrane und der den Boden des Körnerbehälters bildenden Kohlenscheibe.

Die meist auswechselbar angeordnete Mikrophonkapsel wird
in der Regel in einer Metalldose untergebracht, deren mit einem
Schalltrichter versehener Deckel die Kapsel mit der Membranen-
seite festhält, während der Boden der Dose eine Stütze für die
Rückseite der Mikrophonkapsel abgibt. Die Dose ist entweder
fest mit einem an der Wand angebrachten Sockel verbunden,
oder sie sitzt an einem beweglichen Arm, vermittelst dessen die

5*

Schallöffnung des Mikrophons in eine dem Sprechenden bequeme
Lage gebracht werden kann.

Wird das Mikrophon durch irgendeine Ursache, beispielsweise Bruch der Kohlenmembrane, unwirksam, so wird die auswechselbare Kapsel ein-
fach durch eine neue
ersetzt.

Ausführungsformen
mit unbeweglicher und
beweglicher Mikrophon-
dose zeigen die Fig. 65
und 66.

123. Mikrotele-
phon. Das Mikrotele-
phon ist nichts anderes
als eine Vereinigung
von einem Telephon

Fig. 65.

und einem Mikrophon zu einem einzigen handlichen Apparat.
An einem Handgriff ist an dem einen Ende ein Telephon, am andern

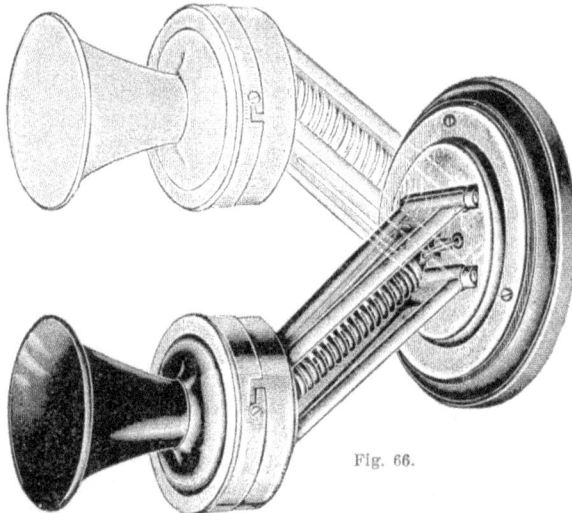

Fig. 66.

ein Mikrophon derart angebracht, daß beim Gebrauch die Schallöffnung dem Munde des Benutzers gegenübersteht, während das
Telephon mit seiner Schallöffnung dem Ohr anliegt. Häufig ist
noch am Handgriff ein Taster angebracht, welcher den Strom

beliebig zu schließen und zu öffnen gestattet. Das Telephon hat dabei meist die Dosenform, während für das Mikrophon fast nur die Ausführung des Kohlenkörnermikrophons zur Anwendung kommt. Die Fig. 67 zeigt eine ohne weiteres verständliche Ausführungsform des Mikrotelephons.

124. Induktionsrollen. Nicht immer kann der das Mikrophon durchfließende Strom unmittelbar dem entfernten Telephon zugeführt werden. Dies verbietet sich insbesondere, wenn der Abstand zwischen Mikrophon und Telephon erheblich ist. Dann bildet der Widerstand der Leitung einen so bedeutenden Teil des Gesamtwiderstandes des Stromkreises, daß die Widerstandsschwankungen im Mikrophon keine ausgiebigen Schwankungen des Stroms hervorrufen können. In diesem Falle werden das Mikrophon und seine Batterie nicht in die zum Telephon führende Leitung, sondern in einen Ortsstromkreis von geringem Widerstand eingeschaltet. In diesen Ortsstromkreis wird außerdem eine Induktionsrolle eingeschaltet, vermittelst welcher erst die in die Leitung zum Telephon gehenden Ströme erzeugt werden. Sie besteht aus zwei isoliert voneinander auf eine gemeinsame Spule aufgebrachten Drahtwicklungen, von welchen die eine mit dem Mikrophon und der Batterie verbundene aus dickem Draht und wenig Windungen besteht, während die andere, aus zahlreichen Windungen feinen Drahtes gebildet, mit der zum Telephon führenden Leitung verbunden ist. Entstehen nun durch das Sprechen gegen das Mikrophon in dem Batteriestromkreis und damit auch

Fig. 67.

in den dicken Windungen der Induktionsrolle Stromschwankungen, so entstehen in den mit der Leitung verbundenen dünnen Drahtwindungen der Induktionsrolle Induktionsströme von um so höherer Spannung, je größer die Anzahl der dünnen Windungen im Verhältnis zu der der dicken ist und je größer die Stromschwankungen in letzteren ausfallen. Zur Verstärkung der Wirkung der Induktionsrollen ist meist im Innern derselben ein Bündel aus weichem Eisendraht angeordnet, die Rolle selbst wohl auch mit einem Weicheisenmantel umgeben.

125. Das Telephon als Sendeapparat. Das Telephon kann nicht nur als Empfangsapparat sondern ähnlich wie das Mikrophon auch als Sendeapparat dienen. Spricht man nämlich gegen die Membrane eines Telephons, so gerät letztere in den Schallwellen entsprechende Schwingungen, der mittlere Teil der Membrane nähert und entfernt sich abwechslungsweise von dem Magnetpol des Telephons. Hierdurch ändert sich entsprechend der Magnetismus in dem Eisenkern der Telephonspulen, wodurch wieder in letzteren Ströme erzeugt werden, die sich zu einem in die Leitung eingeschalteten entfernten Telephon fortsetzen und in diesem die vor dem Sendetelephon gesprochenen Worte wiedergeben können. Da aber die Kraft der Schallwellen gering ist, können die Schwingungen der Telephonmembrane und damit auch die erzeugten Ströme nur schwach ausfallen. Beim Mikrophon dagegen wird die zur Stromerzeugung nötige Arbeit nicht von den Schwingungen der Mikrophonmembrane, sondern von der Batterie geliefert, wobei erstere nur die Rolle eines Tasters spielt. Darin liegt der Grund, warum das Telephon nicht zugleich als Sende- und Empfangsapparat angewendet wird. Doch bietet die gezeigte Möglichkeit öfters ein Mittel, zwischen zwei Orten auch dann noch eine wenn auch minder vollkommene Verständigung herbeizuführen, wenn etwa die Mikrophone aus irgendeinem Grunde versagen.

126. Übertrager. Häufig entsteht die Aufgabe, Telephonströme oder Weckerwechselströme aus einem Stromkreis auf einen andern zu übertragen. Namentlich kommt dies vor, wenn eine mit einfacher Leitung und Erdrückleitung ausgeführte Telephonleitung mit einer Leitung, die mit Doppelleitung aus Draht hergestellt ist, verbunden werden soll. Zu diesem Zwecke dienen die Übertrager. Übertrager sind im wesentlichen Induktionsrollen, deren Bewicklungen nicht aus verschieden starken, sondern aus gleich dicken Drähten bestehen. Dabei erhält die in die längere Leitung eingeschaltete Wicklung eine größere Anzahl von Windungen als die in die kürzere der beiden zu verbindenden Leitungen eingeschaltete. Die Wirkung des Übertragers besteht einfach darin, daß die Stromschwankungen,

welche in der einen Wicklung infolge ihrer Verbindung mit der einen Leitung auftreten, in der andern Wicklung und damit in der mit ihr verbundenen andern Leitung Induktionsströme erzeugen, welche den in der übertragenden Leitung fließenden Strömen entsprechen. Da die zu übertragenden Ströme — Telephonströme oder Weckerwechselströme — meist verhältnismäßig schwach sind, ist es notwendig, daß der mit der Übertragung unvermeidliche Verlust möglichst gering ausfalle. Man sucht dies dadurch zu erreichen, daß für den Eisenkern der Rolle dünne Drähte aus möglichst weichem Eisen verwendet und die Pole dieses Kerns durch einen über die Rolle geschobenen Mantel aus weichem Eisen derart verbunden werden, daß sich die Rolle in einem völlig geschlossenen Eisenzylinder befindet, dessen beide Deckel durch den Kern der Rolle verbunden sind.

127. Drosselspulen. Jede Drahtspule setzt dem elektrischen Strom einen bestimmten Widerstand entgegen. Dieser ist nicht gleich für Gleichstrom und für Wechselstrom. Für Gleichstrom besteht er nur aus dem Leitungswiderstand, wie er sich aus der Länge, Dicke und Leitfähigkeit des Drahtes berechnet. Für Wechselstrom kommt dazu noch ein Betrag, welcher mit der Anzahl der Drahtwindungen, mit an der Rolle etwa verwendetem Eisen und mit der Anzahl der Wechsel zunimmt. Drahtspulen, welche, aus verhältnismäßig starkem Draht mit vielen Windungen unter Anwendung von viel Eisen im Kern oder Mantel hergestellt, dem Gleichstrom einen verhältnismäßig kleinen, dem Wechselstrom einen verhältnismäßig großen Widerstand entgegenstellen, nennt man Drosselspulen. Sie dienen dazu, von einem Teil eines Stromkreises, welcher einem Gleichstrom gut zugänglich bleiben soll, die an dem Spulenende ankommenden Wechselströme möglichst fernzuhalten. Soll z. B. in einer einfachen Telephonleitung mit beiderseitiger Erdverbindung an einem Zwischenpunkt eine durch Gleichstrom in einer Abzweigung zur Erde zu betreibende Signalvorrichtung angebracht werden, so würde bei direkter Einschaltung dieser Signalvorrichtung in die Erdverbindung an der Zwischenstelle beim Telephonieren zwischen den beiden Endpunkten ein großer Teil des Wechselstroms zur Erde abfließen und nur ein kleiner am Empfangsende ankommen. Wird jedoch in die Abzweigung in Reihe mit der Signalvorrichtung eine Drosselspule eingeschaltet, so setzt sie dem Abfluß des Wechselstroms einen so hohen Widerstand entgegen, daß letzterer nahezu ungeschwächt am Empfangsende ankommt.

128. Kondensatoren. Die umgekehrte Aufgabe wie die
Drosselspulen gestatten die Kondensatoren zu erfüllen, indem
sie dem Gleichstrom den Durchgang verwehren, dem Wechselstrom gestatten. Die in der Praxis angewendeten Kondensatoren
bestehen im wesentlichen aus einem mit isolierender Masse
getränkten Papierstreifen, welcher beiderseitig mit Zinnfolie
derart beklebt ist, daß die auf den beiden Seiten des Papierstreifens befindlichen Belegungen nirgends miteinander in Berührung kommen. Wird daher die eine Belegung mit dem einen
Pol, die andere mit dem andern Pol einer Batterie verbunden,
so entsteht kein Strom, da die isolierende Papierzwischenlage
einen nahezu unendlich großen Widerstand entgegenstellt. Dagegen findet ein Wechselstrom am Kondensator einen um so
geringeren Widerstand, je größer die beiden gegenüberliegenden
Stanniolbelegungen, je dünner die Papierzwischenlage und je
größer endlich die Zahl der Stromwechsel in der Zeiteinheit ist.

129. Polarisationszellen. Zum gleichen Zweck wie
die Kondensatoren verwendet man auch Polarisationszellen.
Sie sind kleine, luftdicht geschlossene, mit angesäuertem Wasser
zum Teil gefüllte Glasröhrchen, in welche zwei Drahtzuführungen
eingeschmolzen sind, deren innere Enden je ein dünnes Metall-
blättchen tragen, die in die Flüssigkeit eingetaucht einander
gegenüberstehen, ohne sich zu berühren. Die äußeren Drahtenden bilden die Pole der Zelle und werden mit andern wie
die Pole einer galvanischen Batterie verbunden. Die Wirkung
derartiger Zellen beruht darauf, daß bei der Verbindung der
Zellenpole mit einer Batterie von beispielsweise 2 Volt Spannung zunächst ein schwacher Strom durch die Zelle geht, welcher
eine dünne Gasschicht an den gegenüberstehenden Blättchen
der Zelle absetzt, die eine der wirkenden Spannung der Batterie
entgegengesetzte Spannung hervorbringt. Diese Gegenspannung
steigt bei Verwendung von Platinblechen als Zellenelektroden
bis ca. 2 Volt, so daß der von der Batterie kommende Strom
in dem Augenblick aufhört, in welchem die Gegenspannung
diesen Betrag erreicht hat. Durch Hintereinanderschalten einer
Anzahl von Polarisationszellen kann man daher den Strom
irgendeiner Batterie verriegeln. Anderseits lassen die Polarisationszellen wie die Kondensatoren Wechselströme ungehindert
durch und können diese wohl vertreten, wo es sich um die
Verriegelung verhältnismäßig niedriger Gleichstromspannungen
handelt. Ein Nachteil der Polarisationszellen liegt darin, daß
sie im Betrieb unvermeidlich im Innern Gase entwickeln. Die

Spannung dieser Gase steigt unter Umständen derart, daß die Zelle explodiert. Bei der Behandlung von Polarisationszellen ist daher immer Vorsicht geboten.

130. Umschalter. Umschalter sind Apparate, welche dazu dienen, dem an einem Punkt einer Leitung ankommenden Strom bald den einen bald einen andern Weg anzuweisen. Ein und derselbe Umschalter kann diese Aufgabe zugleich für eine mehr oder minder große Anzahl von Leitungen und Stromwegen übernehmen. Die Ausführungsformen der Umschalter sind daher sehr mannigfach.

131. Der Hebelumschalter. Eine der einfachsten Formen des Umschalters ist der Hebelumschalter. Er besteht im wesentlichen aus einem mit einem Ende um eine Achse drehbaren, am andern mit einer Kontaktfläche und einem Handgriff versehenen Metallstreifen und zwei voneinander isolierten Kontaktstücken. Die Hebelachse ist ständig mit dem Punkt der Leitung verbunden, von wo aus dem ankommenden Strom der eine oder der andere Weg angewiesen werden soll. Von den beiden Kontaktstücken ist das eine mit dem einen, das andere mit dem andern dieser Wege verbunden. Wird daher der Hebel so um seine Achse gedreht, daß die am freien Ende befindliche Kontaktfläche das eine oder das andere der beiden Kontaktstücke gut berührend bedeckt, so wird der am festen Hebelende eintretende Strom über den Hebel und den geschlossenen Kontakt dem zugehörigen Stromweg zugeführt. Fehlt an dem Apparat das zweite Kontaktstück, so wird er zum einfachen Ausschalter, vermittelst dessen ein Stromweg nach Belieben unterbrochen und wiederhergestellt werden kann. Einen einfachen Hebelumschalter zeigt Fig. 68.

Häufig sollen vermittelst des Hebelumschalters zugleich zwei oder mehr Leitungen umgeschaltet werden. In diesem Falle werden zwei oder mehr einzelne Hebel parallel durch gemeinsames Querstück aus isolierendem

Fig. 68.

Material derart verbunden, daß sich die sämtlichen verbundenen Hebel gleichzeitig in gleichem Sinne verschieben.

Eine Ausführungsform eines derartigen Mehrfachhebelumschalters zeigt Fig. 69.

132. **Der Stöpselumschalter.** Auf einem Grundbrett
ist eine Metallschiene befestigt, in deren einer Längsseite in
bestimmten Abständen eine mehr oder minder große Anzahl
von Einkerbungen eingedreht sind. Jeder derselben steht ein

Fig. 69.

isoliertes Metallstück gegenüber, welches der Schiene
zugekehrt ebenfalls eine Ein-
kerbung aufweist. In das
durch die beiden Einkerbungen gebildete Loch kann ein
Metallstöpsel eingesetzt werden, welcher die Schiene mit
dem einen oder andern der
gegenüberstehenden Metallstücke zu verbinden gestattet.
Die Metallschiene wird mit
der Leitung, jedes Metallstück
mit dem Stromweg verbunden,
dem der Strom aus der Leitung
zugeführt werden soll. Die
Fig. 70 zeigt einen Stöpselumschalter für drei Leitungen.
Die an den Stöpseln ange-
brachten Schnüre bezwecken,
daß die Stöpsel nicht verloren
gehen.

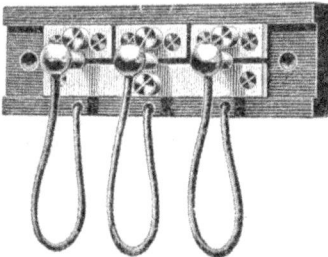

Fig. 70.

133. **Linienumschal-
ter.** Um eine größere Anzahl
von Leitungen von einem
Punkte aus mit einer größeren Anzahl anderer nach Belieben paarweise verbinden
zu können, bedient man sich
namentlich in großen Tele-
graphen- und Telephonämtern sog. Linienumschalter. Man unterscheidet drei Hauptformen: den Schienenumschalter, den Drahtumschalter und den Klinkenumschalter.

134. **Der Schienenumschalter.** Auf einem hölzernen
Grundbrett sind in bestimmtem Abstand voneinander parallel
eine mehr oder minder große Anzahl von Metallschienen mit
rechteckigem Querschnitt befestigt. Ein zweites System von
Schienen, die ersteren rechtwinklig kreuzend, von dem ersten

isoliert, befindet sich in kurzer Entfernung über diesem. Sämtliche Schienen sind voneinander isoliert. An den Kreuzungs-
punkten der Schienen ist sowohl die obere wie die untere
Schiene derart durchbohrt, daß ein oben eingeschobener Metallstöpsel die obere Schiene, dann die Isolierung zwischen den
beiden Schienensystemen durchdringt und endlich in die untere
Schiene eintretend die obere Schiene mit der unteren metallisch
verbindet. Werden an die einzelnen Schienen die verschiedenen
Leitungen angelegt, so ist klar, daß durch die Einrichtung jede
Leitung mit jeder andern verbunden werden kann, indem
man an dem Kreuzungspunkt der betreffenden Schienen einen
die Bohrungen ausfüllenden
Metallstöpsel einsetzt.

Einen Schienenumschalter
der Art für neun Leitungen zeigt
die Fig. 71. Von den über-
schüssigen drei wagerechten
Schienen dient die mit *E* bezeichnete, welche ständig mit
der Erde verbunden ist, dazu,
irgendeine der Leitungen an
Erde zu legen. Die Schiene *M*
ist mit einem Meßinstrument
verbunden und ermöglicht die
Verbindung der Leitungen mit
dem Instrument. Die unbe-
zeichnete Schiene dient dazu,
irgendzwei der Leitungen 1—9
direkt miteinander zu verbinden.

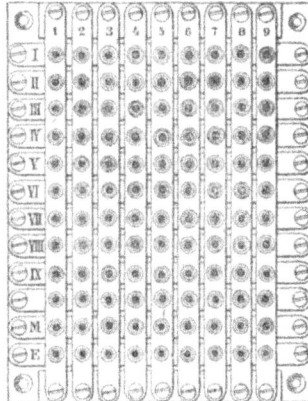

Fig. 71.

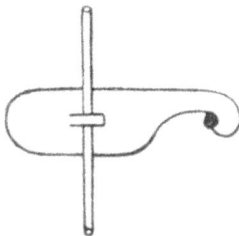

Fig. 72.

135. Der Drahtumschalter.
Der Drahtumschalter beruht auf derselben Grundanordnung wie der Schienenumschalter, mit dem Unterschied,
daß die Schienen durch blanke Drähte
gebildet sind und als Isolation nur die
Luft verwendet ist. Die Drähte sind
isoliert voneinander an einem Rahmen
aufgespannt. Eine Ausführungsform
des Drahtumschalters für Telephon-
zentralen, wo es notwendig ist, eine
große Anzahl von Teilnehmerleitungen mit den Leitungen zu
den Klappenschränken zu verbinden und an einem Punkt rasch

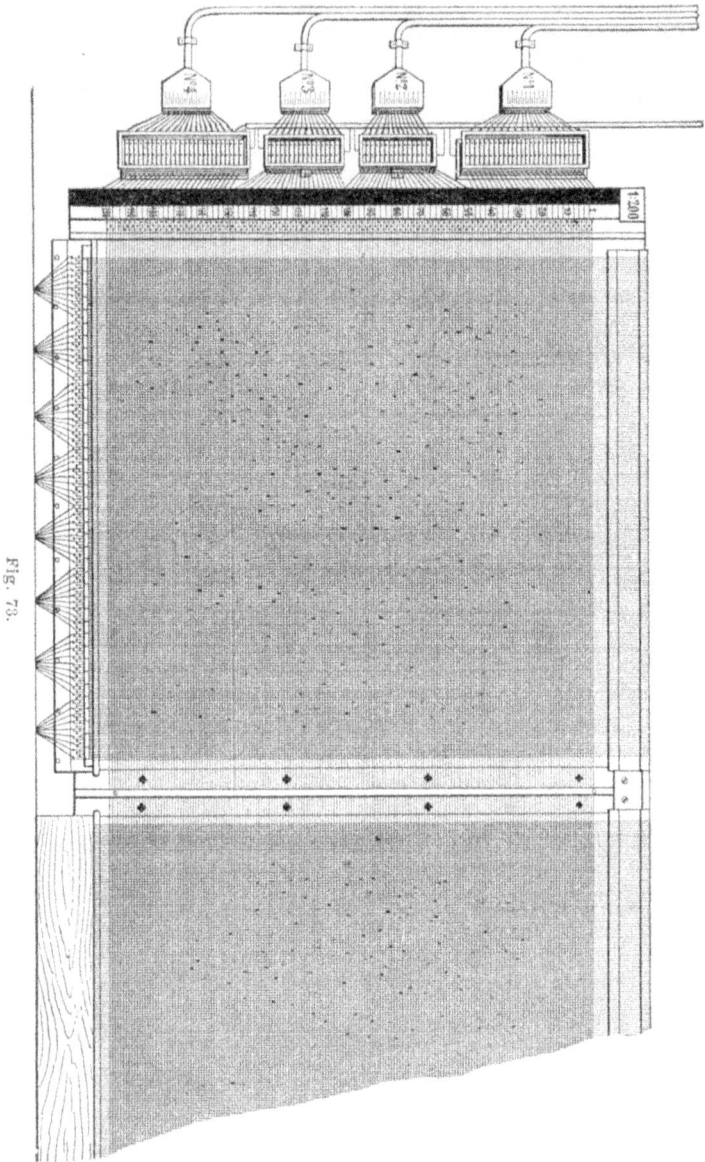

Fig. 73.

und bequem Vertauschungen vornehmen zu können, zeigt die
Fig. 73. Die in Kabeln an die wagerechten Drähte herange-
führten Leitungen werden mit den senkrechten Drähten vermittelst kleiner Blechhaken (Fig. 72) verbunden. Die Haken
werden an ihrem Ort dadurch gehalten, daß der Abstand der
seitlichen Nase von der den wagerechten Draht fassenden Haken-
fläche etwas kleiner ist als der Abstand der Drähte, wodurch
die zu verbindenden Drähte etwas angespannt werden und so
den Haken festhalten.

136. Der Klinkenumschalter. Der Klinkenumschalter
unterscheidet sich vom Schienen- und Drahtumschalter dadurch,
daß der Kontakt zwischen den beiden zu verbindenden Leitungen
durch einen in eine Klinke einzusetzenden Stöpsel bewirkt wird
und daß die Verbindung von einem Kreuzungspunkt zum andern
nicht durch blankes Metall, sondern durch isolierte Drähte hergestellt ist

137. Die Klinke. Die Klinke ist eine Vorrichtung, in
welcher durch Einführung eines Stöpsels eine mehr oder minder
große Anzahl von Federn aus ihrer Lage gedrängt werden und
hierdurch eine mehr oder minder große Anzahl von Schaltungen
— Unterbrechungen oder Herstel-
lungen von Kontakten — bewirken.
Die Klinke besteht aus dem metallischen Klinkenkörper mit Hals am
einen Ende und den von dem
Klinkenkörper am andern Ende ge-
tragenen Klinkenfedern. Ein Beispiel
einer einfachen Klinke mit nur einer
Klinkenfeder zeigt die Fig. 74.

Fig. 74.

138. Der Klinkenstreifen. Wie die Klappen in
Klappenschränken werden auch die Klinken meist in mehr

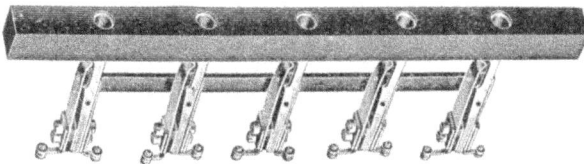

Fig. 75.

oder minder großer Anzahl zu sog. Klinkenstreifen zusammengebaut. Der Klinkenstreifen besteht aus einem Ebonitstab mit
rechteckigem Querschnitt, welcher in regelmäßigen Abständen

senkrecht zu seiner Längsachse mit Durchbohrungen versehen
ist, welche den Klinkenhals aufnehmen und so den Ebonit-
streifen zum gemeinsamen Träger der vereinigten Klinken

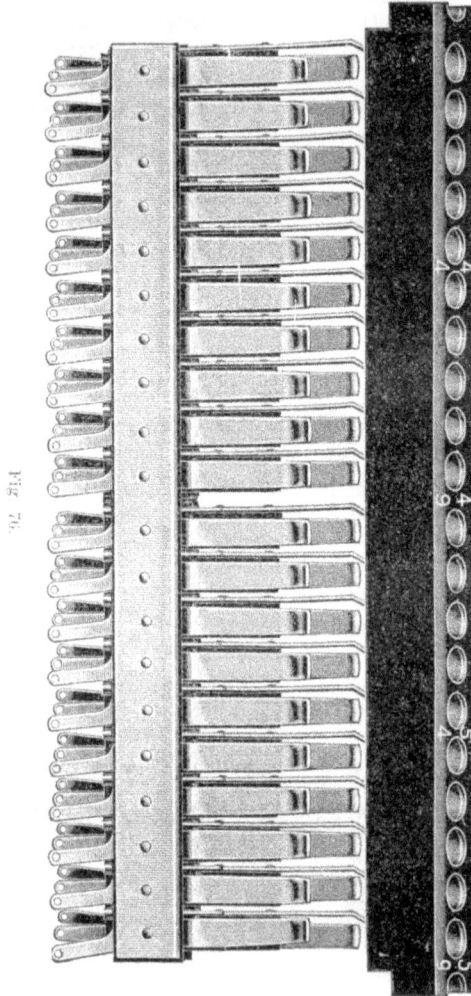

machen. Zur Versteifung werden die Klinkenkörper meist noch
durch einen zweiten Ebonit- oder Fiberstreifen verbunden, wie
dies Fig. 75 erkennen läßt. An die an den Federnenden be-

findlichen Ösen werden die zur Klinke zu führenden Drähte
angelötet. Eine zweite Ausführungsform eines Klinkenstreifens
zeigt die Fig. 76 (s. S. 78.)

139. Der Hakenumschalter. In Telephonapparaten
wird sehr häufig das Gewicht des Telephons dazu verwendet,
eine Reihe von Schaltungen, welche beim Gebrauch notwendig
sind, vorzunehmen. Hierzu dient meist der Haken, an welchem
das Telephon aufgehängt ist. Der Hakenumschalter besteht aus
einem aus dem Innern hervorragenden Teil, welcher in der
Ruhelage durch das Gewicht des angehängten Telephons nieder-
gezogen wird, und einem im Innern befindlichen Teil, welcher
beim Abhängen und Anhängen des Telephons sich mit bewegt,
auf eine mehr oder minder große Anzahl von Federn wirkt

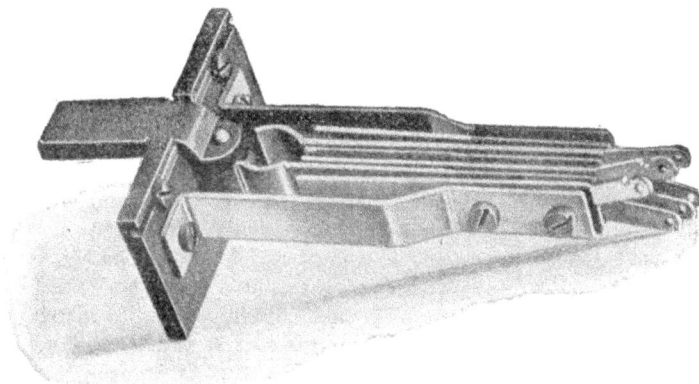

Fig. 77.

und so die erforderlichen Schaltungen veranlaßt. Der Hakenumschalter ist in der Regel ein um eine wagerechte Achse drehbarer Metallhebel, an dessen einem Arm das Gewicht des
Telephons, an dessen anderm eine dem Telephongewicht ent-
gegenwirkende Spiral- oder Blattfeder angreift, welche diesen
Arm niederzieht, sobald das Telephon ausgehängt wird. Es
gibt eine außerordentlich große Anzahl von Ausführungsformen
des Hakenumschalters. Eine Bauart, in welcher die Federkraft
der Schaltfedern selbst zur Bewegung des Hakens verwendet ist,
zeigt die Fig. 85 S. 85.

140. Der Kippschalter. Der Kippschalter ist ein von
Hand zu betätigender Schalter, bei welchem der Übergang von
der Ruhe- in die Arbeitstellung durch Zug oder Druck auf einen

Handgriff derart stattfindet, daß er trotz der entgegenwirkenden
Federkraft doch in der Arbeitstellung bleibt, auch wenn die
Wirkung auf den Handgriff aufgehört hat. Der Schalter bleibt
dann so lange in der Arbeitstellung, bis er durch entgegengesetzte Betätigung des Handgriffs in die Ausgangstellung zurückgeführt wird.

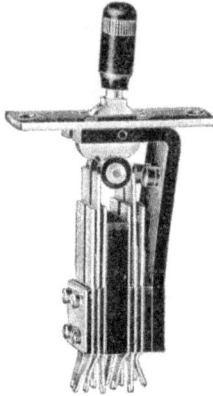

Eine Ausführungsform eines Kipp-
schalters zeigt die Fig. 77. Um eine wagerechte Achse bewegt sich ein Winkelhebel,
dessen einer aus der Lagerwand nach
vorn stehende Arm den Handgriff bildet.
An dem andern Arm befindet sich ein
Isolierknopf, welcher sich zwischen die
Schaltfedern drängt, sobald der Handgriff
niedergedrückt wird. Ist die Arbeitstellung
erreicht, so wird der Isolierknopf zwischen
den Federn festgehalten und die durch
die Federnbewegungen beabsichtigte Schaltung ist dauernd hergestellt, bis durch
Aufstellen des Handgriffs der Isolierknopf wieder aus der Umklammerung
der Schaltfedern befreit wird und letztere

Fig. 78.

in die Ruhelage übergehen. Eine andere Ausführung zeigt Fig. 78.

141. Die Telephonapparate. Man unterscheidet Telephonapparate für kleinere und größere Entfernungen und Apparate,
bei welchen der Mikrophonstrom für eine größere Anzahl von
Apparaten aus einer gemeinsamen Stromquelle bezogen wird.

142. Telephonapparate für kleinere Entfernungen. Ein Telephonapparat für kleinere Entfernungen besteht aus einem Taster, einem Rasselwecker, einem Mikrophon
einem Telephon und einem Hakenumschalter mit den zugehörigen Klemmen und Drahtverbindungen. Der Gebrauch ist
folgender: Soll von einem Apparat zu einem andern entfernten
gesprochen werden, so drückt der Benutzer des ersteren auf den
Taster. Der Strom einer an den Apparat angeschlossenen Batterie geht zum andern Apparat durch dessen Rasselwecker,
letzterer bringt das Zeichen hervor, daß vom andern Apparat
aus gesprochen werden will. Nachdem der Rufende den Taster
wieder losgelassen, hebt er das Telephon vom Hakenumschalter
und bringt es ans Ohr. Der Gerufene nimmt auf das Weckerzeichen ebenfalls das Telephon ans Ohr und meldet sich, indem
er gegen das Mikrophon seines Apparates spricht. Durch das

Abhängen des Telephons in beiden Stellen wurden durch die
Bewegung der beiden Hakenumschalter die beiden Rasselwecker
aus der Leitung ausgeschaltet, dagegen die Batterie über Mikrophon und Telephon der einen Stelle, die Leitung und Mikrophon
und Telephon der andern Stelle geschlossen. Das Sprechen
gegen eines oder das andere der Mikrophone bewirkt in be-
kannter Weise den Schallwellen entsprechende Schwankungen
des Stroms in der Leitung und in den Telephonen und damit
die Übertragung der Sprache zwischen den beiden Stellen. Diese
einfachste Art der Telephonapparate wird nur auf kurze Entfernungen und meist nur in Innenräumen verwendet. Sie vereinfacht sich noch weiter, wenn das
Weckerzeichen nur in einer Richtung,
beispielsweise vom Salon zur Küche
zu geben ist. Dann besteht die Ruf-
stelle oft nur aus einem kleinen Mikrotelephon und einem Taster.

143. Das Pherophon, Cito-
phon etc. Telephonapparate der letzt-
genannten einfachsten Form sind die
mit Pherophon, Citophon und ähnlichen Namen bezeichneten Apparate,
welche häufig unter Benutzung gewöhnlicher Hausklingelanlagen zum Verkehr
von Geschäfts- und Wohnräumen mit
untergeordnetem Personal verwendet
werden. Die Fig. 79 und 80 zeigen die

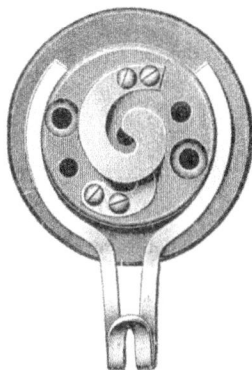

Fig. 79.

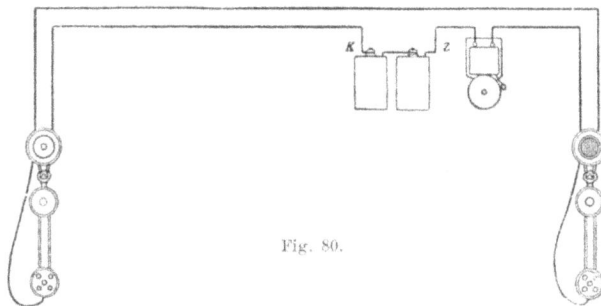

Fig. 80.

Verbindung eines Lorenzschen Pherophons mit einem Taster einer
gewöhnlichen Hausklingelanlage. Die beiden von dem kleinen
Mikrotelephon kommenden Leitungen sind unter die beiden

Leitungsklemmen des Tasters gelegt. Wird das Pherophon von dem mit dem Taster verbundenen Haken abgenommen, so zieht sich der Aufhängehaken des Pherophons etwas einwärts und schließt den Strom der an den Taster angelegten Batterie über das Pherophon. Beim Einhängen wird der Aufhängehaken durch das Gewicht des Pherophons wieder nach auswärts gezogen und damit der Strom der Batterie wieder unterbrochen, solange das Pherophon oder der Taster nicht in Benutzung ist. Soll ein und dasselbe Pherophon an mehreren verschiedenen Tastern angeschlossen werden können, so ist die Schnur des Pherophons an einen Steckkontakt angeschlossen, dessen Stifte in an dem Taster angebrachte, mit den Tasterklemmen verbundene Hülsen passen (Fig. 81).

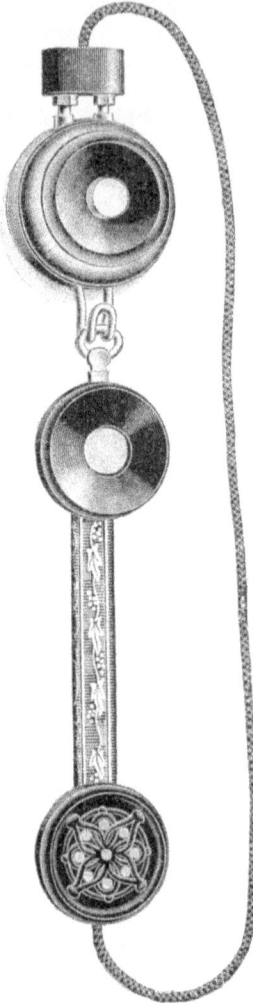

144. Wand- und Tischapparate für beiderseitigen Verkehr. Die Zusammenstellung von Taster, Wecker, Mikrophon, Telephon und Hakenumschalter läßt natürlich eine große Anzahl von Ausführungsformen der Apparate zu. Einige Beispiele, die keiner näheren Erläuterung bedürfen, zeigen die Fig. 82 und 83.

145. Telephonapparate für größere Entfernungen. Die Telephonapparate für größere Entfernungen bestehen in der Regel aus einem Magnetinduktor, einem polarisierten Wecker, einem Mikrophon, einem oder zwei Telephonen und einer Induktionsrolle. Zur Entsendung des Weckerstroms dient entweder ein besonders von Hand zu betätigender Taster, vermittelst dessen die Leitung während des Drehens der Induktorkurbel mit den Windungen des Magnetinduktors verbunden wird, oder eine beim Drehen der Kurbel durch selbsttätiges

Fig. 81.

Verschieben der Kurbelachse betätigte Kontaktvorrichtung, welche
dieselbe Schaltung wie der Taster beim Drehen der Kurbel
bewirkt.

146. Wandapparat. Modell der deutschen Reichspostverwaltung. Einen Wandapparat, wie er im Betrieb
der Fernsprechanlagen der deutschen Reichspostverwaltung ver-

Fig. 82.   Fig. 83.

wendet wird, zeigen die Fig. 84 und 85. Auf einem polierten
Brett aus Nußbaumholz ist oben ein verstellbarer Mikrophon-
träger befestigt, welcher ein auswechselbares Kohlenkörnermikrophon mit Schalltrichter trägt. Auf dem Wandbrett sind
ferner ein Hakenumschalter, eine Induktionsrolle, ein Wechselstromwecker und ein Magnetinduktor derart montiert, daß der
diese Teile umschließende Kasten nach vorne aufgeklappt werden

6*

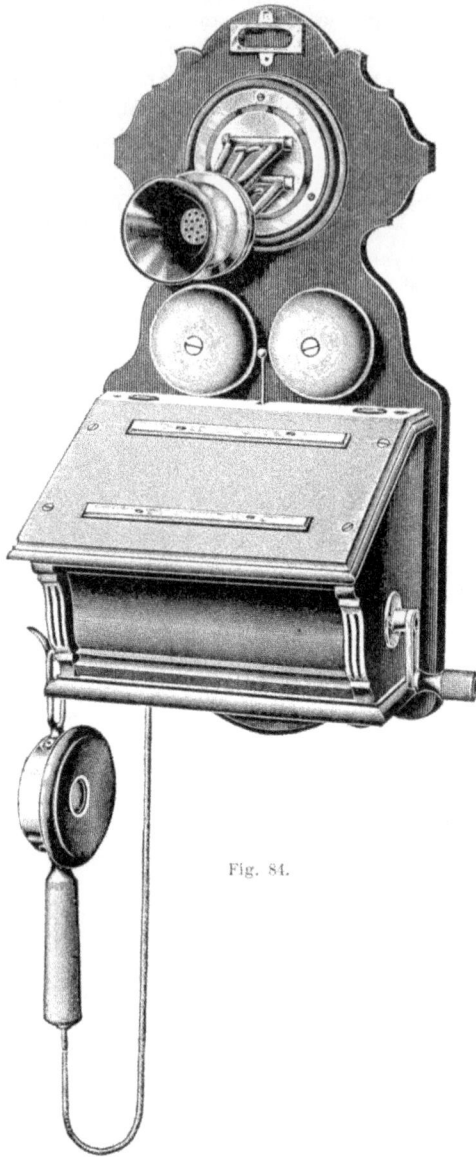

Fig. 84.

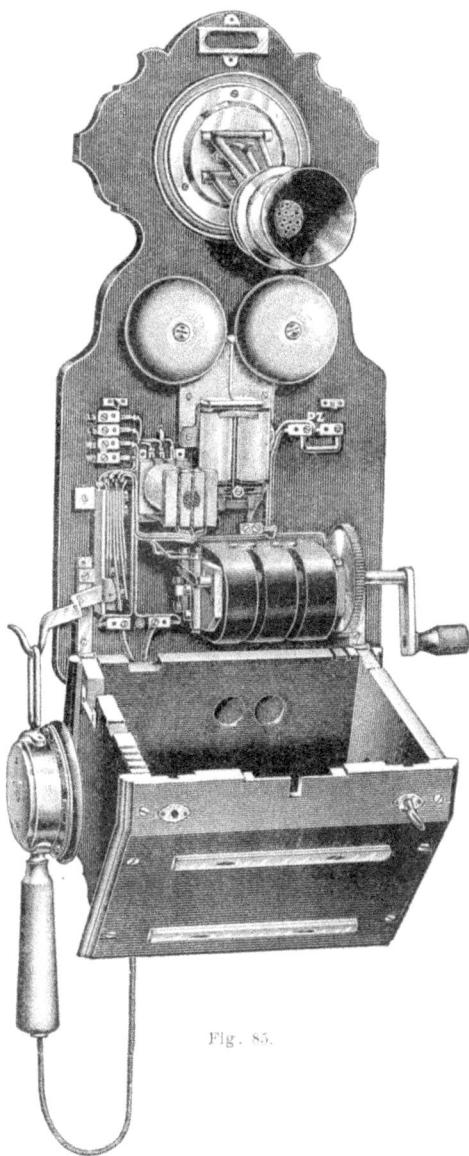

Fig. 85.

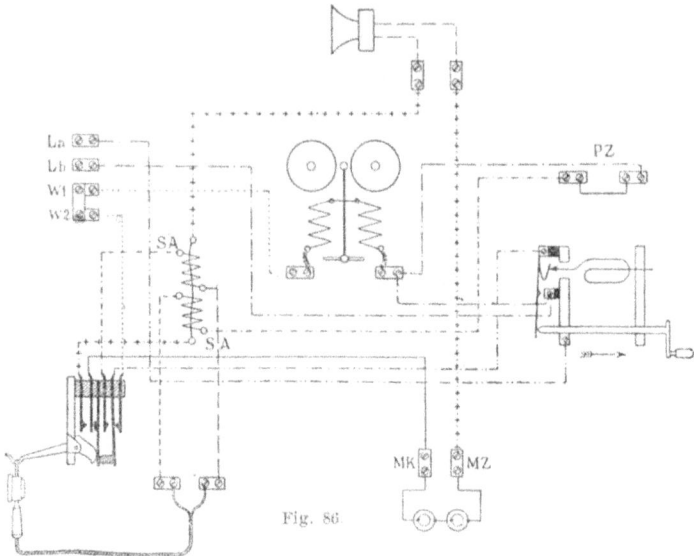

Fig. 86.

kann. Der zugeklappte, ebenfalls aus poliertem Nußbaumholz hergestellte Kasten bildet ein Schreibpult, auf dessen Schreibfläche zwei vernickelte Metalleisten aufgeschraubt sind, welche

Fig. 87.

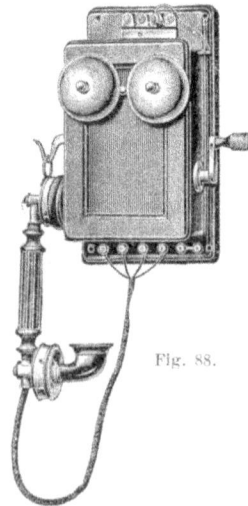

Fig. 88.

Schreibtafeln, Blocks etc. zwischen sich nehmen. Ein Löffel-
telephon mit poliertem Holzgriff, mit dem nötigenfalls ein zweites
verbunden werden kann, vervollständigt die Ausrüstung. Die
Fig. 86 gibt die Verbindung der einzelnen Teile. An den
Klemmen La und Lb werden die beiden Äste der Leitung angelegt. Bei MK ist der Kohlen-, bei MZ der Zinkpol der
Mikrophonbatterie angeschlossen. Bei PZ werden die Polarisationszellen bzw. Kondensatoren eingeschaltet, wenn der Apparat in Fernsprechnetzen mit selbsttätigem Schlußzeichen zum
Amt verwendet wird. In der gewöhnlichen Ausrüstung des
Apparates sind die Klemmen $W1$ und $W2$ verbunden. Soll aber
in Verbindung mit dem Apparat ein zweiter entfernter Wecker
betrieben werden, so wird die Verbindung zwischen $W1$ und $W2$
gelöst und an die beiden Klemmen je eine zum zweiten Wecker
führende Leitung angelegt. SA ist der in zwei Abteilungen
gewundene dünne Draht der Induktionsrolle.

Die Wirkungsweise der Schaltung ist folgende: Ein aus
der Leitung bei La in den Apparat eintretender Strom geht zur
Achse der Induktorkurbel über die an der Achsenspitze anliegende Blattfeder zu dem geschlossenen Kontakt des rechten
Federnpaares des Hakenumschalters über $W1$ $W2$ zum Wecker
und von hier zu Lb den Wecker betätigend. Wird auf das
Weckerzeichen das Telephon vom Hakenumschalter abgenommen, so geschieht durch letzteren dreierlei: erstens wird die
Verbindung zwischen La und dem Wecker dadurch unterbrochen,
daß sich der Kontakt des rechten Federnpaares öffnet, zweitens
wird an Stelle der unterbrochenen Verbindung von La zum
Wecker eine solche zu Telephon und Induktionsrolle hergestellt,
endlich wird der Stromkreis des Mikrophons über das linke
Federnpaar des Hakenumschalters geschlossen. Die über La ankommenden Telephonströme finden daher eine ununterbrochene
Bahn über das Telephon, die Induktionsspule, PZ zu Lb, während der Strom der Mikrophonbatterie über MK, den Kontakt
zwischen dem linken Federnpaar des Hakenumschalters, die
kurze Wicklung der Induktionsspule, das Mikrophon und MZ
so lange geschlossen bleibt, als das Telephon abgehängt ist.
Der Apparat ist demnach in der Verfassung, Telephonströme
sowohl zu empfangen als zu entsenden.

Soll von dem Apparat ein Weckerzeichen nach der entfernten Stelle gegeben werden, so ist nichts erforderlich, als
bei angehängtem Telephon die Induktorkurbel zu drehen.
Die Achse der Kurbel bewegt sich dabei der Pfeilrichtung

entgegen und verbindet das eine Ende der Induktorbewicklung
mit *La*, das andere mit *Lb*, wodurch die in der Induktorbewicklung erzeugten Ströme in die Leitung
und an die entfernte Stelle gelangen
und dort das gewünschte Zeichen
hervorbringen.

147. Andere Ausführungs-
formen von Wandapparaten.
Die Fig. 87, 88, 89 zeigen einige
andere Ausführungsformen von
Wandapparaten für größere Entfernungen, welche sich nur in
untergeordneten Einzelheiten von
der beschriebenen Anordnung und
voneinander unterscheiden.

Häufig ist dabei mit dem Apparat ein Kästchen zur Aufnahme
der Mikrophonbatterie verbunden.

148. Tischapparate für
weite Entfernungen, Modell
der deutschen Reichspost-
verwaltung. Die Fig. 90 zeigt
eine Ausführungsform eines Tisch-
apparates, wie er in den Fernsprechanlagen der deutschen Reichspostverwaltung in ausgedehnter Ver-

Fig. 89.

wendung steht. Das viereckige Kästchen enthält den Induktor,
die Induktionsrolle, den Wecker und den selbsttätigen Schalter,
welcher in diesem Falle nicht durch den Anhängehaken des
Telephons, sondern durch die Gabel, auf welcher das Mikrotelephon liegt, betätigt wird. Die Gabel trägt eine in dem
Gabelträger senkrecht geführte Fortsetzung, welche durch den
Deckelkasten bis zu den Federn des Schalters reicht. Die
Federn des letzteren suchen diese Fortsetzung mit der Gabel
nach oben zu schieben, was in der Ruhelage durch das
Gewicht des Mikrotelephons verhindert wird. Wird letzteres
abgenommen, so wird der Gabelträger durch die Schalterfedern
hochgehoben und die Federn stellen die Schaltung der Arbeitstellung her. Ruhe- und Arbeitschaltung entsprechen genau
den Schaltungen des Wandapparates. Der Magnetinduktor enthält an jedem seiner Achsenenden eine Kurbel, damit sowohl
die rechte als die linke Hand zum Anruf benutzt werden kann.

Die Fig. 91 zeigt die nach Erklärung der Fig. 86 ohne weiteres verständliche Schaltung.

149. Andere Ausführungsformen des Tisch-apparates. Unter den zahlreichen Ausführungsformen von Tischapparaten, wie sie guter und schlechter Geschmack von Käufern und Fabrikanten hervorgebracht haben, sei das in Fig. 92 dargestellte Modell angeführt, welches die zwei ent-sprechend gebogenen Stahlmagneten des Induktors als Ausgang

Fig. 90.

für den Aufbau des ganzen Apparates verwendet. Die Magnete tragen an den Biegungen je einen Knopf, welche als Füße dienen. Die vier Enden der Magnetbügel nehmen den Anker des Magnetinduktors zwischen sich. In dem darunter verbleiben-den freien Raum ist der Wecker eingebaut. Nach oben werden Magnetpole und Induktoranker durch eine Ebonitplatte abgedeckt, auf welcher der Träger für das Mikrotelephon mit beweglicher Gabel aufsitzt. Die Ebonitplatte trägt zugleich an der Seite Kurbel und Zahnrad zum Antrieb der Achse des Magnetinduktors.

150. Zentralbatterie-Apparate. In den Zentral-batterie-Apparaten wird weder der Anrufstrom noch der Mikro-phonstrom am Aufstellungsapparat, sondern an einem entfernten

Orte, meist dem Vermittlungsamt, an welches der Apparat angeschlossen ist, erzeugt. Der Zentralbatterie-Apparat enthält ein
Mikrophon, einen Wecker, eine Induktionsrolle, einen Kondensator, einen Hakenumschalter, ein oder zwei Telephone.

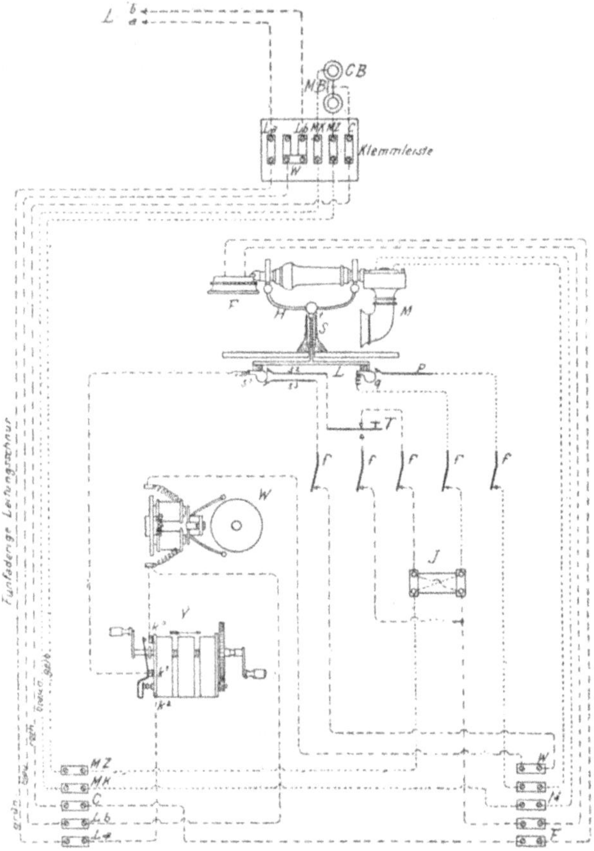

Fig. 91.

151. Zentralbatterie-Wandapparat, Modell der
deutschen Reichspostverwaltung. Die Fig. 93 und 94
zeigen die Anordnung eines Zentralbatterie-Wandapparates, wie
er in der deutschen Reichspostverwaltung in Verbindung mit
dem Zentralbatteriesystem E. Zwietusch & Co. in Berlin benutzt

wird. Die Fig. 95 gibt die Schaltung des Apparates. Die Wirkungsweise ist folgende: In der in der Schaltung gezeichneten Arbeitstellung geht der bei *La* eintretende Mikrophonstrom zu

Fig. 92.

dem Mikrophon, zu dem geschlossenen rechten Kontakt am Hakenumschalter, zur Wicklung *UL* der Induktionsrolle nach *Lb*. Zugleich wurde beim Abheben das Telephon über die zweite Wicklung der Induktionsrolle an die zweite Belegung des Kondensators

Fig. 93.

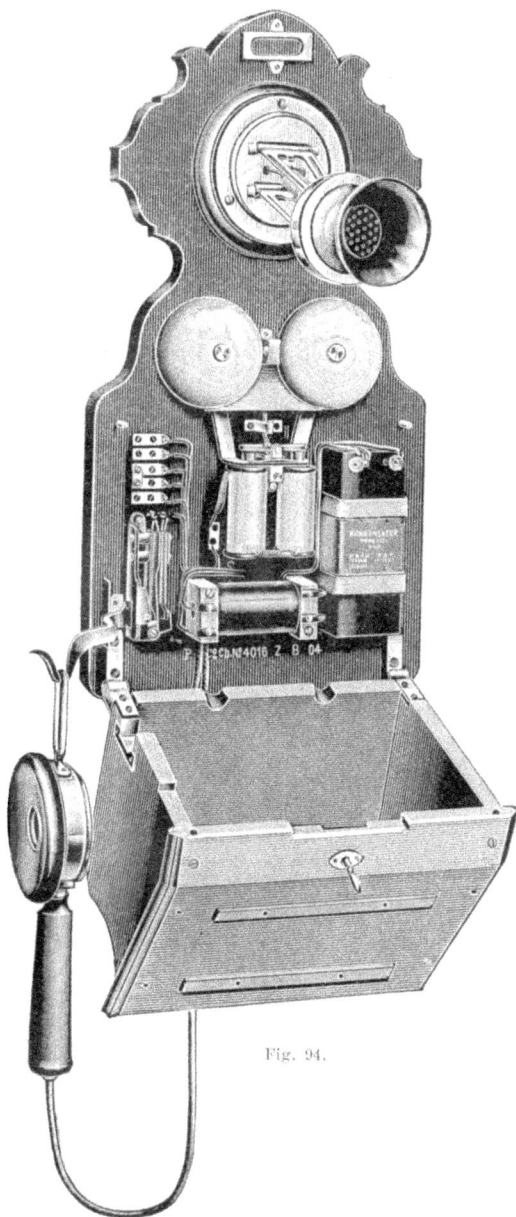

Fig. 94.

angeschlossen. Die Schwankungen des in der ersten Bewicklung
der Induktionsspule fließenden Mikrophonstroms, wie sie durch

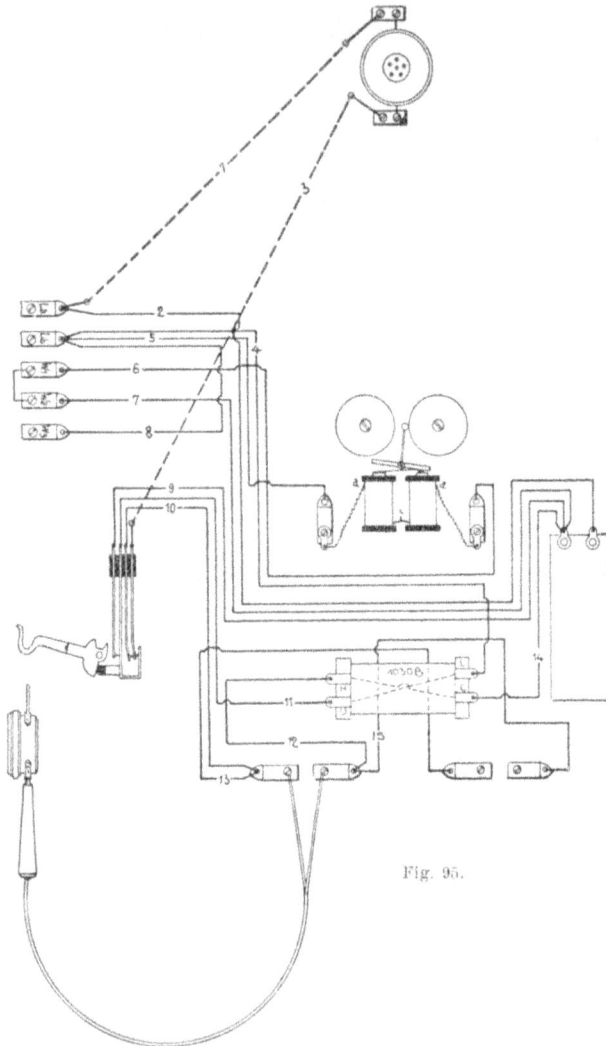

Fig. 95.

das Sprechen gegen das Mikrophon in der entfernten Stelle
hervorgerufen werden, erzeugen demnach Induktionsströme in
der zweiten Bewicklung der Induktionsspule und damit in dem

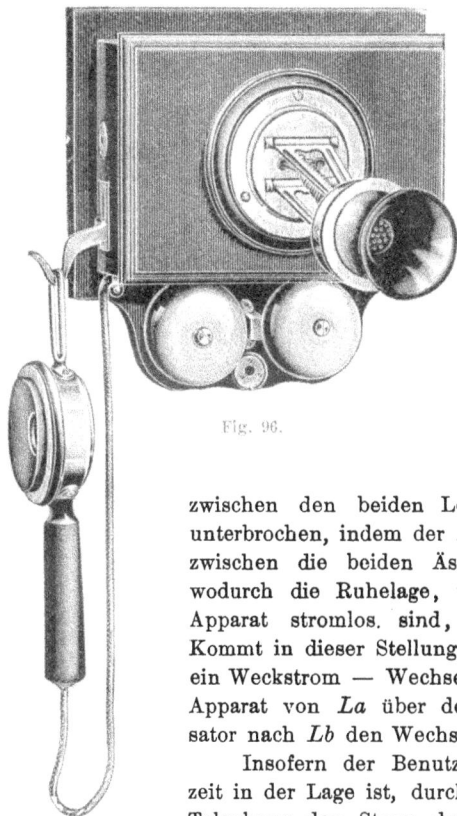

Fig. 96.

aus dieser Bewicklung, dem Telephon und dem Kondensator gebildeten Stromkreis, was die Wiedergabe der Sprache an dem Telephon zur Folge hat. Wird gegen das Mikrophon gesprochen, so spielen sich die letztgeschilderten Vorgänge in der entfernten Stelle ab. Wird das Telephon eingehängt, so wird die durch den Hakenumschalter hergestellte metallische Verbindung zwischen den beiden Leitungsästen La und Lb unterbrochen, indem der Kondensator und Wecker zwischen die beiden Äste eingeschaltet werden, wodurch die Ruhelage, in welcher Leitung und Apparat stromlos. sind, wieder hergestellt ist. Kommt in dieser Stellung von der entfernten Stelle ein Weckstrom — Wechselstrom —, so geht er im Apparat von La über den Wecker und Kondensator nach Lb den Wechselstromwecker betätigend.

Insofern der Benutzer des Apparates jederzeit in der Lage ist, durch einfaches Abheben des Telephons den Strom der entfernten Stromquelle zu schließen, so bedarf er wie zum Betriebe seines Mikrophons auch zum Anrufen der entfernten Stelle keine eigene Stromquelle, wenn nur an der entfernten Stelle ein Apparat eingeschaltet ist, welcher ein Signal gibt, wenn der Strom in der rufenden Stelle durch Abnehmen des Telephons geschlossen worden ist.

Eine übersichtlichere Skizze der Verbindung der einzelnen Elemente des Apparates gibt der später zu besprechende Stromlauf des Zentralbatteriesystems E. Zwietusch, der den Zusammenhang der Abonnentenstellen mit einem nach diesem System eingerichteten Vermittlungsamt zur Anschauung bringt. Daß die Klemmen Wi, $W2$, $W3$ zur Anbringung eines zweiten Weckers, die freien Klemmen neben den Telephonklemmen zur Anbringung

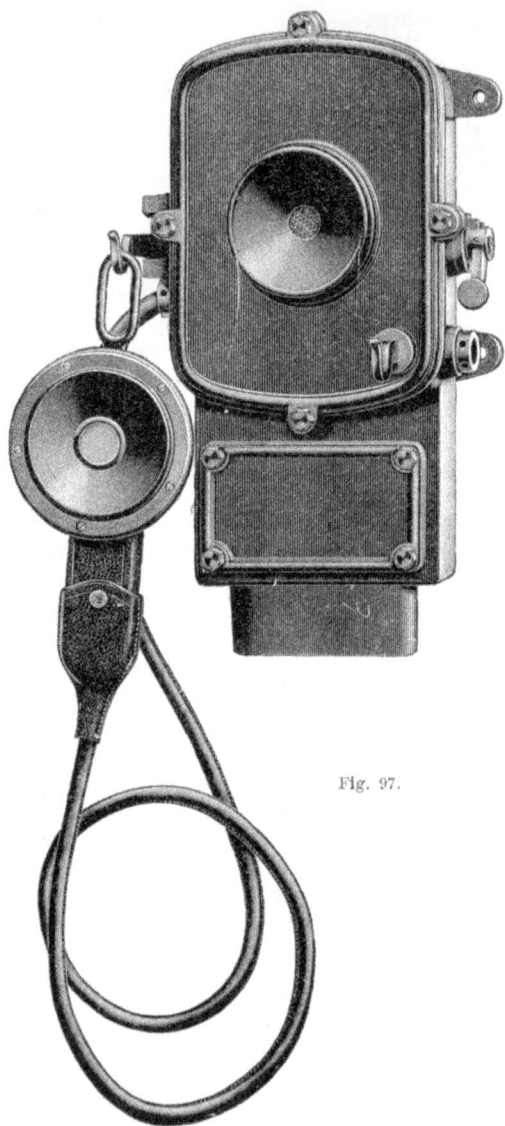

Fig. 97.

eines zweiten Telephons dienen,
bedarf kaum der Erwähnung. Eine
einfachere Ausführungsform des
Zentralbatterie-Wandapparates zeigt
die Fig. 96.

152. Telephonapparate für
besondere Zwecke. Nicht selten
sollen Orte miteinander telephonisch
verbunden werden, bei welchen die
äußeren Umstände eine besondere
Ausstattung der Telephonapparate
erheischen. Dies gilt namentlich
für die Verwendung des Telephons
in Bergwerken, Kellern, feuchten
oder dampferfüllten Räumen aller
Art, auf Schiffen, in geräuschvoller
Umgebung, unter ungünstigen mete-
orologischen Umständen usw. In
der einen Reihe von Fällen dieser
Art wird dem Bedürfnis genügt,
indem alle Teile, welche nicht unmittelbar von dem Benutzer beeinflußt werden müssen, in luft- und
wasserdichten Kasten meist aus
Gußeisen, eingeschlossen werden.
An lärmenden Plätzen werden die
Telephone mit Gummitrichtern versehen, welche sich enge an das
Ohr des Benutzers anlegen und das
Zudringen fremden Schalles verhindern. Wo Gefahr besteht, daß
die Telephonleitung mit einer
Hochspannungsleitung in Berührung
kommt und die gefährliche Spannung auf den Apparat und dessen
Benutzer überträgt, werden alle
Metallteile des Apparates außer
Reichweite des Benutzers angebracht und alle vom Benutzer
vorzunehmenden Handgriffe durch
isolierende Zwischenglieder vermittelt.

Baumann, Schwachstrom-Monteur.

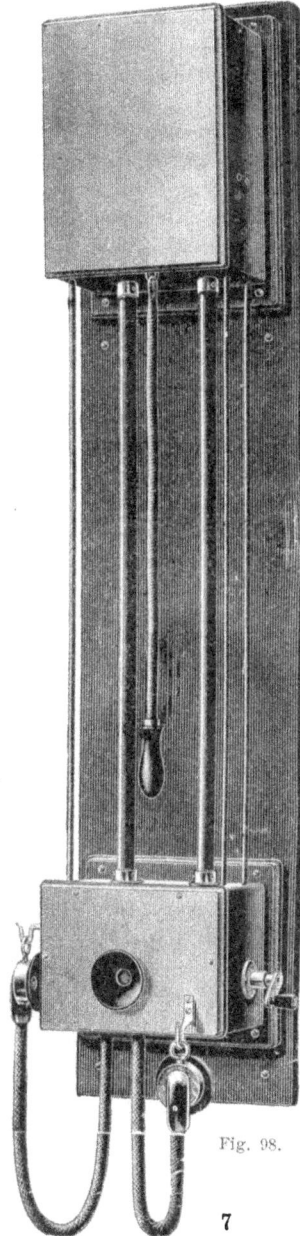

Fig. 98.

7

Beispiele solcher Spezialausführungen zeigen die Fig. 97 und 98.

Die Fig. 97 gibt eine Wandstation für den Gebrauch in Bergwerken. Mit Ausnahme von Telephon und Taster sind alle Teile des Apparates in luft- und wasserdichtem Gußeisengehäuse untergebracht; Telephon und Telephonschnur sind mit Leder überzogen; in einem angegossenen luft- und wasserdichten Kasten sind die Klemmen untergebracht.

Die Fig. 98 zeigt einen Apparat, dessen Leitung möglicherweise mit einer Hochspannungsleitung in Berührung kommen kann. An Stelle der Telephone sind. zwei Hörschläuche mit Schalltrichtern verwendet, deren zweite Enden zu einem Schallrohr führen, das in dem oberen Kasten über der Telephonmembrane endet. Der Schalltrichter im unteren Kasten schließt an eine Röhre an, welche den Schall dem im oberen Kasten befindlichen Mikrophon zuführt. Ein Riementrieb überträgt die Drehung der Kurbel an der Seite des unteren Kastens auf die Achse des Induktors oben. Ebenso werden die Bewegungen des Aufhängehakens des linksseitigen Hörschlauchs durch Riemen zu einem dem gewöhnlichen Hakenumschalter entsprechenden Schalter übertragen.

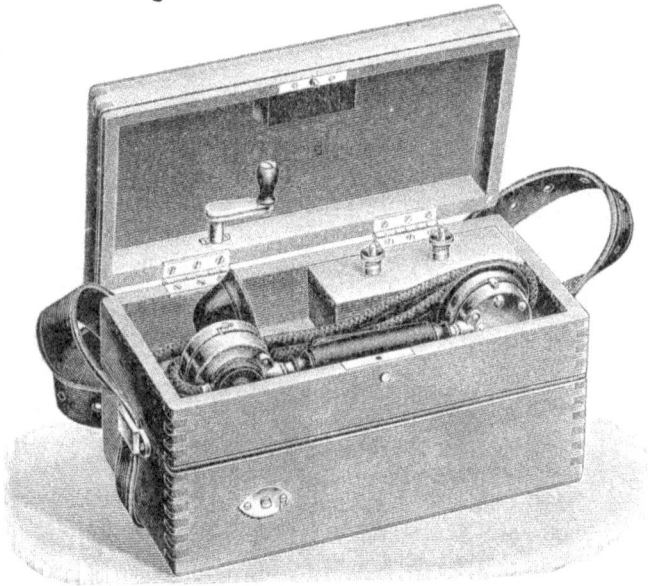

Fig. 99.

153. **Tragbare Telephonapparate.** Für die Zwecke
des Heerwesens, des Eisenbahnbetriebes, der Unterhaltung und
des Baues von Telegraphen- und Telephonanlagen ständiger und
vorübergehender Art ist es oft notwendig, mit dem Orte einer

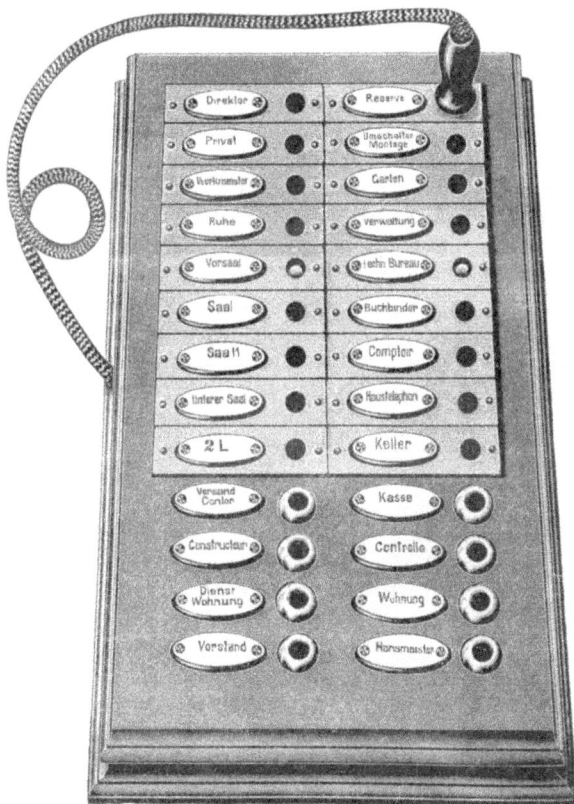

Fig. 100.

telephonischen Sprechstelle zu wechseln. Zu diesem Zwecke
bedient man sich der tragbaren Telephonapparate, bei welchen
die Bestandteile einer Stelle meist in einem verschließbaren, mit
Tragriemen versehenen hölzernen Kasten eingebaut sind. Telephon und Mikrophon werden dabei meist in der Form des
Mikrotelephons vereinigt angewendet. Eine im Kasten mit-
geführte Batterie von Trockenelementen liefert den Mikrophon-

7*

strom, während ein eingebauter Magnetinduktor zum Anruf dient.
Ein selbsttätiger, durch das Gewicht des Mikrotelephons betätigter Schalter und ein Wechselstromwecker vervollständigen
meist die Ausrüstung. Die Fig. 99 zeigt eine häufig angewendete
Ausführungsform eines tragbaren Telephonapparates.

154. Linienwähler. Häufig soll mit einem und demselben Telephonapparat nicht nur über eine Leitung zu einem
zweiten, sondern auch über eine zweite Leitung zu einem
dritten, eine dritte Leitung zu einem vierten usw. entfernten
Telephonapparat gesprochen werden. Hierzu sind Hilfsapparate
nötig, welche gestatten, den Telephonapparat, an welchem die
verschiedenen Leitungen endigen, rasch und bequem mit diesen
nach Bedarf zu verbinden und von ihnen zu trennen. Diesem
Zwecke dienen die sog. Linienwähler. Eine einfachste Form
eines Linienwählers zeigt die Fig. 100. In dem Deckel eines
flachen, an Tisch oder Wand zu
befestigenden Holzkastens ist eine
Reihe der Anzahl der anzuschließenden Leitungen entsprechender Me-
tallbüchsen eingebaut, deren jede
mit einer zu einem entfernten Telephonapparat führenden Leitung verbunden ist. In jede dieser Büchsen
kann ein gemeinsamer Stöpsel,
dessen metallisches Ende vermittelst
einer Leitungsschnur mit dem an
den Linienwähler angeschlossenen
Telephonapparat in dauernder Verbindung steht, eingesetzt und so
die Leitung mit dem Telephonapparat verbunden werden. Neben
jeder Büchse befindet sich ein
Schildchen mit der Aufschrift der
Sprechstelle, zu welcher die an
die betreffende Büchse angelegte
Leitung führt.

Fig. 101.

In einer andern Ausführungsform ist der Linienwähler mit dem
Telephonapparat selbst zusammengebaut, Stöpselschnur und Stöpsel
sind durch eine Kurbel ersetzt, deren Achse ständig mit dem
Telephonapparat verbunden ist, während das Kurbelende nach

Bedarf auf kreisförmig angeordnete Kontakte gestellt werden
kann, welche mit den einzelnen Leitungen verbunden sind
(Fig. 101).

155. Selbsttätige Linienwähler. Bei den einfachen
Linienwählern nach der Art der in Fig. 100 u. 101 dargestellten
Ausführungsformen besteht der Übelstand, daß Störungen ent-

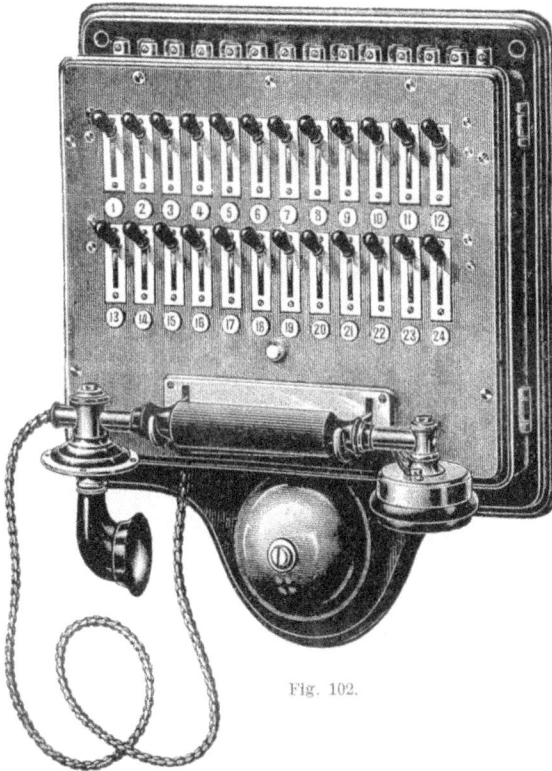

Fig. 102.

stehen, wenn es vergessen wird, den Stöpsel bzw. die Kurbel
wieder in die Normalstellung zurückzubringen. Diese Störungs-
ursache wird beseitigt in den selbsttätigen Linienwählern. Das
Wesentliche dieser Apparate liegt darin, daß das Gewicht des
Telephons oder Mikrotelephons des Sprechapparates dazu verwendet wird, nach Abschluß eines Gesprächs, wie die gewöhnliche Sprechschaltung am Hakenumschalter, so auch die Verbindung mit der eben benutzten Leitung aufzuheben.

Die Fig. 102 u. 103 stellen zwei Ausführungsformen eines selbsttätigen Linienwählers mit Mikrotelephon der Telephonfabrik Aktiengesellschaft vorm. J. Berliner dar. Die Verbindung des Sprechapparates mit den einzelnen Leitungen geschieht nicht vermittelst Stöpsel oder Kurbel, sondern durch Kippschalter, welche derart von einer gemeinsamen, von dem

Fig. 103.

Mikrotelephonträger mitbewegten Schiene beeinflußt werden, daß sie beim Niedergehen des Mikrotelephonträgers infolge Auflegens des Mikrotelephons durch diese Schiene in die Ausgangstellung zurückgedrückt werden.

156. Springzeichenlinienwähler. In den gewöhnlichen Linienwählerapparaten dient der am Telephonapparat angebrachte Wecker für alle angeschlossenen Leitungen als gemeinsames Signalmittel. Man ist daher beim Einlaufen eines Signals

nicht in der Lage, sofort zu erkennen, aus welcher Leitung der
Anruf eingelaufen ist. Diese Möglichkeit gewähren die sog.
Springzeichenlinienwähler, Apparate, welche bereits den Übergang zu den eigentlichen Klappenschränken bilden. Bei den
Springzeichenlinienwählern ist in jede der an den Linienwähler
angeschlossenen Leitungen ein kleiner Elektromagnet eingeschaltet, dessen Anker in der Ruhelage entgegen einer Federkraft eine kleine Metallscheibe zurückhält. Wird der Elektromagnet durch einen Rufstrom der entfernten Stelle erregt, so
wird sein Anker angezogen und gibt die Metallscheibe frei,
welche unter der Wirkung der erwähnten Federkraft in die
Schauöffnung einer gewöhnlichen Linienwählermetallbüchse vor-
springt und anzeigt, daß der Ruf aus der dieser Büchse zugehörigen Leitung gekommen ist. Wird behufs Beantwortung
dieses Rufes der Linienwählerstöpsel in die bezügliche Büchse
eingeführt, so wird dadurch die Metallscheibe des Springzeichens

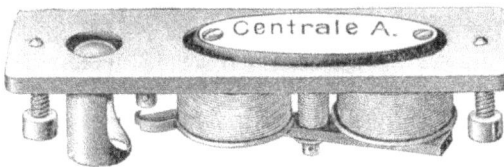

Fig. 104.

ins Innere der Büchse zurückgedrängt, bis sie wieder mit dem
Anker in Eingriff kommt und durch diesen bis zur nächsten
Zeichengebung festgehalten wird. Die Fig. 104 gibt die An-
ordnung eines einzelnen Springzeichens.

157. Die Klappenschränke. Die Klappenschränke
sind Apparate, welche nicht nur gestatten, von einem Punkt
aus über verschiedene Leitungen nach einer mehr oder minder
großen Anzahl entfernter Stellen telephonisch zu verkehren,
sondern auch die einzelnen angeschlossenen Leitungen unter
sich derart zu verbinden, daß ein Verkehr jeder einzelnen angeschlossenen Stelle mit jeder andern ermöglicht werden kann.

Der Klappenschrank enthält folgende wesentlichen Bestandteile: eine Klappe in jeder der angeschlossenen Leitungen, vermittelst welcher die durch die betreffende Leitung angeschlossene Sprechstelle den Wunsch zu sprechen kundgibt; in jeder
angeschlossenen Leitung eine Klinke, vermittelst welcher durch-
Einführung eines Stöpsels die Leitung mit einem an den

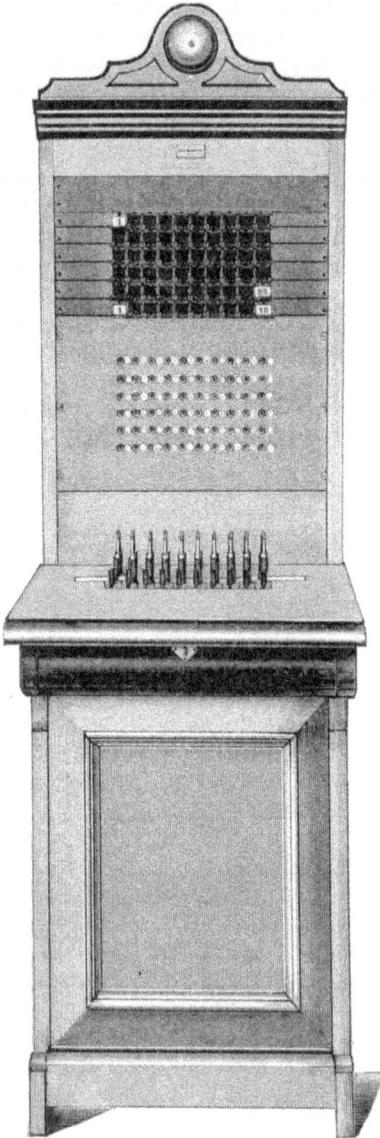

Fig. 105.

Klappenschrank angeschlossenen Sprechapparat verbunden und der Wunsch der rufenden Stelle telephonisch entgegengenommen werden kann; Vorrichtungen, um in jeder der angeschlossenen Leitungen einen Rufstrom entsenden zu können; Einrichtungen, um jede der angeschlossenen Leitungen mit jeder andern verbinden zu können.

158. Der Klappenschrank mit Stöpselschnurverbindung. Zur Verbindung des Sprechapparates am Klappenschrank mit den verschiedenen Anschlußleitungen sowie zur Verbindung der letzteren unter sich werden meist in die Klinken einzuführende Stöpsel, an welche biegsame Leitungsschnüre anschließen, verwendet. Eine Ausführungsform eines Klappenschranks mit Stöpselschnurverbindung für 50 Doppelleitungen zeigt die Fig. 105. Im Giebelfeld des aus poliertem Mahagoniholz gebauten Schranks ist ein Wecker eingebaut. Das Klappenfeld enthält in fünf Streifen zu je zehn Klappen die den 50 angeschlossenen Leitungen entsprechenden Anrufklappen. Ein sechster Klappenstreifen zu zehn Klappen enthält die Schlußklappen, vermittelst welcher

von den beiden verbundenen Sprechstellen aus zum Klappenschrank das Zeichen gegeben werden kann, daß ein Gespräch
beendigt ist. Unter dem Klappenfeld folgt das aus 50 Klinken
bestehende Klinkenfeld. Ein senkrecht zur Schrankwand vor-
springender Holzkasten enthält in seinem aufklappbaren Deckel-
brett die Lager für zehn Verbindungsstöpselpaare, deren jedem
ein vereinigter Abhör- und Rufschlüssel zugeordnet ist. Letztere
sind Kippschalter, deren Schaltfedern unter der Deckelfläche
liegen, während ihre Handgriffe über-derselben hervorstehen.

An die Stöpsel schließen doppeladrige Leitungsschnüre an,
welche mit den Stöpseln emporgezogen werden können und
durch in den Schnüren laufende Rollen mit angehängten Ge-
wichten gespannt gehalten werden. Außerdem enthält der Schrank
eine Klinke, vermittelst welcher eine Sprechgarnitur, bestehend aus
einem auf dem Kopf zu tragenden Telephon und einem auf der
Brust zu tragenden Mikrophon mit Induktionsrollen, angeschlossen
werden kann. Zehn weitere Klinken gestatten den Schrank
mit einem oder mehreren Schränken gleicher Art zu verbinden.
Ein Rückrufschlüssel ermöglicht nach Herstellung einer Verbindung in diejenige Leitung einen Rufstrom zu entsenden,
welche die Verbindung verlangt hat.

Der Zusammenhang der Vorgänge beim Gebrauch eines
derartigen Klappenschranks ist folgender: Wünscht eine der an
den Schrank angeschlossenen Sprechstellen mit einer andern
zu sprechen, so entsendet sie zunächst einen Anrufstrom. Dieser
gelangt bei den Klemmen Ia und Ib (Fig. 106), an welche die
betreffende Anschlußleitung angelegt ist, in den Schrank, geht
zu der Leitungsklappe $LK1$ über die beiden sich berührenden.
Federn der Klinke $KL1$ und von hier zur zweiten Klemme Ib
Die Klappe fällt ab zum Zeichen, daß die zugehörige Sprechstelle zu sprechen wünscht. Der den Klappenschrank bedienende
Beamte ergreift den Stöpsel $ST1$ eines beliebigen freien Schnurpaares und setzt ihn in die Klinke $KL1$ ein. Hierdurch wird
in der Klinke der Kontakt zwischen den beiden Klinkenfedern aufgehoben und die Klappe $LK1$ abgeschaltet. Sofort
nach Einführung des Abfragestöpsels $ST1$ in die Klinke $KL1$
hat ferner der Beamte den zu dem benutzten Schnurpaar gehörigen Abfrageschlüssel in die Arbeitstellung nach AS umgelegt. Hierdurch wurde die bei Ia und Ib angelegte Leitung
über die Klinke $KL1$ Stöpsel $ST1$, die zugehörige Stöpselschnur,
die beiden bei AS durch Umlegen des Abfrageschlüssels geschlossenen Kontakte und die in der Ruhestellung von RRS in

diesem Rückrufstöpsel ohnehin geschlossenen Kontakte mit dem Telephon T verbunden. Es kann daher das in der rufenden Sprechstelle Gesprochene am Schrank ohne weiteres vernommen werden und durch Sprechen gegen das Mikrophon M sofort beantwortet werden. Hat der Rufende beispielsweise eine Verbindung mit der an Klappe *15* angeschlossenen Sprechstelle

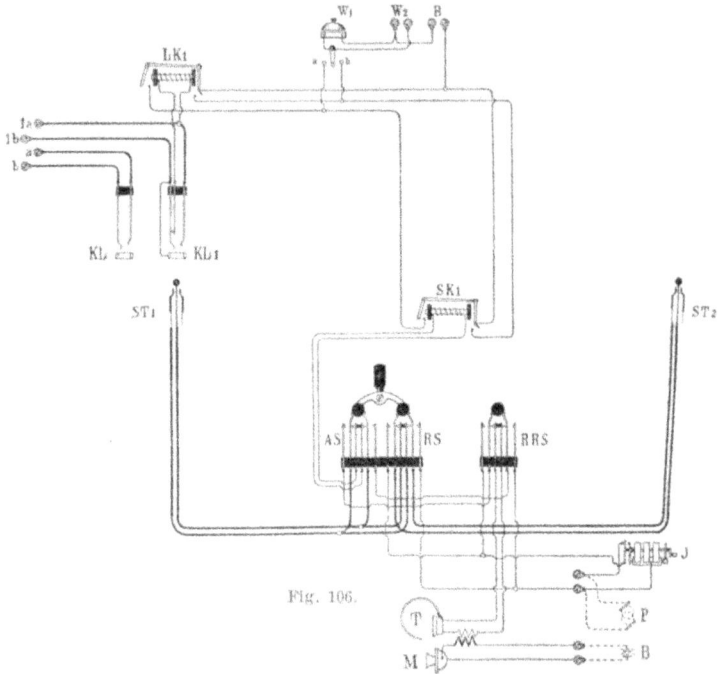

Fig. 106.

verlangt und ist diese Sprechstelle nicht bereits mit einer andern verbunden, so ergreift der Beamte den zweiten Stöpsel des benutzten Schnurpaares *ST2*, den sog. Verbindungsstöpsel, setzt ihn in die Klinke *KL 15* und drückt den vereinigten Abfrage- und Rufschlüssel gegen *RS*. Hierdurch wurde die Stromquelle *J* — ein Magnetinduktor, dessen Kurbel nun gedreht wird — oder ein Polwechsler oder eine ständig in Bewegung befindliche Wechselstrommaschine *P* über die Stöpselschnur *ST2* und die Klinke *KL 15* an die Leitung *15a, 15b* angeschlossen, wodurch in der Sprechstelle *15* ein Glockensignal

hervorgebracht wird. Wird an der gerufenen Sprechstelle der
Ruf durch Abhängen des Telephons beantwortet, am Klappenschrank der vereinigte Abfrage- und Rufschlüssel in die Ruhelage zurückgebracht, so sind die beiden Stellen wie in einer
dauernden Schaltung zweier Telephonapparate in einer Leitung
verbunden und können so lange miteinander verkehren, als die
Verbindung am Klappenschrank erhalten bleibt. Da der Zweck
der Einrichtung aber nicht in solch dauernder Verbindung, sondern darin liegt, daß jede angeschlossene Sprechstelle nach Bedarf bald mit der einen und bald mit der andern verkehre, so
ist am Klappenschrank noch eine Vorkehrung vorhanden, welche
den zu einem Gespräch Verbundenen gestattet, am Klappenschrank ein Zeichen hervorzubringen, daß das Gespräch beendigt und die bestehende Verbindung wieder aufzuheben sei.
Diesem Zwecke dient die sog. Schlußklappe $SK1$. Sie bildet eine
Abzweigung zu den beiden verbundenen Sprechstellenleitungen.
Wenn daher nach beendetem Gespräch eine der beiden verbundenen Stellen nach Einhängen des Telephons einen Signal-
strom in die Leitung gibt, so wird die Schlußklappe betätigt,
worauf der Beamte die beiden Stöpsel aus ihren Klinken zieht.
Hinsichtlich der beiden eben verbunden gewesenen Anschlußleitungen ist damit am Klappenschrank alles wieder in die
Normalstellung zurückgekehrt, jede der beiden Sprechstellen
kann zu einer neuen Verbindung auffordern oder aufgefordert
werden.

Läßt die gerufene Stelle mit der Antwort warten und meldet
sich erst, nachdem der Anrufende sein Telephon schon wieder
eingehängt hat, so kann dem Anrufer ein Glockenzeichen vermittelst des Rückrufschlüssels gegeben werden. Zu diesem
Zweck wird der Abfrageschlüssel AS in die Abfragestellung und
der Rückrufschlüssel RRS in die Arbeitstellung gebracht, wodurch die Stromquelle an die Leitung gelegt wird, von welcher
der Anruf ausgegangen ist.

Der Wecker $W1$ dient dazu, vermittelst der Batterie B und
den an Leitungsklappen und Schlußklappen angebrachten Kontakten, welche durch die abgefallenen Klappen geschlossen
werden, auch durch ein weiterhin hörbares Zeichen davon Nachricht zu geben, daß eine Klappe gefallen ist. Diese Signale
dauern so lange an, als die Klappe liegen bleibt, wenn der mit
dem Wecker verbundene Hebelumschalter auf Kontakt b gestellt
wird. Wird dagegen der Hebelumschalter auf Kontakt a gestellt, so dauern die Weckersignale nur so lange, als die

Leitungs- bzw. Schlußklappen von Strom durchflossen sind und die
angezogenen Anker einen Kontakt geschlossen halten. Bei $W2$
kann ein zweiter Wecker eingeschaltet werden, der an einem
entfernten Ort das Abfallen einer Klappe melden kann.

Müssen bei wachsender Zahl der Anschlüsse zwei und mehr
derartige Klappenschränke aufgestellt werden, so können nicht
mehr wie beim einzelnen Schrank sämtliche Klinken mit einem
Schnurpaar erreicht werden, weil die Schnüre nicht lang genug
gemacht werden können. In solchen Fällen wird von jedem
Schrank zu jedem andern eine Anzahl fest verlegter Verbindungsleitungen hergestellt, deren jede an den beiden Enden an
je eine an den beiden zu verbindenden Schränken angebrachte
Klinke KL angeschlossen ist. Wünscht z. B. eine an Schrank I
angeschlossene Sprechstelle mit einer an Schrank 4 angeschlossenen verbunden zu werden, so wird einfach an Schrank I der
Verbindungsstöpsel $ST2$ in die Klinke KL gesetzt, an welche
eine zu Schrank 4 führende Verbindungsleitung angeschlossen
ist. Im Schrank I wird der Stöpsel $ST1$ in die Klinke KL der
von Schrank I kommenden, eben erwähnten Verbindungsleitung
gesetzt, während der Stöpsel $ST2$ in die Leitungsklinke der verlangten Sprechstelle an Schrank 4 eingeführt wird. Die beiden
Stellen sind nun miteinander verbunden, allerdings vermittelst
zweier Schnurpaare und unter Anschaltung von zwei Schlußklappen. Letzterer Umstand ermöglicht denn auch, daß auf das
an beiden Schränken einlaufende Schlußzeichen die Verbindung
gleichzeitig an beiden Schränken aufgehoben werden kann.

In dem beschriebenen Modell eines Klappenschranks für
50 Doppelleitungen, d. h. 50 Anschlüsse, sind nur zehn Schnurpaare mit Zubehör vorhanden. Es können demnach gleichzeitig
nur zehn Sprechstellenpaare miteinander verbunden sein. Doch
lehrt die Erfahrung, daß diese Zahl auch einem lebhaften Ver-
kehrsbedürfnis genügt.

159. Der schnurlose Klappenschrank. Der häufige
Gebrauch von Stöpseln und Schnüren in lebhaft benutzten Klappenschränken bringt eine rasche Abnutzung dieser Teile mit sich,
welche wieder zu Störungen Veranlassung gibt, die nicht so
leicht zu finden und zu beseitigen sind. Wo daher Klappenschränke ungeschultem Personal zur Bedienung und Unterhaltung namentlich an abgelegeneren Orten überlassen werden
müssen, wird oft die Form des schnurlosen Klappenschranks
angewendet, welcher von den erwähnten Störungsquellen frei
ist. Im schnurlosen Klappenschrank kehren die sämtlichen zur

Herstellung und Trennung von Verbindungen erforderlichen Teile und Handgriffe, wie sie bei dem im vorigen Paragraphen beschriebenen Klappenschrank geschildert wurden, wieder mit dem Unterschied, daß die dort durch Stöpsel und Schnüre vorzunehmenden Schaltungen entweder durch fest eingebaute Kippschalter oder durch in fest eingebaute Klinken einzuführende Stöpsel ohne Schnüre bewirkt werden.

Eine Ausführungsform eines schnurlosen Klappenschranks mit Winkelhebelschaltern von E. Zwietusch & Cie. für zehn Doppelleitungen zeigt die Fig. 107.

Fig. 107.

Auf dem Deckel des viereckigen Holzkastens ist ein Wecker angebracht. Die Vorderwand ist aufklappbar angeordnet und enthält eine Reihe von vier Schlußklappen, eine Reihe von 10 Linienklappen und vier Reihen von Winkelhebel-Kippschaltern (s. S. 79) zu je zwölf Stück. Die um wagerechte Achsen drehbaren Winkelhebel werden zur Herbeiführung der verschiedenen Verbindungen nach abwärts gedrückt und halten als Kippschalter die Schaltungen so lange fest, bis sie wieder nach aufwärts gestellt werden.

Den Zusammenhang der einzelnen Teile gibt die Fig. 108: Ein bei 1a zum untersten der zweiten senkrechten Reihe von

Winkelhebelschaltern eintretender Strom durchläuft diese Reihe
von Schaltern *LS1* und gelangt zu der Linienklappe *LK1*. Die
Klappe fällt. Der den Schrank bedienende Beamte drückt den
unmittelbar unter der Klappe *LK1* liegenden Winkelhebel *LS1*

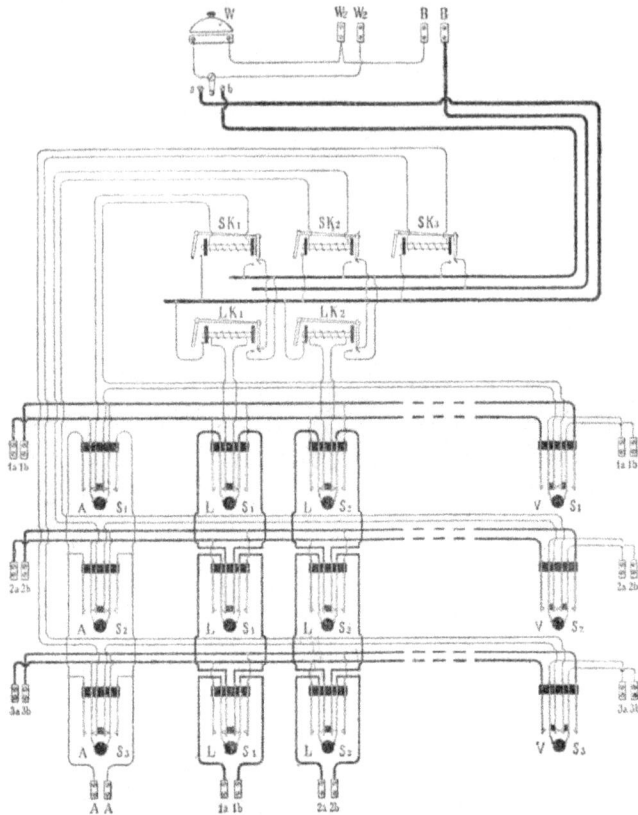

Fig. 108.

nieder. Hierdurch wurde die Leitung *1a, 1b* von der Linienklappe *LK1* abgetrennt und an den Abfragewinkelhebel *AS1*
angeschlossen. Wird nun letzterer ebenfalls umgelegt, so ist
die Leitung *1a, 1b* über *AA* an den an diese Klemmen angeschlossenen Sprechapparat verbunden, worauf das Abfragen erfolgen kann. Wünscht nun die anrufende Stelle mit der Stelle 2

verbunden zu werden, so legt der Beamte den unter der Klappe 2
liegenden Winkelhebel der obersten Reihe um und dreht die
Kurbel des Induktors seines bei AA angelegten Telephonapparates, wodurch das Anrufzeichen am Wecker der Stelle 2 erscheint. Hat sich letztere gemeldet, so wird der Abfragewinkelhebel wieder in seine Ausgangsstellung zurückgeführt, worauf
die Leitungen *1a, 1b* und *2a, 2b* verbunden, die Linienklappen
LK1 und *LK2* ausgeschaltet sind und die Schlußklappe *SK1* in
Abzweigung an die verbundenen Leitungen angeschaltet ist.
Wird letzteres nach Beendigung von einer der beiden verbundenen Stelle betätigt, so werden die beiden Winkelhebel *LS1*
und *LS2* zurückgestellt, worauf alle an der Erledigung der Verbindung beteiligt gewesenen Stücke in die Normalstellung zurückgekommen sind.

Wünscht während des Bestehens der Verbindung 1 mit 2
eine andere Stelle zu sprechen, so legt der Beamte auf das
Fallen der Klappe beispielsweise Nr. 3 den in der zweiten horizontalen Reihe der Vertikalreihe der Klappe liegenden Winkelhebel und den Abfragehebel *AS2* um, nimmt den Wunsch entgegen, legt den in derselben horizontalen Reihe liegenden Hebel
der verlangten Stelle entsprechend der vertikalen Reihe um
und ruft auf. Nach Umlegen des Abfragehebels sind die beiden
Stellen wie im vorigen Beispiel verbunden.

Es ist ersichtlich, daß an einem derartig angeordneten
Schrank nur so viele Paare von Sprechstellen gleichzeitig miteinander verbunden sein können als horizontale Winkelhebel-
reihen vorgesehen sind, in unserem Beispiel vier.

Die Klinken *VS* dienen zur Verbindung des Schrankes mit
andern der Art. *W* ist ein Wecker, wie er in dem im vorigen
Paragraphen beschriebenen Klappenschrank verwendet ist.

160. D e r P y r a m i d e n s c h r a n k. Eine andere Ausführungsform des schnurlosen Klappenschranks ist der sog.
Pyramidenschrank. Er ist dadurch gekennzeichnet, daß sämtliche mit der angeschlossenen Leitungszahl möglichen Verbindungen in je einer Klinke so vorgebildet sind, daß alle zur
Herstellung einer Verbindung erforderlichen Schaltungen durch
Einführen eines Stöpsels in die betreffende Klinke ausgeführt
werden. Einen Klappenschrank dieser Art, Bauart Mix & Genest,
für fünf Anschlüsse zeigt die Fig. 109. Unmittelbar unter dem
Gesims sind fünf Leitungsklappen in einer Reihe angebracht.
Unter jeder Klappe befindet sich eine Abfrageklinke. Nun folgt
das pyramidenförmig angeordnete Feld der Verbindungsklinken,

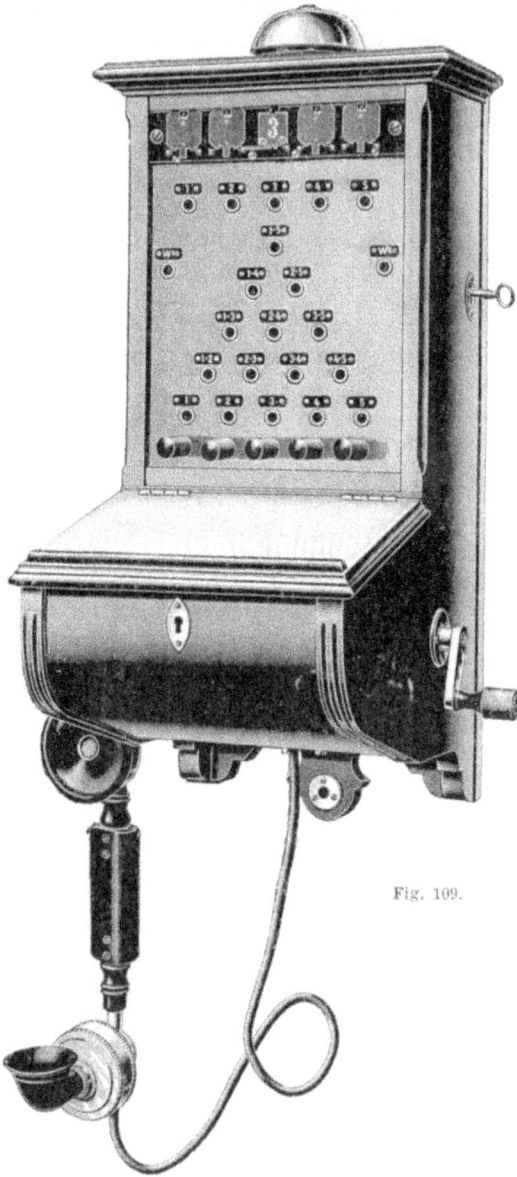

Fig. 109.

deren jede mit einem Schildchen versehen ist, auf welchem die
Zahlen der beiden Leitungen geschrieben sind, welche durch
das Einführen des Stöpsels in die betreffende Klinke miteinander
verbunden werden. Eine weitere Reihe von Klinken gestattet
jede der angeschlossenen Leitungen mit einem andern Schrank
zu verbinden. An *W1 W2* kann ein weiterer entfernter Wecker
angeschlossen werden. In der unten angebrachten Büchsenreihe
sitzen die zur Herstellung der Verbindungen dienenden Stöpsel.
In dem pultförmig abgeschlossenen Kasten sind Magnetinduktor,
Induktionsrolle und Hakenumschalter des Telephonapparates
eingebaut.

Die Verbindung zwischen zwei Leitungen, z. B. der Leitungen 1 und 5, kommt einfach dadurch zu stande, daß ein
Stöpsel in die mit 1—5 bezeichnete Klinke gesetzt wird.

Da besondere Schlußklappen nicht vorgesehen sind, ist
die Schaltung so eingerichtet, daß bei der Herstellung der Verbindung zweier Leitungen immer eine der beiden Leitungsklappen
eingeschaltet bleibt und bei der Abgabe des Schlußzeichens betätigt wird. Die Lösung einer Verbindung geschieht einfach
durch Ausziehen des Stöpsels aus der Verbindungsklinke.

161. Schränke mit Glühlampensignalen.
An Stelle der Fallklappen werden häufig kleine
elektrische Glühlampen verwendet. Solche Lämpchen
(Fig. 110) bedürfen eines verhältnismäßig starken
Stroms, so daß nicht davon die Rede sein kann,
daß sie von den aus den Anschlußleitungen kommenden Rufströmen zum Aufleuchten gebracht werden
können. Sie werden daher ausnahmslos in Verbindung mit Relais angewendet, deren Anker einen
genügend starken Ortsstrom über die Lämpchen
schließen. Für die Art der Verwendung sind zwei
Fälle zu unterscheiden: entweder wird der Rufstrom
an der rufenden Sprechstelle oder am Schrank selbst
erzeugt (Zentralbatteriesystem). Im ersteren Falle
würde bei Verwendung eines gewöhnlichen Relais
das Zeichen an der Lampe nur so lange dauern,
als der Rufende Rufstrom in die Leitung gibt. In
der Regel aber ist verlangt, daß das Zeichen so lange

Fig. 110

andauert, bis am Schrank der Anruf beantwortet wird. Es ist
daher nötig, daß das Anrufrelais entweder eine Klappe auslöst
welche einen Kontakt und einen Ortsstrom über die Lampe
auch dann noch geschlossen hält, wenn der Rufstrom aufgehört

hat, oder daß der durch den Rufstrom angezogene Relaisanker
durch eine sog. Haltewicklung (s. § 103) auch nach Aufhören
des Rufstroms in der Stellung gehalten wird, in welcher er
den Ortsstrom über das Lämpchen schließt. Meist wird die letzt-
genannte Anordnung verwendet.

Nehmen wir beispielsweise an, der Klappenschrank für
50 Doppelleitungen, wie er in § 158 beschrieben ist, sei für Glühlampenbetrieb einzurichten, so träte zunächst an die Stelle der
Leitungsklappe ein Relais mit Haltewicklung. Die Linienwicklung wäre in gleicher Weise wie die Wicklung von $LK1$ an
eine Klinke $KL1$ angeschlossen. Die Klinke enthielte jedoch
noch ein Federnpaar, welches in der Ruhelage einen Kontakt
geschlossen hält, welcher den Strom einer Ortsbatterie in dem
Augenblick über die zweite Wicklung des Relais in die Haltewicklung schickt, in welchem der Anker des Relais angezogen wird.
Dieser Strom hält so lange an und den Relaisanker angezogen,
auch wenn in der Linienwicklung des Relais der Rufstrom aufgehört hat, bis der Abfragestöpsel in die Klinke KLI gesetzt
und dadurch der Kontakt des Federnpaares der Haltewicklung
geöffnet und der Strom in der Haltewicklung unterbrochen wird,
worauf der Relaisanker zurückgeht und die Glühlampe erlischt.

Die Glühlampen werden in ähnlichen schmalen Streifen
wie die Klinken zusammengebaut und mit den Abfrageklinken-
streifen so verbunden, daß eine Lampe der zugehörigen Abfrageklinke unmittelbar gegenübersteht, so daß das Aufleuchten einer
Lampe dem Beamten direkt die Klinke angibt, welche zu
stöpseln ist.

Bei den Glühlampenschränken mit Zentralbatterie kommt
das Signal einfach dadurch zustande, daß der Rufende in seiner
Sprechstelle sein Telephon aushängt und dadurch den Strom
der am Schrank aufgestellten Zentralbatterie über ein Relais
schließt, dessen Anker den Strom der Lampenbatterie so lange
der betreffenden Lampe zuführt, bis der Ruf am Schrank beantwortet wird. Näheres wird bei der Besprechung der Vielfachumschalter für Zentralbatteriebetrieb anzugeben sein.

162. **Klappenschränke mit selbsthebenden
Klappen.** Bei der Anwendung gewöhnlicher Fallklappen wird
namentlich in größeren Anlagen mit lebhaftem Verkehr die Notwendigkeit der Wiederaufrichtung der abgefallenen Klappen von
Hand und durch besonderen Handgriff des Beamten als zeit-
raubend und störend empfunden. Dem Übelstande begegnen
die selbsthebenden Klappen. Es gibt deren zwei Arten: selbst-

hebende Klappen, bei welchen die Rückstellung rein mechanisch, und solche, bei welchen sie unter Vermittlung des elektrischen Stroms erfolgt. Bei der erstgenannten Anordnung sind Abfrageklinke und Klappe derart zusammengebaut, daß durch Einführen des Stöpsels in die Abfrageklinke ein beim Abfallen der Klappe in den Bereich des Stöpsels getretenes Stück an der Klappe durch den eindringenden Stöpsel zurückgeschoben und damit die Klappe zurückgestellt wird.

Häufiger wird die elektrische Rückstellung angewendet, weil sie gestattet, Klappen und Abfrageklinken getrennt und in beliebiger Entfernung voneinander anzuordnen. Die Einrichtung ist meist so getroffen, daß mit dem Einführen des Abfragestöpsels in die Abfrageklinke vorübergehend ein Ortsstrom über einen an der Klappe angebrachten Hilfselektromagnet geschlossen wird, dessen Anker die Klappe zurückstellt und damit meist auch zugleich den Ortsstrom wieder unterbricht.

163. Die Vielfachumschalter. Wir haben bei der Beschreibung des Klappenschranks für 50 Doppelleitungen in § 158 gesehen, wie in dem Fall der Verwendung einer größeren Anzahl solcher Schränke in einem und demselben Amt bei der Verbindung zweier an entfernten Schränken angeschlossenen Leitungen besondere Verbindungsleitungen zwischen den beiden entfernten Schränken und je ein Schnurpaar an den beiden Schränken verwendet werden müssen. Die Herstellung einer solchen Verbindung erfordert demnach die doppelte Zeit gegenüber einer am selben Schrank auszuführenden und in der Regel auch die Tätigkeit zweier Beamten, von welchen der den Anruf entgegennehmende den Beamten, an dessen Schrank der Gerufene angeschlossen ist, von des Rufenden Wunsch verständigen muß.

Diesen Zeit- und Arbeitsverlust, welcher nur in kleineren Ämtern erträglich, zu vermeiden, gestatten die Vielfachumschalter, bei welchen jeder Beamte von seinem Platze aus mit einem einzigen Schnurpaar jede Verbindung ohne die Beihilfe eines andern herstellen und lösen kann, gleichgültig, an welchem entfernten Schranke die Anrufklappe des verlangten Teilnehmers sich befindet.

Dies wird dadurch erreicht, daß jede Teilnehmerleitung, bevor sie an ihrer Anrufklappe endigt, durch sämtliche Schränke durchgeführt und an jedem Arbeitsplatz an eine Klinke angeschlossen wird, vermittelst welcher sie mit jeder der an dem

betreffenden Arbeitsplatz in Anrufklappen endigenden, diesem
Arbeitsplatz zur Bedienung zugewiesenen Leitungen verbunden
werden kann.

Es muß jedoch noch eine zweite Maßregel hinzukommen.
Da nun jeder Beamte dadurch, daß er über eine Klinke in jeder
ans Amt angeschlossenen Leitung verfügt, in jede dieser Leitungen eingreifen kann, muß er die Möglichkeit haben, sich zu
vergewissern, daß solcher Eingriff nicht eine bereits bestehende
Verbindung stört. Es kann nämlich sein, daß die Leitung, die
er anzuschließen wünscht, bereits an einem andern Arbeitsplatz an eine andere angeschlossen ist. Um nun dem Beamten,
der im Begriffe steht, durch Stöpselung einer Klinke in der
durchlaufenden Leitung eines gerufenen Teilnehmers eine Verbindung herzustellen, erkennen zu lassen, ob die beabsichtigte
Verbindung überhaupt möglich, die Leitung des verlangten Teilnehmers frei ist oder nicht, ist eine besondere Prüfeinrichtung
vorgesehen. Sie besteht meist darin, daß die sämtlichen an
eine Teilnehmerleitung angeschlossenen Verbindungsklinken
durch einen Draht miteinander verbunden sind und daß dieser
Draht, wenn eine der Klinken an irgendeinem Arbeitsplatz ge-
stöpselt wird, durch eine dritte Leitung in der Stöpselschnur
mit einer sog. Prüfbatterie verbunden wird, welche in dem
Augenblick einen Strom in die Prüfleitung gibt, wenn irgendeine der übrigen Verbindungsklinken der Leitung an irgendeinem andern Arbeitsplatz mit der Spitze eines Verbindungsstöpsels berührt wird. Dieser Strom erzeugt in dem Telephon
des Beamten, welcher mit der Verbindungsstöpselspitze den
Körper der Klinke berührt hat, ein knackendes Geräusch zum
Zeichen, daß die der geprüften Klinke zugehörige Leitung
bereits an einem andern Arbeitsplatz in Benutzung steht, daher
am prüfenden Arbeitsplatz nicht mehr verbunden werden kann.
Ist die Leitung an sämtlichen Arbeitsplätzen frei, d. h. steckt
in keiner der an die Leitung angeschlossenen Klinken ein
Stöpsel, so entsteht im Telephon des prüfenden Beamten kein
Geräusch und die beabsichtigte Verbindung kann ohne weiteres
ausgeführt werden. Die Vielfachumschalter werden mit Klappen-
und Glühlampensignalisierung mit Stromerzeugung an den einzelnen Sprechstellen und mit gemeinsamer Stromversorgung
vom Amt aus betrieben.

Als Beispiel eines Vielfachumschalters sei im folgenden
die Anordnung nach dem Zentralbatteriesystem E. Zwietusch & Co.
mit Glühlampensignalisierung angeführt.

164. Vielfachumschalter mit Zentralbatterie und Glühlampensignalisierung. In Fig. 111 ist die Anordnung des Vielfachumschalters für zwei Teilnehmerleitungen und ein Stöpselschnurpaar dargestellt. Die Teilnehmerapparate

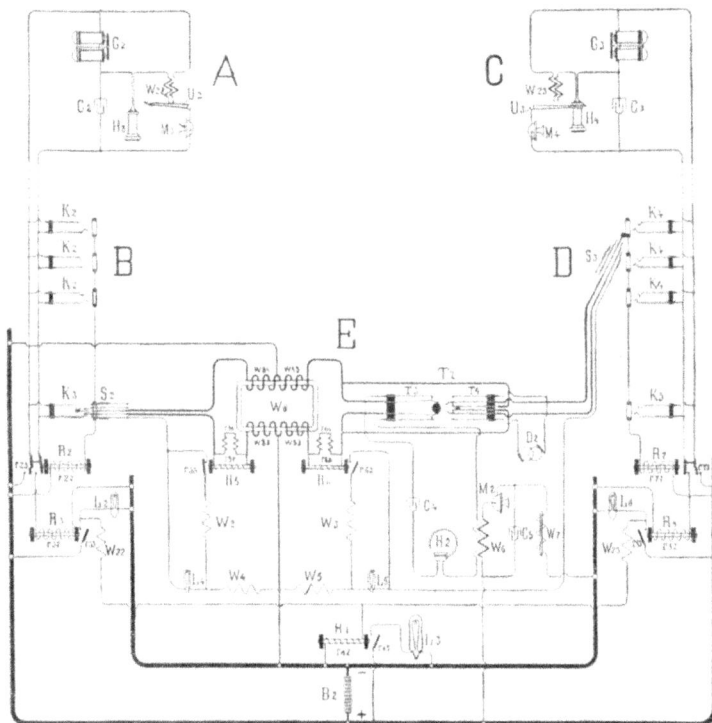

Fig. 111.

A und *C* bestehen aus den bereits in § 151 angeführten Teilen: einem Zentralbatteriemikrophon *M 3*, *M 4*, einem Telephon *H 3*, *H 4*, dem Wechselstromwecker *G 2*, *G 3*, dem Kondensator *C 2*, *C 3*, der Induktionsrolle *W 22*, *W 23* und dem Hakenumschalter *U 2*, *U 3*.

Die bei Herstellung und Lösung einer Verbindung zwischen zwei Teilnehmern sich abspielenden Vorgänge sind die folgenden: Angenommen, der Teilnehmer A wünsche mit dem Teilnehmer C zu sprechen. Teilnehmer A nimmt zu diesem Zwecke einfach

sein Telephon vom Haken. Der Strom der Zentralbatterie $B\,2$
geht vom Pluspol über den geschlossenen Kontakt $r\,23$ — der
Stöpsel $S\,3$ sitzt noch nicht in der Klinke $K\,3$, der Anker des
Trennungsrelais $R\,2$ ist noch nicht angezogen —, über das Mikrophon $M\,3$ der Stelle A, den zweiten noch geschlossenen
Ankerkontakt des Relais $R\,2$ zu dem Linienrelais $R\,3$ und dem
Minuspol der Zentralbatterie $B\,2$. Der Anker des Linienrelais $R\,3$
wird angezogen und schließt den Kontakt $r\,33$. Hierdurch erhält
der Strom der Zentralbatterie $B\,2$ einen Weg über die Glühlampe $L\,2$ und bringt letztere zum Leuchten. Der Beamte setzt
nun den Abfragestöpsel $S\,2$ in die unter der leuchtenden Lampe
$L\,2$ befindliche Abfrageklinke $K\,3$. Hierdurch geschieht folgendes: Vom Pluspol der Zentralbatterie $B\,2$ geht ein Strom über
die Windungen $r\,22$ des Trennungsrelais $R\,2$, die Klinkenhülse
der Klinke $K\,3$, die dritte Stöpselleitung, die Überwachungs-
glühlampe $L\,4$, den Widerstand $W\,4$ zum Minuspol der Zentralbatterie $B\,2$. Der Anker des Trennrelais $R\,2$ wird angezogen
und trennt die zum Teilnehmer führende Leitung von dem
Anrufrelais $R\,3$; letzteres wird stromlos und sein Anker fällt ab,
unterbricht den Strom der Anrufglühlampe und letztere erlischt.
Dadurch, daß Stöpselspitze und zweite Stöpselleitung die beiden
Federn der Klinke $K\,3$ berühren, geht ein Strom aus der
Zentralbatterie $B\,2$ von deren Pluspol über die Windungen $w\,84$
zur Stöpselspitze, die obere Feder der Klinke $K\,3$, den zugehörigen Ast der Teilnehmerleitung, die Induktionsrolle $W\,22$,
das Mikrophon $M\,3$ der Teilnehmerstelle zur unteren Feder der
Klinke $K\,3$, der zweiten Stöpselleitung zu Überwachungsrelais $R\,5$
die Wicklungen $W\,85$ des Übertragers zum Minuspol der Zentralbatterie $B\,2$. Der Anker des Überwachungsrelais $R\,5$ wird angezogen und schließt den Kontakt $r\,53$. Damit ist ein Nebenschluß zu der Überwachungslampe $L\,4$ hergestellt von solchem
Widerstand, daß die Lampe nicht Strom genug erhält, um aufleuchten zu können. Die Überwachungslampe $L\,4$ bleibt demnach dunkel, solange Strom aus der Zentralbatterie dem Teilnehmer A zufließt. Nach Einführung des Stöpsels $S\,2$ in die
Abfrageklinke $K\,3$ bringt der Beamte den mit dem benutzten
Stöpselpaar verbundenen vereinigten Abfrage- und Rufschlüssel
$T\,2$ in die gezeichnete Lage $T\,3$, wodurch an die zu Teilnehmer A
führende Leitung eine Abzweigung über den Kondensator $C\,4$,
das Telephon $H\,2$ und die eine Bewicklung der Induktionsrolle
$W\,6$ angelegt und die Entgegennahme des Wunsches des rufenden Teilnehmers möglich ist. Ist letzteres geschehen, so ergreift

der Beamte den Verbindungsstöpsel $S\,3$ und berührt mit dessen Spitze die an seinem Arbeitsplatz befindliche Verbindungsklinke $K\,4$ des verlangten Teilnehmers C. Ist die geprüfte Leitung besetzt, d. h. steckt in irgend einer der Klinken $K\,4$ an irgendeinem Arbeitsplatz bzw. in $K\,5$ ein Stöpsel, so ist die die sämtlichen Klinkenhülsen verbindende Leitung durch die dritte Stöpselleitung mit dem Minuspol der Zentralbatterie $B\,2$ verbunden und bei Berührung dieser Leitung durch die Stöpselspitze geht ein Strom vom Berührungspunkt über $T\,2$, die Wicklung $w\,85$ des Übertragers zum Pluspol der Batterie $B\,2$. Da aber an diesem Stromweg bei $T\,3$ der Kondensator $C\,4$ angeschlossen ist, wird letzterer geladen, was ein deutliches Knacken im Telephon $H\,2$ hervorruft zum Zeichen, daß die geprüfte Leitung besetzt ist. Ist dagegen die Leitung frei befunden, so führt der Beamte den Stöpsel $S\,3$ in die Klinke $K\,4$ seines Arbeitsplatzes ein und drückt den Rufschlüssel in die Richtung $T\,4$. Hierdurch wird einerseits das Leitungspaar des Stöpsels $S\,3$ von der Verbindung zu Stöpsel $S\,2$ und damit zu Teilnehmer A abgetrennt, anderseits mit der Wechselstromquelle $D\,2$ verbunden. Der Strom der letzteren gelangt über den Verbindungsstöpsel $S\,3$ und die gestöpselte Verbindungsklinke zur Leitung des Teilnehmers C und betätigt den Wechselstromwecker $W\,23$. Durch Einsetzen des Verbindungsstöpsels $S\,3$ in die Klinke $K\,4$ wurde in gleicher Weise, wie wir das bei Abfragstöpsel $S\,2$ gesehen haben, die Windung $r\,72$ des Trennrelais $R\,7$ der verbundenen Teilnehmerleitung nach C mit Strom aus der Zentralbatterie beschickt und damit das Anrufrelais $R\,8$ von seiner Teilnehmerleitung abgetrennt. Ferner wurde durch den das Trennrelais $R\,7$ durchfließenden Strom die Überwachungslampe $L\,5$ zum Aufleuchten gebracht. Nachdem der Beamte den Teilnehmer C aufgerufen hat, beobachtet er die brennende Überwachungslampe $L\,5$. Sobald der gerufene Teilnehmer C durch Abhängen seines Telephons antwortet und damit den stromsperrenden Kondensator $C\,3$ ausschaltet, geht der Strom der Zentralbatterie vom Pluspol über die Windungen $w\,85$ des Übertragers $W\,8$, $T\,4$, die Stöpselspitze des Verbindungsstöpsels $S\,3$, die obere Feder der gestöpselten Verbindungsklinke $K\,4$, die Induktionsrolle $W\,23$ der Sprechstelle C, das Mikrophon $M\,4$ über den zweiten Ast der Teilnehmerleitung zu der unteren Feder der gestöpselten Verbindungsklinke $K\,4$, die zweite Schnurleitung zu der Windung $r\,62$ des Überwachungsrelais $R\,6$, die Windungen $w\,83$ des Übertragers $W\,8$ zum Minuspol der Zentral-

batterie $B\,2$. Der Anker des Überwachungsrelais $R\,6$ wird angezogen und bildet einen Nebenschluß zu der Überwachungslampe $L\,5$, worauf diese erlischt und so den Beamten benach-
richtigt, daß die Sprechstelle in C den Ruf beantwortet hat.

Ist das Gespräch zwischen den beiden Sprechstellen A
und C beendigt und werden die Telephone $H\,3$ und $H\,4$ wieder
eingehängt, so wird in beiden Leitungen der vom Amt kommende Strom durch die Kondensatoren $C\,2$ bzw. $C\,3$ unterbrochen, wodurch die Überwachungsrelais $R\,5$ und $R\,6$ stromlos
werden und deren Anker abfallen. Hierdurch werden die Neben-
schlüsse zu den Überwachungslampen $L\,4$ und $L\,5$ über $W\,2$
und $W\,3$ wieder aufgehoben, worauf diese beiden Lampen auf-
glühen zum Zeichen für den Beamten, daß die Verbindung
wieder gelöst werden soll. Der Beamte nimmt hierauf die beiden
Stöpsel $S\,2$ und $S\,3$ aus den Klinken. Damit werden die beiden
Trennungsrelais $R\,2$ und $R\,7$ wieder stromlos, deren Anker fallen
ab und schließen die Teilnehmerleitungen wieder an die Anrufrelais $R\,3$ bzw. $R\,8$ an. Alle Teile sind damit in die Ausgangslage zurückgekehrt und zur Ausführung einer zweiten Verbindung bereit.

Die Anrufrelais $R\,3$ bzw. $R\,8$ schließen durch ihren Anker
beim Anruf nicht nur den Strom der Zentralbatterie $B\,2$ über
die Anruflampen $L\,2$ bzw. $L\,6$, sondern zugleich über einen
Widerstand $W\,22$ bzw. $W\,23$ und ein allen Anrufrelais eines
Arbeitsplatzes gemeinsames Kontrollrelais $R\,4$, dessen Anker $r\,34$
den Strom der Zentralbatterie über eine Glühlampe $L\,3$ schließt.
Diese am Arbeitstisch eines Aufsichtsbeamten angebrachte Kontrollampe meldet diesem jeden an dem betreffenden Arbeitsplatz
einlaufenden Anruf. Sie erlischt in dem Augenblick, in welchem
der Beamte des Platzes den Abfragestöpsel $S\,2$ in die Klinke $K\,3$
setzt, damit das Anrufrelais abtrennt und so stromlos macht.
Der abfallende Anker $r\,33$ bzw. $r\,83$ öffnet den Stromkreis des
Kontrollrelais $R\,4$, dessen Anker abfällt und die Kontrollampe
zum Erlöschen bringt. Der Kontrollbeamte sieht demnach aus
dem Aufleuchten und Erlöschen der Kontrollampe $L\,3$, welche
Zeit zwischen einem Anruf und der Beantwortung durch den
bedienenden Beamten verfließt.

Wünscht ein Teilnehmer sofort nach Beendigung eines
Gesprächs eine andere Verbindung, so braucht er nur den Hebel
seines Hakenumschalters einige Male auf und ab zu bewegen,
wodurch seine Überwachungslampe flackernd aufleuchtet und
erlischt und den Beamten zu weiterem Abfragen veranlaßt.

165. Die automatischen Vielfachumschalter.
Die an den gewöhnlichen Vielfachumschaltern von dem Beamten auszuführenden Handgriffe — Einführung des Abfragestöpsels, Prüfen, Einführen des Verbindungsstöpsels, Rufen, Ausziehen der beiden Stöpsel aus den Klinken nach Beendigung
des Gesprächs — sind derart wenig und einfach, daß der Ge-
danke naheliegt, sie statt von Menschenhand mechanisch durch
die zu verbindenden und zu trennenden Teilnehmer selbst vornehmen zu lassen. Es gibt eine Anzahl von Anordnungen, welche
diese Beseitigung der Beamtenarbeit ermöglichen. Die brauchbaren
derselben arbeiten alle wesentlich auf denselben Grundlagen.

Zunächst ist klar, daß für Herstellung und Trennung der
Verbindungen durch die Teilnehmer kein anderes Mittel als der
elektrische Strom zur Verfügung steht. Da die durch den Schalt-
strom an dem gemeinsamen Umschalter zu bewegenden, die
Stelle von Schnüren und Stöpseln vertretenden Teile naturgemäß
ein bestimmtes, verhältnismäßig hohes Gewicht haben, muß ein
verhältnismäßig starker Strom zur Ausführung der einzelnen
Schaltungen verwendet werden. Dies bedeutet, daß der Schalt-
strom zweckmäßig einer am automatischen Schalter befindlichen
gemeinsamen Stromquelle entnommen und an der Teilnehmerstelle nur in Wirksamkeit gesetzt wird. Dies geschieht durch
eine vom Teilnehmer zu betätigende Schaltvorrichtung, welche
gestattet, eine bestimmte, für jede gewünschte Verbindung andere
Anzahl von einzelnen Stromstößen in der Leitung hervorzubringen.
Jeder dieser Stromstöße bewegt am automatischen Schalter ein
Schaltstück einen Schritt vorwärts, so daß letzteres beispielsweise nach 15 Stromstößen bei der Leitung des Teilnehmers 15
angekommen ist und einem Schaltstück in dieser Leitung,
welches der Verbindungsklinke in einem gewöhnlichen Vielfachumschalter entspricht, gegenübersteht. Hierauf erfolgt die Prüfung, ob die Leitung, mit welcher Verbindung gewünscht wird,
frei ist, dann Verbindung der rufenden Leitung durch das von
letzterer bewegte Schaltstück mit dem festen Schaltstück der
Leitung des gewünschten Teilnehmers. Hierdurch wird des
letzteren Leitung für alle übrigen als besetzt gekennzeichnet.
Ist die Verbindung hergestellt, so wird der gewünschte Teilnehmer meist durch Induktor von dem andern aufgerufen.
Nach Beendigung des Gesprächs wird das die Verbindung
vermittelnde bewegliche Schaltstück wieder vermittelst des elektrischen Stroms in die Ausgangstellung zurückgeführt und so
die Verbindung wieder aufgehoben.

Wir haben schon bei Beschreibung des Klappenschranks
für 50 Doppelleitungen gesehen, daß nur zehn Schnurpaare vorhanden sind, was genügt, da in der Regel nie mehr als 20 Teilnehmer zugleich unter den 50 das Bedürfnis zu sprechen haben.
In gleicher Weise ist es bei den automatischen Schaltern nicht
nötig, daß für jede Leitung ein besonderes der beweglichen
Schaltungsstücke vorhanden sei. Sie können vielmehr ganz wie
die Schnurpaare in beschränkter Anzahl vorhanden sein und
jedes in gemeinsamem Gebrauch bald von dem einen bald von
dem andern Teilnehmer benutzt werden, wie ein und dasselbe
Schnurpaar abwechselnd zu den verschiedensten Verbindungen
Verwendung finden kann.

166. Die Maschinentelegraphen. Maschinentelegraphen sind Telegraphen, bei welchen die Stromentsendung
an der Sendestelle oder eine Weiterbearbeitung der Ankeranziehungen an der Empfangstelle oder beide durch ständig
während der Arbeit in Bewegung gehaltene Maschinen vor
sich gehen.

167. Der Wheatstonetelegraph. Ein Beispiel eines
Maschinentelegraphen, bei welchem nur die Stromentsendung
durch eine Maschine geschieht, während in der Empfangstelle
die Nachricht in gewöhnlichen Morsezeichen aufgenommen wird,
bietet der Wheatstonetelegraph. An der Sendestelle wird ein
Morsepapierstreifen mit drei Reihen kleiner Löcher versehen.
Die mittlere, in welcher die einzelnen Löcher gleichen Abstand
voneinander haben, dient dazu, den Streifen vermittelst eines
eingreifenden Zahnrads fortzubewegen. Die beiden andern
Reihen dienen zur Stromentsendung, und zwar werden vermittelst der einen Reihe Ströme der einen, vermittelst der andern
Ströme der andern Richtung in die Leitung geschickt. Das
geschieht folgendermaßen: Zwei Stifte werden in regelmäßigen,
sehr rasch aufeinander folgenden Auf- und Abbewegungen gegen
die Unterfläche des vorüberbewegten Papierstreifens gedrückt.
Trifft dabei das Ende des einen Stifts auf ein Loch im Papierstreifen, so dringt dies Ende so weit vor, daß ein mit dem Stift
verbundener Winkelhebel einen Kontakt schließt und die Leitung auf einen Augenblick beispielsweise an den Pluspol der
Batterie legt. Trifft im nächsten Augenblick, indem durch den
Mechanismus des Apparates der erste Stift bereits wieder aus
dem Loch im Streifen zurückgezogen ist, der andere Stift auf
ein Loch in seiner Reihe, so wird die Leitung wieder auf einen
Augenblick, aber diesmal mit dem negativen Pol der Batterie,

verbunden. Hatte nun der erste Stromstoß an der Empfangstelle ein polarisiertes Relais so betätigt, daß das Farbrädchen
eines Morseschreibers gegen den Papierstreifen gedrückt wurde
und die unmittelbar darauf folgende Wirkung des negativen
Stromstoßes das Farbrädchen wieder abgehoben hat, so ist am
Streifen des Empfangsapparates ein Punkt des Morsealphabets
erschienen. Folgte dagegen das Loch in der zweiten Reihe in
größerem Abstande von dem der ersten, so wurde statt eines
Punktes ein Strich hervorgebracht. Es ist demnach nur nötig,
die Löcher in den beiden äußeren Reihen in den entsprechenden Abständen anzubringen, um die die Nachricht bildenden
Morsezeichen an der Empfangsstelle hervorzubringen.

168. Der Typendrucktelegraph Hughes. Der Typendruckapparat Hughes ist ein Maschinentelegraph, bei welchem
die zur Hervorbringung der verschiedenen Zeichen verwendeten
Stromstöße von gleicher Dauer und Richtung sind, sich aber in
verschiedenen Zeitabständen folgen. Jede einzelne Stromentsendung bringt am Empfangsapparat auf
einem Papierstreifen ein bestimmtes
Zeichen — Buchstaben, Zahl, Unter-
scheidungszeichen — in gewöhnlicher
Druckschrift hervor.

Die Einrichtung ist folgende: Jeder
der beiden verbundenen, gleich gebauten
Apparate — Sende- und Empfangsapparat
— enthält eine senkrechte, durch irgendeine Arbeitsquelle, meist einen Elektromotor in gleichförmiger Umdrehung erhaltene Achse A (Fig. 112). Die beiden
Achsen A des Sende- und Empfangsapparates bewegen sich mit vollkommen

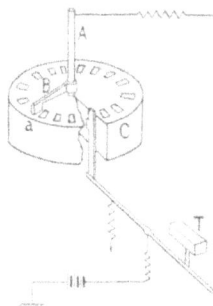

Fig. 112.

gleicher Geschwindigkeit und führen mit derselben Geschwindigkeit je einen Arm B über der Deckelfläche einer kreisförmigen
Dose C hin derart, daß, wenn im Sendeapparat das Ende dieses
Armes etwa über Punkt a steht, das Armende im Empfangsapparat ebenfalls über einem gleich liegenden Punkt a zu liegen
kommt. Durch die Achse A wird ferner je ein Rad umgedreht,
das auf seinem Umfang die Buchstaben, Zahlen etc. nebeneinander in eingefärbten Lettern trägt. Diese beiden sogenannten
Typenräder laufen demnach ebenfalls vollkommen gleichmäßig,
so daß, wenn im Sendeapparat etwa der Buchstabe a den tiefsten
Punkt in seinem Kreislauf erreicht hat, auch am Typenrad des

Empfangsapparates der Buchstabe *a* unten und einem vom
Empfangselektromagneten beeinflußten Hebel gegenübersteht.
Wird in diesem Augenblick ein Strom entsandt, so wird der
Elektromagnet erregt und der Hebel schlägt einen Papierstreifen
gegen den zu unterst stehenden Buchstaben *a* am Typenrad.
Dieser Buchstabe *a* wird im Fluge auf dem Papierstreifen abge-
druckt, da einerseits der Strom nur einen Augenblick andauert,
der Anker demnach sofort wieder zurückgeht, anderseits sich
das Typenrad ohne Aufenthalt weiterbewegt. Die Stroment-
sendung geschieht für jeden Buchstaben durch einen eigenen
Taster *T*. Die verschiedenen Taster sind ähnlich wie in einem
Klavier zu einer Tastatur vereinigt. Jeder der Taster ist mit der
Batterie und einem in der Dose *C* endigenden Hebel verbunden.
Die Hebel tragen an ihrem Dosenende je einen senkrechten
Ansatz, deren obere Enden bei Tasterdruck aus der oberen
Deckelfläche der Dose *C* etwas hervortreten und dem auf diese
Fläche hingleitenden Ende des Armes *B* ein Hindernis bereiten.
Indem dies Ende diesem Hindernis begegnet, wird der Strom
der Batterie der Leitung und dem Empfangsapparat in dem
Augenblick zugeführt, da in letzterem der der gedrückten Taste
entsprechende Buchstabe am Typenrad unten und zum Abdruck bereit steht. Der Elektromagnetanker wird bewegt und der
der gedrückten Taste entsprechende Buchstabe auf dem Streifen
des Empfangsapparates wiedergegeben. Da für jeden Buchstaben nur eine Taste vorhanden ist, so ist klar, daß ein und
derselbe Buchstabe ein zweites Mal erst dann gegeben werden
kann, wenn der Arm *B* eine ganze Umdrehung vollzogen und
wieder zu dem Ansatz der betreffenden Taste zurückgekehrt
ist. Dieser Umstand sowie die beschränkte Geschwindigkeit,
mit welcher die Klaviatur seitens der Beamten gespielt werden
kann, verhindern, daß mit dem Hughesapparat eine ähnliche
Ausnutzung der Leitungen stattfinden kann wie bei den nach
dem Prinzip des Wheatstoneapparates arbeitenden Systemen.

169. **Der Siemenssche Schnelltelegraph.** Der
Siemenssche Schnelltelegraph vereinigt die Stromgebung vermittelst vorbereiteter, gelochter Papierstreifen nach Art des
Wheatstonetelegraphen mit der Wiedergabe in unmittelbar les-
baren Schriftzeichen. Dabei wird nicht wie beim Hughesapparat
für jeden Buchstaben ein einziger Stromßoß, sondern eine Reihe
von Stromstößen verwendet. Die Aufzeichnung am Empfangsapparat wird auf photographischem Wege bewirkt. Bei jeder
Kombination von ankommenden Stromstößen erscheint das be-

leuchtete Bild des der angekommenen Kombination entsprechenden Buchstabens vor dem rasch sich vorüberbewegenden Streifen aus lichtempfindlichem Papier. Der Streifen tritt hierauf unmittelbar in ein Entwicklungsbad mit Trockenvorrichtung und verläßt den Apparat fertig zur Übergabe an den Empfänger der Nachricht. Mit dem Siemensschen Schnelltelegraphen ist es möglich, 2000 Zeichen in der Minute zu übertragen.

170. Die Kopiertelegraphen. Die Kopiertelegraphen sind Telegraphen, welche die Übertragung beliebig geformter Linien, der Handschrift des Benutzers, von Bildern und Zeichnungen in getreuer, vergrößerter oder verkleinerter Nachbildung ermöglichen. Es gibt verschiedene Anordnungen, welche den Zweck erreichen lassen. Da kein lebhaftes Bedürfnis für die Anwendung derartiger Einrichtungen besteht, sei nur eine Ausführungsform, welche in Amerika zu einiger Bedeutung gelangt ist, erwähnt.

171. Der Telautograph Gray. Der Telautograph Gray ist ein Kopiertelegraph, welcher die von dem Benutzer an der Sendestelle mit einem Stift auf einem Blatt Papier ausgeführte Schrift, Zeichnung etc. durch einen die gleichen Bewegungen ausführenden Stift auf einem Blatt der Empfangstelle wiedergibt. Die Einrichtung ist folgende: Von der Sende- zur Empfangstelle sind zwei Stromkreise — meist zwei einfache Leitungen mit Erde als Rückleitung — angelegt. Jede Leitung ist mit einer Batterie, je einem Satz von Widerständen und dem Schreibstift derart verbunden, daß durch die senkrechte Bewegung der Stiftspitze auf dem Schreibblatt in der einen Leitung, durch die wagerechte in der andern Leitung Widerstand ein- bzw. ausgeschaltet wird. Am Empfangsapparat ist jede der beiden Leitungen an je eine Drahtspule geführt, in welche ein Eisenkern mehr oder minder weit eingezogen wird, je nachdem der in den Leitungen fließende Strom stärker oder schwächer ist Die beiden Eisenkerne sind so mit dem Schreibstift des Empfangsapparates verbunden, daß der eine den Stift in senkrechter, der andere in wagerechter Richtung über die Schreibfläche wegzuführen sucht. Wird demnach in der Sendestelle der Schreibstift senkrecht von unten nach oben geführt und durch diese Bewegung ein Widerstand nach dem andern aus der einen Leitung ausgeschaltet, so wird der Strom in dieser Leitung immer stärker, der Eisenkern in der zugehörigen Spule am Empfangsapparat immer tiefer eingezogen und der Schreibstift am Empfangsapparat senkrecht niedergeführt. Wird anderseits die Spitze

des Schreibstiftes von der Ausgangstelle wagerecht von rechts
nach links bewegt, so wird in der andern Leitung ein Widerstand um den anderen ausgeschaltet, der Strom in der anderen
Spule steigt immer mehr an, der immer mehr eintauchende
Eisenkern führt den Schreibstift der Empfangsapparate wagerecht von links nach rechts, der Strom steigt in beiden Spulen
des Empfangsapparates und in jeder je nach der Anzahl
der ausgeschalteten Widerstände, d. h. je nach der Neigung
der im Sendeapparat gezogenen Linie; der von beiden Eisenkernen gezogene Schreibstift bewegt sich sowohl senkrecht als
wagerecht in einer schiefen Linie, deren Neigung der Neigung
der am Sendeapparat gezogenen entspricht. So entspricht jedem
Punkt, den die Schreibstiftspitze auf dem Schreibblatt des Sen-
ders einnimmt, eine bestimmte Stromstärke in jeder der beiden
Leitungen und damit einem gleichliegenden Punkt auf dem
Schreibblatt des Empfangsapparates, an welchen sich die Schreibstiftspitze an letzterem unter dem Einfluß der beiden Spulen-
kerne begibt.

172. Die Bildtelegraphen. Die Bildtelegraphen sind
Apparate, welche die telegraphische Übertragung von schattierten
Zeichnungen, Photographien etc. ermöglichen. Von den verschiedenen Anordnungen zu diesem Zweck sei hier nur die
neueste, von Professor A. Korn herrührende erwähnt, welche
gestattet, Photographien auf große Entfernungen vermittelst des
elektrischen Stromes wiederzugeben.

173. Der Bildtelegraph von Korn. Auf einem viereckigen Blatt befindet sich ein aus hellen und dunklen Stellen
zusammengesetztes Bild. Setzt man an der oberen linken Ecke
des Blattes einen Stift auf und führt ihn wagerecht über das
Blatt, so bedeckt dessen Spitze abwechselnd die in dieser wagerechten Linie liegenden hellen und dunklen Punkte des Bildes.
Führt man dann den Stift von rechts nach links zurück, nicht
aber in derselben wagerechten, sondern in einer ein klein wenig
unterhalb der zuerst gezogenen Linie, so bedeckt die Stiftspitze
auf ihrem Wege abwechselnd eine zweite Reihe von hellen und
dunklen Punkten des Bildes. Läßt man den Stift weiter von
links nach rechts, dann wieder von rechts nach links gehen,
so daß jede folgende Linie dicht unter der vorhergehenden verläuft, bis das untere Blattende erreicht ist, so hat der Stift abwechselnd sämtliche hellen und sämtliche dunklen Punkte des
Bildes berührt mit Ausnahme derer, welche zwischen zwei aufeinander folgenden Linien gelegen sind. Würde nun an der

Empfangstelle ein zweiter Stift völlig gleichlaufend mit dem in der Sendestelle über eine Schreibfläche geführt und wären die beiden Stifte so eingerichtet, daß der Sendestift, indem er einen hellen Punkt bedeckt, einen Strom in die Leitung schickt, welcher an der Spitze des Stifts der Empfangstelle einen hellen Punkt erzeugt und umgekehrt einen dunklen Punkt hervorbringt, wenn der Sendestift einen dunklen Punkt bedeckt, so hätte der Empfangstift in demselben Augenblick, in welchem er gemeinsam mit dem Sendestift am Ende der untersten wagerechten Linie angekommen ist, das gesamte von dem Sendestift überfahrene Bild um so genauer wiedergegeben, je geringer der Abstand der einzelnen wagerechten Linien gewählt worden ist.

Dieser Grundgedanke ist in dem Kornschen Bildtelegraphen folgendermaßen verwendet: Das Bild befindet sich auf einem photographischen Film. Als Sendestift dient ein Lichtstrahl. Indem dieser Lichtstrahl in enge aufeinander folgenden Linien über die Bildfläche hingeführt wird, durchdringt er die Platte an den hellen Stellen und wird zurückgehalten an den dunklen. Der die Platte durchdringende Strahl trifft jenseits der Platte auf eine Selenzelle und vermindert dadurch den elektrischen Widerstand derselben. Die Selenzelle ist mit einer Batterie und mit der Leitung derart verbunden, daß der über die Zelle entsandte Leitungstrom sich ändert, sobald der Widerstand der Zelle sich ändert. Es besteht demnach in jedem Augenblick des Vorübergangs des Lichtstrahls vor der Platte in der Leitung eine bestimmte Stromstärke, welche der Durchsichtigkeit der vom Strahl getroffenen Stelle der Platte entspricht.

An der Empfangstelle ist ebenfalls ein Lichtstrahl als Schreibstift verwendet. Er wird über eine lichtempfindliche Fläche hingeführt in völliger Übereinstimmung der Bewegung mit dem Strahl der Sendestelle. Der Strahl an der Empfangstelle wird von einer kleinen Nernst-Lampe geliefert. Diese Lampe ist in der Ruhelage von einem Aluminumblättchen abgeblendet. Das Blättchen wird von dem Lininenstrom vermittest eines Elektromagneten je nach dessen Stärke mehr oder minder aus seiner Lage gebracht, wodurch das abgeblendete Licht nun mehr oder minder stark auf das photographische Papier des Empfängers wirken kann. Der Lichtstrahl am Empfangsapparat hat demnach in jedem Augenblick die Stärke, wie sie der in diesem Augenblick herrschenden Stärke der Belichtung der Selenzelle an der Sendestelle entspricht. Da der Lichtstrahl im Empfangsapparat in diesem Augenblick ferner infolge der übereinstimmenden Bewegung der beiden Strahlen genau den Punkt des lichtempfindlichen Papiers trifft, welcher dem gleichliegenden Punkt der von dem Sendestrahl getroffenen photographischen Platte entspricht, so findet durch ersteren eine genaue Wiedergabe des auf der Platte der Sendestelle befindlichen Bildes statt.

174. Die Radiotelegraphen. Spannt man an einem Gestänge, an Isolatoren angebracht, eine einfache Drahtleitung, schaltet in dieselbe unter Benutzung der Erde als Rückleitung einen Telephonapparat ein und spannt am selben Gestänge, von dieser Leitung wohl isoliert, eine zweite, gleiche Leitung, in welcher ein Telephon eingeschaltet ist, so wird in letzterem das gehört, was an dem in erstere eingeschalteten Telephonapparat gesprochen wird. Die Telephonströme in der ersten Leitung haben durch Induktion gleichlaufende Telephonströme in der zweiten erzeugt und so das Gespräch von einer Leitung auf die andere übertragen, ohne daß zwischen beiden eine metallische Verbindung bestünde. Man kann die zweite Leitung auch an einem zweiten, parallel mit dem ersten verlaufenden Gestänge anbringen. Die Entfernung zwischen beiden Leitungen kann aber nicht groß sein, weil die Menge elektrischer Energie, welche durch die menschliche Stimme am Sendetelephon ins Spiel gebracht werden kann, nur gering ist und weil nur ein geringer Teil der von dem Sendedraht ausgehenden Wirkung, die sich ringsum im Raum verbreitet, den Empfangsdraht erreicht.

Ersetzt man jedoch den Telephonapparat am Sendedraht durch einen Taster, vermittelst dessen der Sendedraht mit einem von einer kräftigen Elektrizitätsquelle gespeisten Funkeninduktor verbunden werden kann, und schaltet am Empfangsdraht einen Fritter ein an Stelle des Telephons, so können die am Sendedraht durch den Funkeninduktor erzeugten elektrischen Schwingungen durch den Fritter am Empfangsdraht wahrgenommen werden, auch wenn beide Drähte Tausende von Kilometern voneinander entfernt sind.

175. Die Sende- und Empfangsdrähte. In den Anlagen für Radiotelegraphie werden die Sende- und Empfangsdrähte nicht wagerecht, sondern senkrecht angeordnet. Sie sind um so höher und haben bei gleich starker Elektrizitätsquelle eine um so größere Oberfläche, je größer die zu überwindende Entfernung ist und je geringer die zwischen den zu verbindenden Punkten liegenden Hindernisse, Berge, Wälder etc., sind. Die Sende- und Empfangsvorrichtungen werden an eigenen

Masten, an Schornsteinen oder durch Luftballons als einzelne
Drähte emporgeführt oder sie bilden für größere Entfernungen
Systeme von einzelnen Drähten, welche zu fächer- oder korb-
artigen Gebilden mit möglichst großer Ausstrahlungs- bzw. Auf-
nahmefläche geformt sind. Die Fig. 113 zeigt ein derartiges,
zwischen den Masten eines Schiffes ausgespanntes System
von Drähten, welche von einem die Mastenspitzen verbindenden Kabel ausgehen und sich fächerförmig dem Punkte, wo
der Empfangsapparat angeschlossen ist, auf der Mitte des

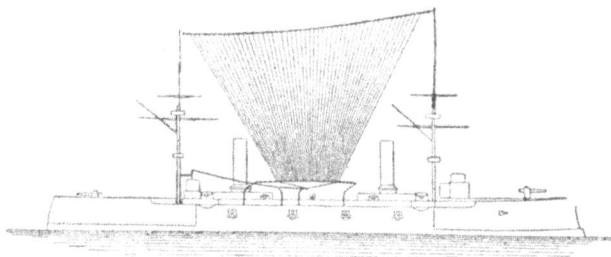

Fig. 113.

Decks zuwenden. Vier derartige Drahtflächen, welche eine mit
der Spitze nach unten gekehrte Pyramide von 100 m Höhe
bilden, werden in den Stationen für drahtlose Telegraphie zwischen
England und Amerika benutzt.

Da es sich in der Regel darum handelt, zwischen zwei
Punkten in beiden Richtungen Nachrichten auszutauschen, so
wird ein- und dasselbe Drahtgebilde abwechselnd als Sende-
und Empfangsvorrichtung verwendet.

176. Die Sendeapparate. Die Aufgabe des Sende-
apparates für Radiotelegraphie besteht darin, das Luftleiter-
gebilde der Sendestelle derart zu erregen, daß es elektrische
Wellen bestimmter Länge und Stärke in den umgebenden Raum
ausstrahlt. Er besteht im wesentlichen aus einem Taster,
welcher den Sendedraht abwechselnd mit der Elektrizitätsquelle
verbindet und wieder davon trennt, und einer Reihe von Hilfs-
apparaten, wie Kondensatoren — meist Leidener Flaschen —, und
Drahtspulen, welche gestatten, die Länge der entsandten Wellen
zu regeln. Das Senden geschieht durch einfaches Senken und
Heben des Tastergriffes in solchen Abständen, wie es der Hervorbringung von Morsezeichen entspricht. Die Vorrichtungen
zur Veränderung der Länge der entsandten Wellen dienen dazu,

diese Länge mit der Wellenlänge des Empfangsdrahtes in Übereinstimmung zu bringen, Resonanz zwischen den beiden schwin-
genden Systemen zu erzielen, wodurch einerseits unter gegebenen Umständen eine möglichst große Übertragungsent-
fernung erreicht anderseits eine Störung des Empfangsapparats
durch Wellen fremder Herkunft und anderer Wellenlänge vermieden wird.

177. Die Empfangsapparate. Der Empfangsapparat,
mit dem Sendeapparat zum Verkehr in beiden Richtungen selbstverständlich zusammengebaut, besteht im wesentlichen aus dem
Wellenanzeiger — Fritter, elektrolytischer etc. Wellenanzeiger —,
dem von dem Wellenanzeiger betätigten eigentlichen Empfangsapparat — Morseapparat, Klopfer oder Telephon —, Drahtspulen
und Kondensatoren, welche gestatten, den Empfängerstromkreis
mit dem Sendestromkreis ab-
zustimmen.

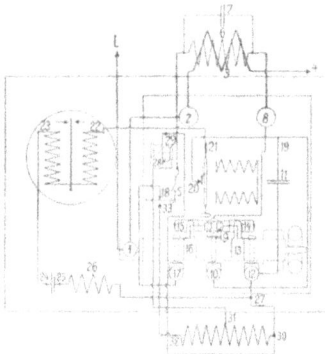

Fig. 114.

Ein Beispiel der Ein-
richtung eines Empfangs-
apparats, wie er in dem
System für drahtlose Telegraphie, »Telefunken«, benutzt wird, zeigt die Fig. 114.
Der Luftleitungsdraht, Sende-
und Empfangsdraht ist bei *L*
angeschlossen und zu Punkt 1
an einem Hauptschalter geführt. Von hier geht über 2
eine Verbindung zu der dicken
Wicklung des Empfangstransformators 3 und über 4 zur
Erde. Die dünndrähtige Wicklung des letztern ist einerseits über
die Schnur des Stöpsels 5, diesen Stöpsel, eine Feder und den
Kontakt 18, über 17, den Hauptschalter und die Fritterhalte-
feder 16 mit dem linken Pol des Fritters 15 verbunden. Der andere
Fritterpol 14 ist durch die Haltefeder 13 und den rechten Ausschalter 12 an den Kondensator 11 (0,01 mf.) geführt und durch
den Ausschalter 10 mit der zweiten Anschlußklemme 8 an die
dünne Wicklung des Transformators 6 angeschlossen. Im Nebenschluß zu letzterer liegt der Kondensator 7. Letzterer ist ver-
änderlich und besteht aus 1—3 Platten. Während des Gebens
ist der Hauptschalter geöffnet und unterbricht die eben erwähnte
Verbindung an drei Punkten, nämlich bei 16/17, 10 und 13/14.

Ein aus dem Empfangsdraht L kommender Strom geht demnach über 1, 2, 3, 4 zur Erde, erregt in der dünndrähtigen Wicklung 6 des Empfangstransformators einen Strom, welcher über 5, 18, 17, 16, 15, 8 zum zweiten Ende dieser Wicklung verläuft. Dieser Strom erniedrigt den Widerstand des Fritters derart, daß nun das Fritterelement von 25 über den Widerstand 26, den Punkt 12, 13, 14, 9, 10, 19, 20, 21, 22, 23, 24 Strom liefert. Der Anker des Relais 22, 23 wird angezogen und ein damit verbundener Klopfer mit Morseapparat kommt in gewöhnlicher Weise zum Ansprechen. Zugleich hat der Anker des Klopferapparats den Kontakt 20 geöffnet, gegen den Fritter geschlagen und dessen alten hohen Widerstand wiederhergestellt, wodurch der Strom der Fritterbatterie 24, 25 wieder unterbrochen und der Anker im Relais 22, 23 wieder abgerissen wurde. Erst wenn über L ein zweiter Stromstoß anlangt, wird der Fritter ein weiteres Mal erregt und gibt damit zu einer neuerlichen Anziehung des Relaisankers bei 22, 23 und zu einer weiteren Anziehung des Ankers des Morseapparats Anlaß.

Die Fig. 115 gibt die Verbindungen im Stromkreis des Klopfers. Die Wicklung des Klopferelektromagneten 37 — in Fig. 114 ohne Verbindungen gezeichnet — ist

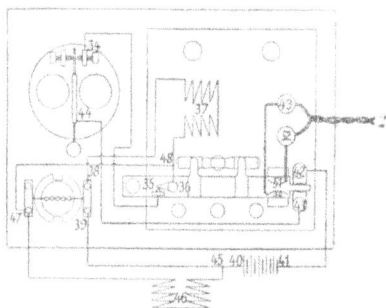

Fig. 115.

durch den vom Hauptausschalter betätigten Kontakt 35/36 einerseits an den Arbeitskontakt des Relais 34 und anderseits durch die Leitung 38/39 und die aus vier Trockenelementen bestehende Batterie 40/41 und den Schalter 42/43 an die Relaiszunge 44 angeschlossen. Legt sich die Relaiszunge an Kontakt 34, so wird der Strom der Batterie 40/41 geschlossen. Im Nebenschluß zu den Windungen des Klopfers sind die Windungen des Elektromagneten des Morseapparats 46 geschaltet, deren eines Ende bei 45, deren anderes bei 48 an die Klopferwicklung angeschlossen ist. Zwischen 47 und 39 ist eine Batterie aus Polarisationszellen angelegt, welche das Auftreten von Funken am Kontakt 34 und so eine störende Beeinflussung des Fritters verhindert. Durch Niederdrücken des Knopfes 5 kann in den Fritterstromkreis an Stelle des Fritters der Widerstand 30, 31, 32, welcher zur Prüfung

9*

des Relais dient, eingeschaltet werden. Dieser Widerstand ist in zwei Hälften zu je 25 000 oder 50 000 Ohm gewickelt, deren eine durch den Kippschalter 28, 29 kurz geschlossen werden kann.

Es ergibt sich hieraus, daß die in dieser Anordnung am Morseapparat erzeugten Schriftzeichen nicht wie gewöhnlich aus zusammenhängenden kürzeren oder längeren Strichen bestehen, sondern sich aus einer mehr oder minder großen Anzahl einzelner Punkte zusammensetzen. Eine längere Reihe solcher Punkte bedeutet dann einen Strich, eine kürzere einen Punkt des üblichen Morsealphabets. Bewegen sich die Anker des Relais und des Morseapparats schnell genug, so können die einzelnen Punkte wohl so nahe zusammenrücken, daß das Zeichen als zusammenhängender Strich auf dem Papierstreifen des Morseapparats erscheint.

178. Messungen des Schwachstrommonteurs. Bei Herstellung und Unterhaltung von Schwachstromanlagen ergibt sich die Notwendigkeit, mannigfache Messungen vorzunehmen. Es sind Längen, Flächen- und Körperinhalte, Gewichte, Temperaturen, die Dichtigkeit von Lösungen, elektrische Spannungen, elektrische Leitungs- und Isolationswiderstände und Stromstärken zu bestimmen.

179. Die Meßapparate. Die zur Ausführung dieser Messungen dienenden Apparate sind Maßstab und Meßband, Wagen, Thermometer, Galvanometer. Es soll hier nur von den zur Ausführung elektrischer Messungen benutzten Meßapparaten, den Galvanometern, die Rede sein.

180. Das Galvanometer. Das Galvanometer besteht im wesentlichen aus einer Drahtspule und einem Magneten. Es wird in zwei Anordnungen verwendet: Entweder ist die Spule fest und der Magnet beweglich oder der Magnet fest und die Spule beweglich. In beiden Fällen dient die Wechselwirkung zwischen dem Magneten und dem die Spule durchfließenden, zu messenden Strom zur Strommessung.

Die einfachste Form eines Galvanometers ist folgende: In einer länglichen Drahtspule sind die Längsseiten parallel und die Querseiten senkrecht zu einer im Mittelpunkt der Spule befindlichen, in der Mitte auf einer Stahlspitze gestützten, frei schwebenden Magnetnadel angeordnet. Die Nadel stellt sich frei schwingend in der Richtung von Nord nach Süd ein. Wird nun die Spule so gedreht, daß die Längsseiten der Spule parallel mit der Nadel verlaufen, und durch die Spulen ein Strom

geschickt, so wird die Nadel abgelenkt. Die Ablenkung ist um so
größer, je stärker der die Spule durchfließende Strom ist. Läßt
man die Spitze der Magnetnadel über einen geteilten Kreisbogen
hingehen, dessen Teilstriche die den betreffenden Ablenkungen
entsprechenden Stromstärken an-
geben, so kann der Apparat unmittelbar zur Bestimmung von
Stromstärken dienen (Fig. 116).

Es ist klar, daß dem Ap-
parat in dieser Form für den
praktischen Gebrauch eine Reihe
von Unbequemlichkeiten an-
haftet, doch wird er der Billig-
keit halber immer noch vielfach
angewendet.

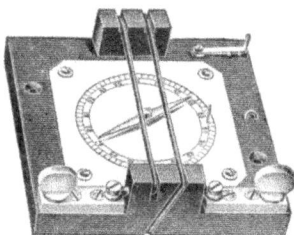

Fig. 116.

Die meisten dieser Unbequemlichkeiten lassen sich in der
andern Form des Galvanometers, in welcher die Drahtspule
beweglich und der Magnet fest angeordnet ist, vermeiden.

Der allgemeine Aufbau eines solchen Galvanometers ist
meist folgender: Die Pole NS eines kräftigen Hufeisenmagneten
(Fig. 117) schließen einen zylin-
drischen Raum zwischen sich
ein, welcher zum größten Teil
durch einen Eisenzylinder ausgefüllt wird. Um letzteren legt
sich ein rechteckiger Rahmen,
auf welchen die Drahtspule auf-
gewickelt ist. Die Drahtspule
kann sich um die Zylinderachse
drehen und wird durch eine
an ihrer Drehachse angreifende
Spiralfeder stets in einer bestimmten Ausgangslage festgehalten bzw. in diese Lage wieder
zurückgeführt. Wird ein Strom
in die Drahtspule eingeführt,
so wirkt der Magnetismus der beiden Pole des Hufeisenmagneten derart auf die drehbare Spule, daß sich deren Ebene
gegen die Kraft der Spiralfeder senkrecht auf die Verbindungs-
linie der Pole einzustellen sucht. An der Rahmenachse ist ein
Zeiger angebracht, vermittelst dessen an einem Zifferblatt der
Winkel abgelesen werden kann, um welchen sich die Drahtspule

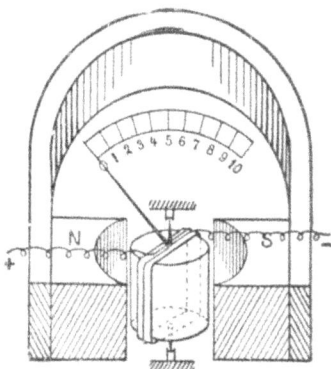

Fig. 117.

gedreht hat. Die Teilung auf dem Zifferblatt gibt wieder
an, welche Stromstärke der abgelesenen Ablenkung entspricht
    Eine nach Art einer Taschenuhr ausgeführte Form eines
derartigen Galvanometers zeigt die Fig. 118.

**181. Anwendungen
des Galvanometers.**
Das Galvanometer dient
zur Bestimmung von elek-
trischen Spannungen, Wi-
derständen und Strom-
stärken.

**182. Das Galvano-
meter als Spannungs-
messer.** Am häufigsten
ergibt sich die Aufgabe
der Spannungsmessung in
Schwachstromanlagen bei
der Unterhaltung der gal-
vanischen Batterien. Die
Spannung zwischen den
beiden Polen eines gal-
vanischen Elements ist
am größten, wenn das Ele-
ment keinen Strom ab-

Fig. 118.

gibt, wenn die Pole durch keine Leitung verbunden sind.
Sobald die Pole durch eine Leitung verbunden werden, sinkt
die Spannung an den Polen, und zwar um so mehr, je
geringer der Widerstand der die Pole verbindenden Leitung ist.
Ebenso sinkt die zwischen zwei Punkten einer stromdurchflossenen Leitung bestehende Spannung, wenn man die beiden
Punkte durch eine zweite Leitung verbindet. Will man also
die Spannung an einem offenen Element oder die zwischen
zwei Punkten eines stromdurchflossenen Leiters bestehende
Spannung vermittelst eines Galvanometers messen, so ist es
nötig, daß an den zu messenden Spannungen durch Anlegen
des Galvanometers möglichst wenig geändert werde. Dies ist
aber nur möglich, wenn das Galvanometer einen verhältnismäßig möglichst hohen Widerstand hat, weil nur dann die zu
messende Spannung möglichst wenig durch das Anlegen des
Galvanometers herabgesetzt wird.
    Für Spannungsmessungen sind daher Galvanometer mit
verhältnismäßig hohem Widerstand anzuwenden. Man nennt

Galvanometer der Art meist Voltmeter, weil ihre Zifferblatt-
teilung meist so eingerichtet ist, daß die Zeigerablenkungen die
gemessene Spannung unmittelbar in Volt angeben.

183. Das Galvanometer als Strommesser. Die
zwischen zwei Punkten einer Leitung bestehende Stromstärke
ist bekanntlich um so größer, je größer die zwischen den beiden
Punkten bestehende Spannung und je geringer der Widerstand
der Leitung zwischen den beiden Punkten ist. Soll also eine
in einer Leitung bestehende Stromstärke durch Einschaltung
eines Galvanometers gemessen werden, so ist es nötig, daß dadurch der Widerstand der Leitung möglichst wenig geändert
werde. Zur Messung von Stromstärken sind daher Galvanometer
von möglichst geringem Widerstand anzuwenden. Man nennt
die zur Strommessung dienenden Galvanometer Amperemeter oder,
wenn es sich um Instrumente zur Messung schwacher Ströme
handelt, Milliamperemeter, wenn die Angaben des Zeigers die
Stromstärke unmittelbar in Ampere oder Milliampere ausdrücken.

184. Vereinigte Volt- und Amperemeter. Häufig
wird ein und dasselbe Instrument sowohl zur Spannungs- wie
zur Stromstärkemessung eingerichtet. Hierzu ist nur nötig, daß
mit der Galvanometerwicklung ein Widerstand verbunden werden
kann, welcher bei der Spannungsmessung ein-, bei der Stromstärkemessung ausgeschaltet werden kann.

Ein vereinigtes Volt-Milliam-
peremeter in Taschenuhrform
zeigt die Fig. 119. Wird bei
diesem Apparat z. B. der Schnurpol in Verbindung mit der linken
Klemme benutzt, so liegt ein
Widerstand von 100 Ohm zwischen den Punkten,
zwischen welchen ge-
messen werden soll.
Schlägt der Zeiger bis
zur Zahl 1 aus, so be-
deutet das, daß zwi-
schen den Meßpunkten
eine Spannung von
1 Volt oder ein Strom
von 10 Milliampere be-
steht. Bei der höchst-
zulässigen Spannung,

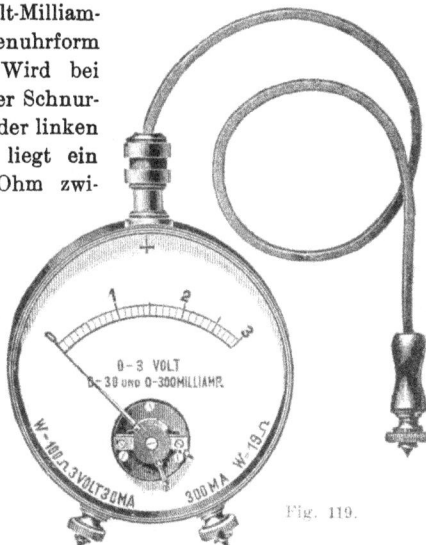

Fig. 119.

welcher das Instrument ausgesetzt werden darf, nämlich 3 Volt, rückt der Zeiger auf die Zahl 3 und gibt zugleich an, daß eine Stromstärke von 30 Milliampere besteht.

Sollen höhere Stromstärken gemessen werden, so wird die rechte Klemme in Verbindung mit dem Schnurpol benutzt. Dann ist an Stelle des Widerstandes von 100 Ohm der vorigen Anwendung ein Widerstand von nur 19 Ohm im Galvanometer getreten und jeder Teilstrich der Teilung bedeutet 10 Milliampere, so daß nun Ströme bis zu 300 Milliampere Stärke gemessen werden können.

185. Batterieprüfung. Die häufigste Anwendung finden die Galvanometer in der Schwachstromtechnik zur Prüfung von Elementen und Batterien. Ein in einer Schwachstromanlage zu verwendendes Element hat immer zugleich zwei Bedingungen zu erfüllen: Erstens seine Spannung darf nicht wesentlich unter ihren normalen Wert sinken, zweitens sein Widerstand darf nicht wesentlich über seinen normalen Wert steigen. Das bedeutet, daß ein Element, das, mit dem Voltmeter geprüft, die normale Spannung zeigt, doch unbrauchbar sein kann, weil sein Widerstand zu hoch ist, als daß es in einem Stromkreise niedrigeren Widerstandes diejenige Stromstärke liefern könnte, die in dem besonderen Falle verlangt ist und welche ein Element gleicher Art mit normalem Widerstande und der beobachteten Spannung auch liefern würde.

Anderseits wird ein Element, welches, mit dem Amperemeter geprüft, eine normale Stromstärke liefert, sowohl normale Spannung als normalen Widerstand aufweisen, weil die Spannung eines Elements von ihrem normalen Werte zwar absinken, nicht aber darüber hinaus steigen, der Widerstand anderseits über den normalen Wert zwar zunehmen, aber nicht unter denselben heruntergehen kann.

186. Mit einem Element vereinigtes Galvanoskop. Häufig handelt es sich darum nicht, einen in einer Leitung bestehenden Strom zu messen, sondern vermittelst des Stroms über den Zustand der Leitung Aufschluß zu erhalten; beispielsweise sich zu vergewissern, ob in einem bestimmten Leitungsabschnitt keine Unterbrechung besteht. In solchen Fällen muß der Untersuchende nicht nur über einen Stromanzeiger sondern auch über eine Stromquelle verfügen. Für solche Zwecke werden letztere und erstere häufig zu einem einzigen Apparat zusammengebaut, wie die Vereinigung eines

Trockenelements mit einem am Deckel befindlichen
Galvanoskop nach Fig. 120 zeigt.

187. Die Schutzvorrichtungen. Die
Schwachstromanlagen, namentlich jene mit oberirdischer Freileitung, sind der Gefahr ausgesetzt,
daß in dieselben von außen elektrische Ströme
eindringen und Beschädigungen, sei es der Anlage,
sei es der Umgebung, verursachen. Solch un-
beabsichtigte elektrische Stromwirkungen in einer
Schwachstromanlage entstehen entweder dadurch,
daß der Blitz über die Schwachstromleitung und die
angeschlossenen Apparate seinen Weg zur Erde
nimmt oder dadurch, daß die Schwachstromleitung
mit einer Starkstromleitung in Berührung kommt
und aus dieser Spannung oder Strom entnimmt.

Fig. 120.

188. Die Blitzschutzvorrichtungen. Um Blitzschläge, welche in die Leitung einer Schwachstromanlage eindringen, von den an den Enden der Leitung angeschlossenen
Apparaten abzuhalten, werden Blitzschutzvorrichtungen verschiedener Bauart benutzt. Sie beruhen alle auf der Tatsache,

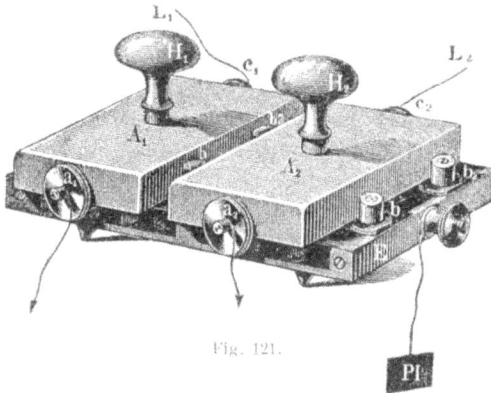

Fig. 121.

daß der Blitz einen Wechselstrom von außerordentlich hoher
Wechselzahl darstellt, dem die wie Drosselspulen wirkenden
Elektromagnete in den Apparaten einen sehr hohen Widerstand
entgegenstellen, der aber anderseits eine dünne Luftschicht,
welche den Betriebsströmen der Schwachstromanlage einen un-
überwindlichen Widerstand bereitet, leicht durchbricht.

189. Plattenblitzableiter. In den Telegraphenämtern
mit Morseapparaten wird häufig die in Fig. 121 dargestellte Form

der Blitzschutzvorrichtung, der sog. Plattenblitzableiter, verwendet. Er besteht aus einer auf vier isolierenden Füßen ruhenden Platte *E* aus Gußeisen. Auf dieser gemeinsamen Platte *E*, welche über *P1* an Erde angeschlossen ist, liegen, durch dünne Papier- oder Ebonitscheibchen *bb* isoliert, zwei auch voneinander isolierte gußeiserne Platten *A1* und *A2*, welche durch die Holz- oder Beinknöpfe *HH* von der Erdplatte abgehoben werden können. Die über den Isolierscheiben *bb* aufgeschraubten Ebonitsäulchen verhindern ein seitliches Verschieben der Platten *A1* und *A2*. Die gesamte Anordnung dient zum Gebrauche bei einer Zwischenstation, bei welcher die Leitung in der einen Richtung ankommt und sich in der andern fortsetzt. Der eine dieser Leitungsäste *L1* ist über die Klemme *C1* an die Platte *A1* angeschlossen. Von der Klemme *a1* derselben Platte geht dann die Verbindung zum Morseapparat, von diesem zur Klemme *a2* der Platte *A2* über Klemme *c2* zum zweiten Leitungsast *L2*. Tritt nun über den Leitungsast *L1* oder *L2* ein Blitz in die Vorrichtung, so springt er, den kleinen Luftzwischenraum zwischen den Platten *A* und der Platte *E* durchbrechend, auf letztere über und geht über *P1* zur Erde.

190. **Stangenblitzableiter.** Häufig ist es erwünscht, die Blitzschutzvorrichtung nicht sowohl in den Räumen der zu schützenden Apparate sondern im Freien, bevor die Leitung die Einführungstelle erreicht, beispielsweise an der letzten Stange, anzubringen. Dieser Fall ist auch gegeben an solchen Stellen, wo eine oberirdische Leitung an eine unterirdische unschließt und das Kabel vor dem Eindringen atmosphärischer Entladungen zu schützen ist. Auch kann es in besonders blitzgefährdeten Abschnitten einer Stangenleitung erforderlich sein, an verschiedenen Punkten Vorkehrung zu treffen, daß der Blitz leichten Abfluß zur Erde findet, ohne sich zu den mehr oder minder entfernt angeschlossenen Stationen fortzusetzen. In derartigen Fällen werden die sog. Stangenblitzableiter verwendet.

In Fig. 122 und 123 ist eine neuere Form eines Stangenblitzableiters, wie sie von der Telephonfabrik-Aktiengesellschaft vorm. J. Berliner hergestellt wird, angegeben. Dieser Stangenblitzableiter besteht aus einer Porzellandoppelglocke auf gerader oder gebogener Stütze. Auf die Porzellanglocke ist eine gepreßte Messingkappe aufgeschraubt, welche oben eine kräftige Klemme für den Leitungsanschluß trägt und unten mit einer dachartigen Ausweitung endigt. Zwischen der Kappe und der

Porzellanglocke ist zum Zwecke vollkommener Abdichtung ein Gummiring eingelegt.

In dem Hohlraume der Kappe nun befindet sich die eigentliche Blitzschutzvorrichtung. Sie besteht aus zwei übereinander liegenden Kohlenscheiben, welche durch eine zwischenliegende Glimmerscheibe voneinander isoliert und in einem Abstande von ca. 0,2 mm gehalten werden. Die einander zugewendeten Seiten der Kohlenscheiben sind geriffelt. Die untere Kohlenplatte liegt auf einer Neusilberscheibe, welche mit dem oberen Ende der Isolatorstütze verschraubt und so mit Erde verbunden ist. Die obere Kohlenscheibe wird durch eine mit Zentrierstift versehene Metallfassung gehalten, auf die eine kräftige Spiralfeder aus Neusilberdraht drückt. Die Spiralfeder bildet gleichzeitig die Verbindung zwischen der oberen Kohlenplatte und der an die Klemme der Kappe angeschlossenen Leitung.

Die Anwendung dieses Stangenblitzableiters an einer Stelle, wo die Luftleitungen endigen, zeigt die Fig. 124.

Fig. 122.

Der beschriebene Stangenblitzableiter bietet gegenüber den Plattenblitzableitern des vorigen Paragraphen eine Anzahl von Vorteilen, welche sich einerseits aus der Verwendung der Kohle für die Platten an Stelle des Metalls, andererseits aus der Verbindung mit dem Isolator ergeben. Geht nämlich bei metallischen Blitzplatten ein Funke über, so tritt je nach dessen Stärke nicht selten der Fall ein, daß an der Übergangstelle das Metall schmilzt und eine Verbindung zwischen der Leitungsplatte und der Erdplatte hervorbringt. Die hierdurch bewirkte Betriebsstörung kann nur dadurch beseitigt werden, daß man die

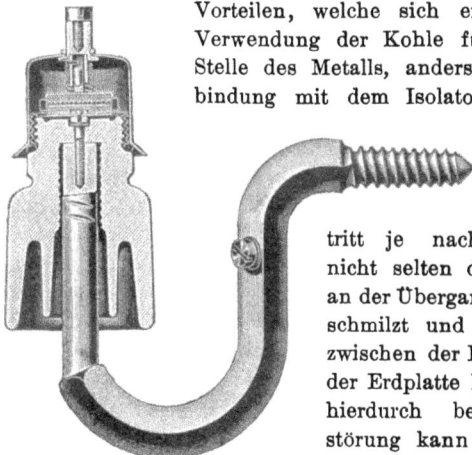

Fig. 123.

Leitungsplatte abhebt und die Schmelzstückchen entfernt. Bei
Kohle ist dagegen ein Zusammenschmelzen der Platten, wie
auch eine Abnahme der Wirksamkeit durch Verrosten ausgeschlossen. Ferner ist es bei der Kohle vermieden, daß
Feuchtigkeit zwischen den Platten und damit Erdschlüsse in

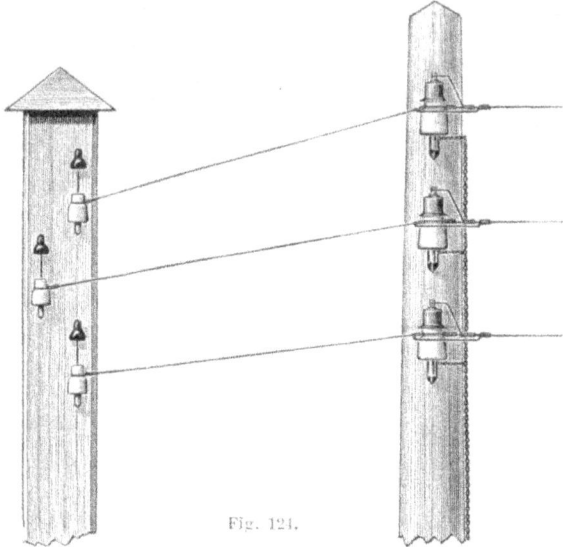

Fig. 124.

der Vorrichtung entstehen. Insofern die Blitzschutzvorrichtung
mit dem letzten Isolator verbunden ist, gestattet sie eine Ver-
einfachung und Verbilligung der Leitungsanlage gegenüber jenen
Anordnungen, in welchen diese beiden Teile getrennt verwendet sind.

191. Abschmelzsicherungen. Zum Schutze der an
eine Leitung angeschlossenen Apparate gegen eindringende
Fremdströme werden außer den erwähnten Blitzschutzvorrichtungen häufig noch sog. Abschmelzsicherungen angewendet.
Sie beruhen auf der Tatsache, daß der elektrische Strom seine
Leitungsbahn erwärmt. Besteht letztere aus einem Stück Draht
und steigt die Stromstärke mehr und mehr, so erwärmt sich
der Draht mehr und mehr, bis er schließlich abschmilzt und
dadurch die Leitung für den Strom unterbricht. Das Abschmelzen
tritt um so schneller ein, je größer die Stromstärke, je höher
der Widerstand des Schmelzdrahtes und je niedriger dessen
Schmelztemperatur ist.

Die Abschmelzsicherung besteht daher im wesentlichen aus nichts anderem als einem kurzen Stück dünnen, leicht schmelzbaren Drahtes, welches zwischen der Leitung und den zu schützenden Apparaten eingeschaltet wird.

192. Vereinigte Blitzschutzvorrichtung und Abschmelzsicherung. Eine vereinigte Blitzschutzvorrichtung und Abschmelzsicherung zeigt die Fig. 125. Sie besteht aus drei auf einem gemeinsamen Grundbrett isoliert voneinander befestigten Messingstücken, von welchen die beiden mit Zacken einander gegenüberstehenden die nebeneinander angeordneten Platten eines Plattenblitzableiters bilden. Das rechts liegende Stück ist mit der Leitung, das

Fig. 125.

andere mit Erde verbunden. Das dritte Messingstück ist an die Apparate angeschlossen. In den Endklötzen dieser drei Stücke ist eine Spindel eingesetzt, welche mit einem kurzen Stück 0,2 mm starken, seideisolierten Kupferdrahtes derart umwickelt ist, daß dieser Draht die Verbindung zwischen der Leitung und den Apparaten bewirkt. Dieser Draht liegt an der Erdplatte an und ist nur durch die Umspinnung davon getrennt. Ein die Vorrichtung erreichender Blitz wird demnach im wesentlichen zwischen den Zacken der beiden Blitzplatten zur Erde überspringen. Soweit er aber über den Draht der Spindel fortgeht, wird er von letzterem ebenfalls auf die Erdplatte überspringen, die Isolation des Spindeldrahtes durchbrechend oder auch zugleich ein mehr oder minder großes Stück des Spindeldrahtes abschmelzend.

Wird eine beschädigte Spindel ausgezogen, so senkt sich eine an der Leitungsklemme angebrachte Feder und verbindet sie mit der Apparatenklemme direkt, bis die beschädigte Spindel durch eine neue ersetzt ist.

193. Vereinigte Blitzschutzvorrichtung und doppelte Abschmelzsicherung. Bei den Sicherungen in Fernsprechämtern werden häufig statt eines Schmelzdrahtes deren zwei, und zwar derart angewendet, daß der eine Schmelzdraht — die sog. Grobsicherung — zwischen die Leitung und die Blitzschutzvorrichtung, ein zweiter — die sog. Feinsicherung — zwischen die Blitzschutzvorrichtung und die Apparate eingeschaltet wird.

Eine Ausführungsform zeigt die Fig. 126 im Querschnitt. Auf einer mit Füßen versehenen Grundplatte ist eine für eine mehr oder minder große Anzahl von Leitungen gemeinsame, rechteckige Ebonitplatte befestigt. An den beiden Längsseiten dieser Platte sind die Klemmen für den Anschluß der Freileitungen einerseits und für die zu den Apparaten führenden Leitungen anderseits aufgesetzt. Jede dieser Klemmen ist mit einem schmalen, rechtwinklig nach oben gebogenen Blechstreifen verbunden, dessen wagerechter Arm eine beiderseitig mit Metallkappen abgeschlossene Glasröhre emporhält. Ein zweiter, Z-förmig gebogener Metallstreifen hält mit seinem oberen, wagerecht stehenden Arm die oberen Metallkappen der Glasröhren. Die beiden Streifen werden miteinander und mit

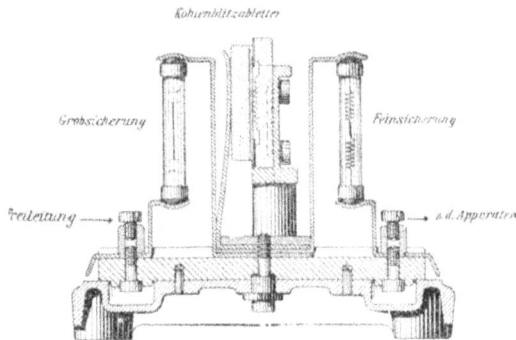

Fig. 126.

einem dritten durch eine Grundplatte und Ebonitplatte durchdringende Schraube zusammengehalten. Der dritte, nach oben gebogene Streifen legt sich gegen eine Kohlenplatte, welche einer mit Erde verbundenen Kohlenplatte in kleinem Abstand isoliert gegenübersteht. Die beiden Kohlenplatten bilden die zwischen Grob- und Feinsicherung liegende Blitzschutzvorrichtung. Die beiden Metallkappen des Glasröhrchens der Grobsicherung sind mit einem Abschmelzdraht verbunden. An die Metallkappen der Feinsicherung sind je eine Spiralfeder angeschlossen, welche in der Mitte des Glasröhrchens unter Vorspannung der Federn durch ein leicht schmelzbares Lot, sog. Woodsches Metall, miteinander verbunden sind.

Der Schmelzdraht der Grobsicherung schmilzt bei genügender Stromstärke einfach ab und unterbricht damit den Stromweg. In der Feinsicherung erweicht sich bei entsprechender Stromstärke das Lot der Verbindungstelle der beiden Federn,

und deren innere Enden werden unter der Federkraft auseinander gerissen, wodurch die Verbindung zu den Apparaten
unterbrochen wird. Ist in einer Glasröhre durch Eindringen
eines Fremdstroms eine Unterbrechung eingetreten, so wird die
betreffende Glasröhre einfach entfernt und durch eine un-
beschädigte ersetzt.

194. Blitzschutzvorrichtungen mit Schmelzsicherungen für Fernsprechämter, Modell der
deutschen Reichspostverwaltung. In dem Modell
der deutschen Reichspostverwaltung für die Blitzschutzvorrichtung mit Abschmelzsicherungen ist ebenfalls der Grundgedanke
der im vorigen Paragraphen erwähnten Feinsicherung verwendet, wonach durch ein Lot zwei Metallstücke zusammengehalten werden, welche sich unter der Wirkung einer Federkraft in dem Augenblick voneinander trennen, in dem das
Lot erweicht. Eine zylindrische Metallkapsel trägt einerseits
einen Flansch anderseits einen mit einem Kopf versehenen
Stift. Flansch und Kopf des Stiftes werden in je einen Schlitz
zweier auseinanderstrebender Federn eingesetzt, so daß die eine
Feder den Stift aus der Kapsel herauszuziehen sucht. Innerhalb der Kapsel, von letzterer isoliert, ist in deren Längsachse
ein Metallzylinder angeordnet, welcher mit 0,06 mm starkem
Nikelindraht bewickelt ist. Das eine Ende dieses Drahtes ist
mit dem Metallzylinder verlötet, während das andere mit der
Metallkapsel leitend verbunden ist. In den Metallzylinder ist
mit Woodschem Metall der Stift an seinem kopflosen Ende ein-
gelötet. Der Stromweg ist also vom Schlitz der einen Feder
über den Flansch der Metallkapsel, den eingeschlossenen
Schmelzdraht, die Lötstelle zwischen innerem Zylinder und
Stift, den Kopf des Stiftes und den Schlitz der zweiten Feder
gebildet. Wird dieser Weg von genügend starkem Strom durchflossen, so erweicht sich die Verbindung zwischen Stift und
Metallzylinder, der Stift wird durch die an seinem Kopf angreifende Feder aus dem Metallzylinder herausgerissen und der
Stromweg unterbrochen. Zur Beseitigung der Störung ist es
nur nötig, das beschädigte Abschmelzröllchen zu beseitigen,
das Ende der Stiftfeder zurückzubiegen und in die Schlitze der
beiden Federn Flansche bzw. Stift eines neuen Röllchens ein-
zuführen.

Eine Ausführungsform des Modells zeigt die Fig. 127.

In dieser Anordnung stehen die die Stiftköpfe fassenden
Federn einer gemeinsamen dünnen Stange aus isolierendem

Material gegenüber. Sobald durch einen Fremdstrom in irgendeiner Leitung irgendein Stift durch seine Feder herausgerissen
wird, bewegt sich das Federende gegen diese gemeinsame
Stange und drückt sie nach vorn. Die Stange wird an ihren
Enden von je einem Arme eines Winkelhebels getragen. Drückt

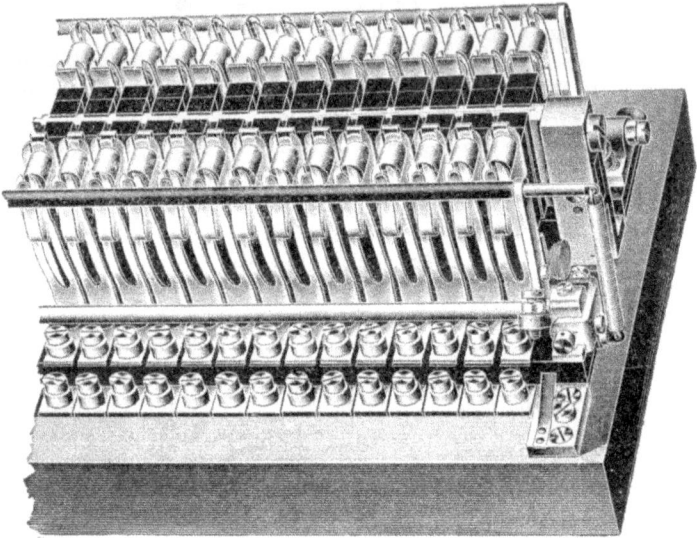

Fig. 127.

eine Feder gegen die Stange, so dreht sich dieser Arm um eine
wagerechte Achse, während der andere Arm einen Kontakt
schließt und eine Alarmvorrichtung betätigt zum Zeichen, daß
in einer der angeschlossenen Leitungen ein Fremdstrom ein
Abschmelzröllchen beschädigt hat, daß also in der betreffenden
Leitung eine Störung eingetreten ist. Eine an dem Winkelhebel angreifende Feder führt nach dem Einsetzen eines neuen
Abschmelzröllchens in das betreffende Federnpaar die Stange in
ihre Ausgangstellung zurück.

IV. Die Schwachstromanlagen.

195. Die Schwachstromanlagen. Aus der sachgemäßen Vereinigung von Stromquellen, Leitung und Apparaten entstehen die Schwachstromanlagen. Sie unterscheiden sich vor allem durch ihren Zweck, dann durch die Ausführung.

In der weitaus überwiegenden Anzahl der Schwachstromanlagen besteht deren Zweck in der Übermittlung von Nachrichten von einem Ort zum andern vermittelst des elektrischen Stromes. Die Nachricht besteht in sichtbaren oder hörbaren Zeichen. Das Zeichen richtet sich meist unmittelbar an einen menschlichen Empfänger. In einer zweiten Gruppe von Schwachstromanlagen richtet sich das Zeichen zunächst an eine Maschine, indem es an dieser eine Bewegung auslöst oder verhindert. Erst diese Bewegung oder das erzeugte Hindernis bilden dann das Zeichen für den Beobachter, wie etwa durch den Strom ein Triebwerk ausgelöst wird, welches ein Eisenbahnsignal in eine bestimmte Stellung bringt, oder ein Signalstellwerk derart verriegelt wird, daß das Signal nicht gegeben werden kann.

Nur in den medizinischen Anwendungen des Schwachstroms handelt es sich um eine unmittelbare, materielle Wirkung des Stroms. Ferner unterscheidet man die Schwachstromanlagen nach der Entfernung, auf welche die beabsichtigte Wirkung hervorgebracht werden soll.

196. Die Haustelegraphenanlagen. Die häufigste Form der Schwachstromanlage ist die Haustelegraphenanlage. In ihrer einfachsten Gestalt besteht sie aus einer Batterie, einem Taster, einem Klingelwerk und der Leitung. Ein Tasterdruck schließt den Strom der Batterie über Leitung und Klingelwerk und bringt letzteres zum Tönen.

197. Einfache Weckeranlage. Die Anordnung einer einfachen Weckeranlage zeigt die Fig. 128. Die ausgezogenen Linien geben die Verbindung zwischen Batterie, Leitung, Wecker und Taster. Soll das Signal zugleich an zwei Orten erscheinen, so wird in der in der Figur angegebenen Weise ein zweiter Wecker an die Leitung angeschlossen. Soll es möglich sein, von mehreren Punkten aus zu signalisieren, so werden, wie die Figur angibt, weitere Taster, wie gestrichelt gezeichnet, an die Leitung angeschlossen. Als Wecker in derartigen Anlagen wird in der Regel der gewöhnliche Rasselwecker mit Selbst-

unterbrechung (S. 41) verwendet. Die Taster haben die S. 35
angegebene Einrichtung. Als Batterie werden Leclanché-, Mei-
dinger- und Trockenelemente verwendet.

In der Fig. 128 angegebenen Schaltung arbeiten Rasselwecker
mit Selbstunterbrechung nur dann gut, wenn die Anker gleiche

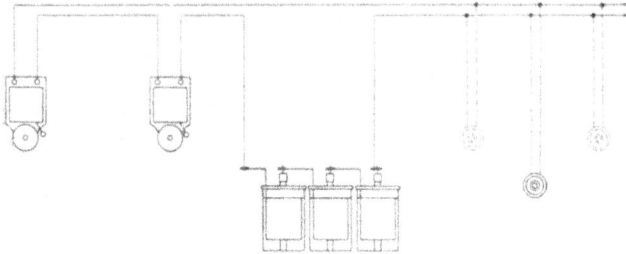

Fig. 128.

Schwingungszahlen haben, d. h. wenn sie genau zur gleichen Zeit
den [Selbstunterbrechungskontakt öffnen und wieder schließen.
Da es nicht leicht ist, selbst gleich gebaute Wecker derart zu
regulieren, werden bei Hintereinanderschaltung mehrerer Wecker
in derselben Leitung entweder durchweg Nebenschlußwecker
(S. 41) verwendet, oder es wird ein Rasselwecker benutzt,
während die übrigen Einschlagwecker sind (S. 41).

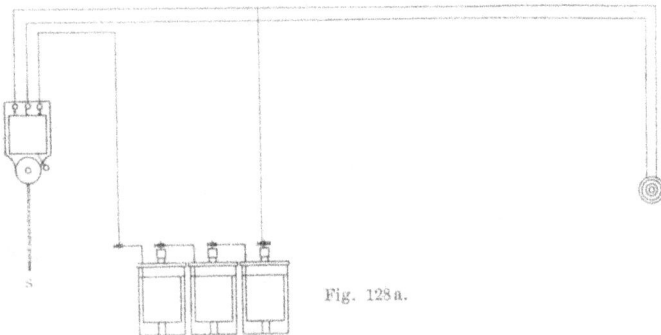

Fig. 128a.

198. Weckeranlage mit Fortschellwecker. Die
Anordnung, in welcher der Wecker auch dann noch fortschellt,
wenn der Druck auf den Taster aufgehört hat, zeigt die Fig. 128a.
Man sieht, daß eine dritte Leitung von der Batterie zum Wecker
nötig ist, welche den Strom über den Fortschellkontakt und die
Weckerwindungen schließt (S. 42).

199. Weckeranlage mit Signalisierung nach beiden Richtungen. Soll von einem Punkte aus nicht nur nach einem andern Punkte signalisiert werden, sondern auch ein von letzterem ausgehendes Signal empfangen werden, so kann unter Benutzung einer einzigen Batterie die in Fig. 129 dargestellte Anordnung benutzt werden.

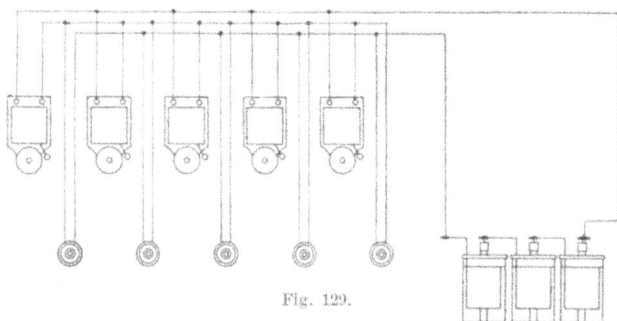

Fig. 129.

200. Alarmanlage. Handelt es sich darum, bei einer größeren Anzahl von mit Taster und Wecker ausgerüsteten Betriebsstellen durch Druck auf einen Taster die sämtlichen Wecker zugleich zu betätigen, so kann die Einrichtung nach Fig. 129 getroffen werden.

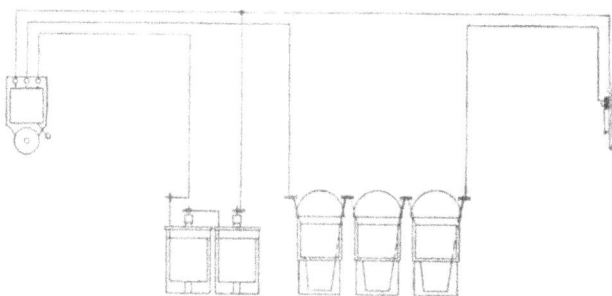

Fig. 130.

201. Sicherungsanlage gegen Einbruch. Die Sicherungsanlagen gegen Einbruch enthalten in ihrer einfachsten Ausführung neben Batterie, Wecker und Leitung einen oder mehrere Kontakte, welche durch Öffnen der geschützten Türen oder Fenster den Strom zur Alarmierung in Tätigkeit bringen. Eine einfache Ausführungsform zeigt die Fig. 130. Der Strom

10*

einer Meidingerbatterie geht dauernd über den in die Leitung geschalteten Tür- oder Fensterkontakt und einen Ruhestromwecker. Letzterer wird durch die Leclanchébatterie betätigt, sobald der Tür- oder Fensterkontakt geöffnet wird.

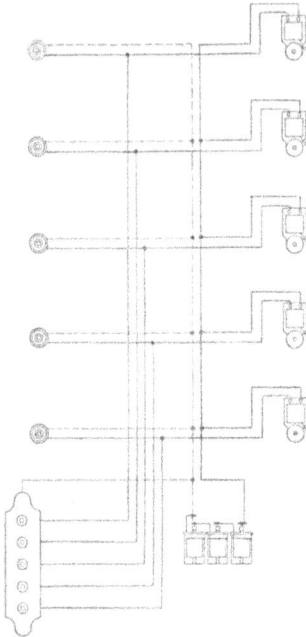

202. Weckeranlage für ein Wohnhaus. Für größere Wohnhäuser mit mehreren Stockwerken und Wohnungen ist meist eine Signalvorrichtung vorzusehen, welche gestattet, nicht nur von der Straße aus ein Wecksignal in jede Wohnung zu geben, sondern von jeder Wohnungstüre in die betreffende Wohnung zu signalisieren. Zu diesem Zwecke wird an der gemeinsamen Haustüre an der Straße eine Druckkontaktplatte mit einer der Zahl der Wohnungen entsprechenden Zahl von Tastern angebracht. Ferner wird an jeder einzelnen Haustüre ein Taster vorgesehen, wie im Innern jeder einzelnen Wohnung ein Wecker angebracht wird. Die Apparate sind mit einer gemeinsamen Batterie und den Leitungen in der in Fig. 131 dargestellten Anordnung verbunden.

Fig. 131.

203. **Tableauanlagen.** Ein Beispiel der Verbindung eines Tableaus mit mechanischer Rückstellung für acht Signalstellen mit den zugehörigen Tastern, dem Wecker und einer Batterie zeigt die Fig. 132. Von den Wicklungen der einzelnen Klappen ist je ein Ende mit der zugehörigen Leitung, die andern Enden gemeinsam mit dem einen Ende der Weckerwicklung verbunden, deren anderes zur Batterie führt.

204. **Fahrstuhlsignalanlagen.** Für den Betrieb von Fahrstühlen ist es meist erwünscht, daß während der Dauer einer Stuhlfahrt ein Warnungssignal ertönt. Zu diesem Zwecke werden am oberen und am unteren Ende der Fahrstuhlbahn je ein Kontakt angebracht, welche, hintereinander geschaltet, geschlossen sind, wenn der Fahrstuhl auf der Fahrt ist, und

während dieser Zeit den Strom einer Batterie über einen gewöhnlichen Wecker schicken. Oben oder unten angelangt,
öffnet der Fahrstuhl den betreffenden Kontakt und unterbricht
damit den Stromkreis; der Wecker schweigt zum Zeichen, daß
der Fahrstuhl in Ruhe.

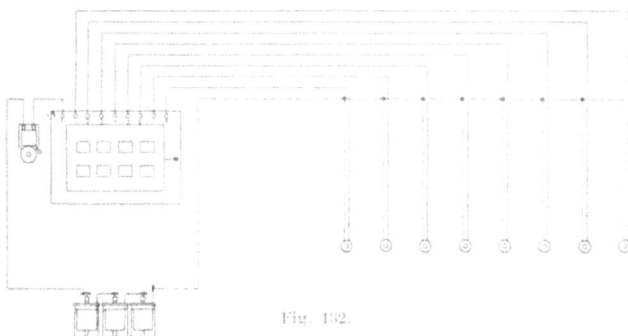

Fig. 132.

205. **Fahrstuhltableauanlagen.** Bei lebhaft benutzten Fahrstühlen in Hotels, Warenhäusern usw. ist es von
Wichtigkeit, von jedem Stockwerk aus an den Führer des
Fahrstuhls ein Zeichen geben zu können, daß er sich nach
diesem oder jenem Stockwerk begeben solle. Zu diesem Zwecke
wird im Fahrstuhl ein Tableau angebracht mit so viel Klappen,
als Haltestellen in den Stockwerken vorhanden sind. Durch
einen in jeder Haltestelle vorgesehenen Druckknopf kann die
betreffende, das signalisierende Stockwerk angebende Klappe
im Fahrstuhltableau betätigt werden. Der Unterschied gegenüber einer gewöhnlichen Tableauanlage besteht im wesentlichen
nur darin, daß die Verbindung zwischen den festliegenden
Teilen — Druckknöpfe und Batterie — mit dem beweglichen
Fahrstuhl durch ein über eine Rolle laufendes, den Bewegungen
des Fahrstuhls folgendes Kabel vermittelt wird.

206. **Türöffneranlagen.** Ein elektrischer Türöffner
soll entweder von einem oder von mehreren Punkten aus betätigt werden können. In ersterem Falle ist der Türöffner einfach mit Leitung, Batterie und Taster zu verbinden, im zweiten
Falle sind an die Leitung die Taster in beliebiger Anzahl nach
der Anordnung der Fig. 131 anzuschließen. An Stelle des Läut-
werkes tritt der Türöffner.

207. Kontrolltableauanlagen mit Fallklappentableaus und Kontrolltableau mit elektrischer
Rückstellung. Die Fig. 133 zeigt die Verbindung dreier
Fallklappentableaus mit einem Kontrolltableau mit elektrischer
Rückstellung und den zugehörigen Tastern, Läutwerken, Leitungen und der Batterie. Sobald in einem der den verschiedenen Fallklappentableaus zugewiesenen Stockwerke ein Taster

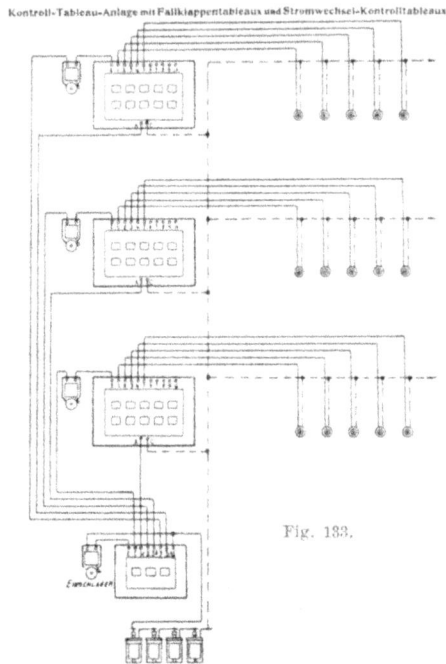

Kontroll-Tableau-Anlage mit Fallklappentableaux und Stromwechsel-Kontrolltableaux

Fig. 133.

gedrückt wird, fällt die zugehörige Klappe an dem betreffenden
Stockwerkstableau und schließt den Strom der Batterie über eine
von diesem Tableau zum Kontrolltableau gehende Leitung und
den zugehörigen Elektromagneten der Klappe des Kontrolltableaus
und gibt damit am Kontrolltableau an, daß in dem betreffenden
Stockwerk gerufen worden ist. Wird in dem gerufenen Fallklappentableau die Fallklappe zurückgestellt, so wird der Strom
nach dem Kontrolltableau unterbrochen; das Zeichen an letzterem
verschwindet zum Beweis, daß an dem gerufenen Fallklappentableau bedient worden ist.

208. **Haustelephonanlagen.** Unter Haustelephonanlagen versteht man Telephonanlagen, in welchen der Abstand der Sprechstellen die innerhalb geschlossener Gebäude
vorkommenden Entfernungen nicht erheblich überschreitet.

209. **Einfachste Form der Haustelephonanlage.**
Die einfachste Form der Haustelephonanlage besteht in der
Verbindung zweier Telephone durch eine Leitung. Der gegenseitige Anruf erfolgt dadurch, daß mit einer kleinen Trompete
gegen die Membrane des Telephons der rufenden Stelle geblasen
wird. Der im andern Telephon hierdurch erzeugte, vielleicht
durch einen aufgesetzten Schalltrichter verstärkte Ton dient als
Anrufzeichen. Das Telephon wird abwechselnd zum Sprechen
und Hören benutzt. Diese einfachste Form genügt heute kaum
mehr irgend einem Bedürfnis.

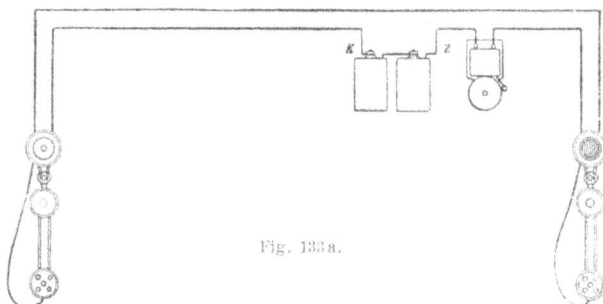

Fig. 133 a.

210. **Haustelephonanlage mit Benutzung einer
Haustelegraphenanlage.** In Anlagen dieser Art werden
die für eine Haustelegraphenanlage vorhandenen Batterien,
Taster und Leitungen zum telephonischen Verkehr in der Weise
benutzt, daß die Batterie den zum Anruf und zum Betrieb des
Mikrophons nötigen Strom liefert, während die Taster zum Anschluß eines kleinen Mikrotelephons — Pherophon, Citophon etc.
— dienen. Meist findet in Anlagen dieser Art nur Anruf in einer
Richtung statt.

Ein einfachstes Beispiel einer derartigen Anlage zeigt Fig. 133 a.
An der zu rufenden Stelle — Küche etc. — befinden sich ein
Wecker und ein Mikrotelephon. An der rufenden Stelle ist ein
Mikrotelephon mit dem Druckknopf der Haustelegraphenanlage
derart verbunden, daß beim Abheben des Mikrotelephons von
seinem Aufhängehaken durch einen mit der Aufhängeöse des
Mikrotelephons verschiebbaren Schalter letzteres an die beiden

an dem Druckknopf angelegten Leitungsenden angeschlossen
wird. Wird auf den Druckknopf gedrückt, so geht der Strom

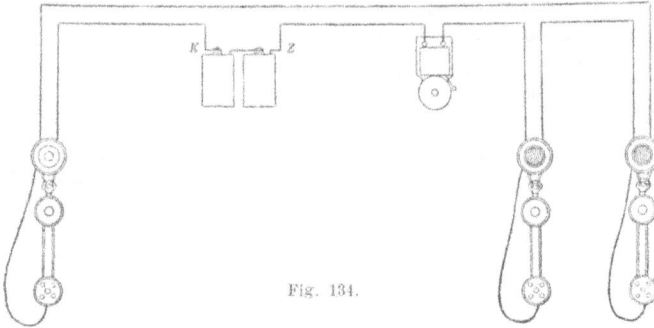

Fig. 134.

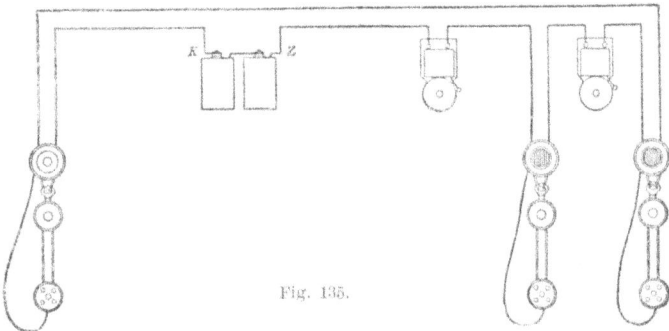

Fig. 135.

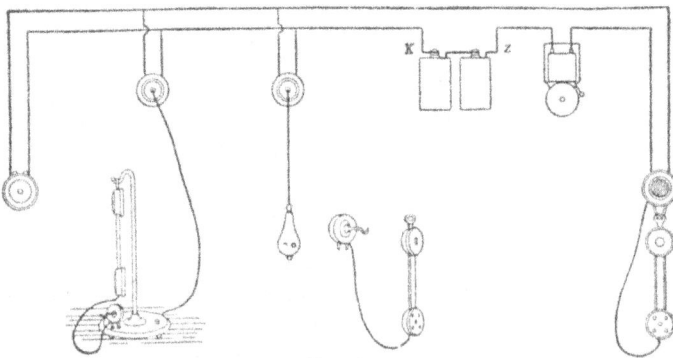

Fig. 136.

der Batterie über die Leitung, den geschlossenen Kontakt am
Druckknopf, den Wecker und das Mikrophon der gerufenen

Stelle. Wird nun nach erfolgtem Weckersignal das Mikrotele·
phon der rufenden Stelle — das Zimmermikrophon — abgenommen, so ist der Strom der Batterie über beide Mikrotelephone und den Wecker geschlossen. Da nun aber der Wider·
stand beider Mikrotelephone eingeschaltet und der Wecker ent·
sprechend eingestellt ist, so gibt letzterer kein Zeichen. Das
Gespräch zwischen den beiden Stellen kann vor sich gehen.

Es hat selbstverständlich keine Schwierigkeit, mehrere
Wecker und mit zugehörigen Empfangsapparaten hintereinander
in die Leitung zu schalten und anderseits an verschiedenen
Druckknöpfen Zimmerapparate anzuschließen, wie dies die
Fig. 134, 135 und 136 angeben.

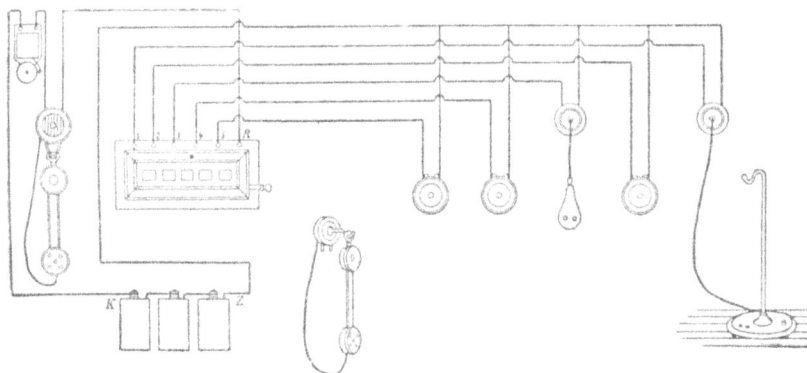

Fig. 137.

Ebenso kann ein Empfangsapparat in Verbindung mit einem
Fallklappentableau und dem zugehörigen Wecker zum Verkehr
mit an verschiedenen Punkten verschiedener Leitungen an·
geschlossenen Zimmerapparaten verwendet werden, wie dies die
Fig. 137 angibt.

211. Einfache Haustelephonanlage mit Wechselverkehr. Die einfachste Form einer Haustelephonanlage
mit Wechselverkehr besteht in der Verbindung zweier Telephonapparate nach § 142 mit einer gemeinsamen Batterie und den
erforderlichen Leitungen. Der Strom der gemeinsamen Batterie
dient beiden Stellen zur Betätigung eines Rasselweckers in der
anderen und zur Speisung der beiden beim Gespräch direkt in
die Leitung geschalteten Mikrophone. Die Fig. 138 zeigt die
Verbindung der Bestandteile.

212. Einfache Haustelephonanlage mit Wechselverkehr und eigener Batterie an den beiden
Sprechstellen. Die dritte Leitung zwischen den beiden

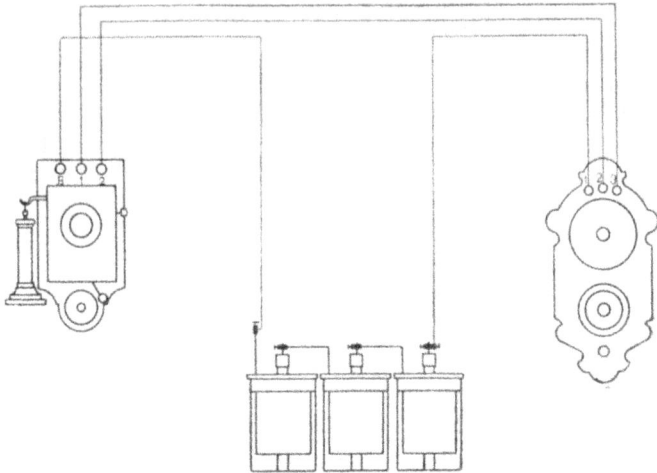

Fig. 188.

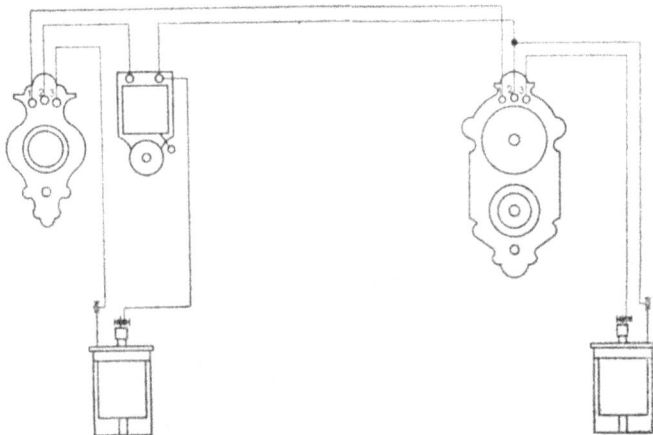

Fig. 139.

Sprechstellungen der Anordnung der vorigen Fig. 138 kann
entbehrt werden, wenn jede der beiden Stellen ihre eigene
Batterie erhält. Die Verbindung ist in Fig. 139 angegeben.

Wird in einer Stelle der Taster gedrückt, so geht der Strom der
Batterie dieser Stelle in die Leitung über den Wecker der
andern Stelle. Beim Sprechen geht der Strom beider Batterien
über die Leitung und die beiden Telephone und Mikrophone.
Die beiden Batterien müssen daher zusammen-, nicht aber einander entgegenwirken. Sie müssen daher so an die Leitung
geschaltet werden, daß immer ein Kupferpol einem Zinkpol folgt.

213. Einfache Haustelephonanlage für den
Wechselverkehr einer Hauptstelle mit mehreren
Seitenstellen. Soll von einer Hauptstelle nach mehreren

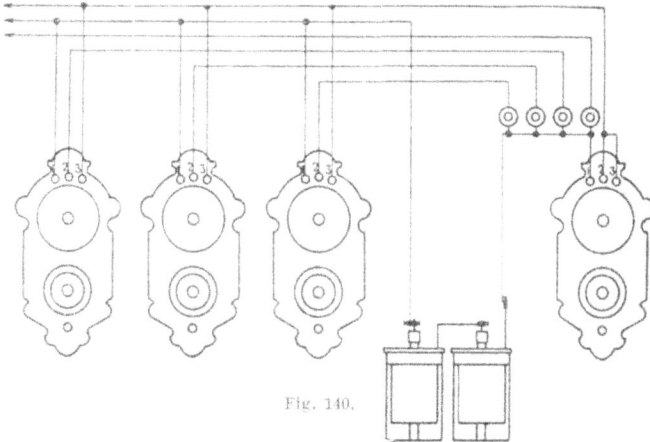

Fig. 140.

Seitenstellen und umgekehrt von diesen zur Hauptstelle unter
Anwendung einer gemeinsamen Ruf- und Mikrophonbatterie ver-
kehrt werden, so ist dies mit der Anordnung der Fig. 140 möglich.
Von der Hauptstelle gehen zwei sämtliche Seitenstellen berüh-
rende Leitungen, deren Enden an der Hauptstelle deren Wecker
und die Batterie zwischen sich nehmen. Von dieser Doppelleitung zweigen in jeder Seitenstelle die Zuführungen zu den
Ruftastern ab, welche zwischen den Punkten *1, 3* liegen. Wird
ein Taster gedrückt, so ertönt die zwischen *2, 3* und der Hauptstelle liegende Klingel, wie in einer gewöhnlichen Haustelegraphenanlage. Mit dem einen Pol der Batterie sind ferner so
viele Druckknöpfe verbunden, als Seitenstellen angeschlossen
sind. Jeder dieser Druckknöpfe ist ferner mit einer Leitung
verbunden, welche zu der zugehörigen Seitenstelle führt, zwischen
2 und *1* den Wecker der betreffenden Stelle enthält und an die

gemeinsame Rückleitung zum zweiten Batteriepol führt. Wird
daher auf einen der Druckknöpfe in der Hauptstelle gedrückt,
so ertönt der Wecker der zugehörigen Seitenstelle. Werden die
beiderseitigen Telephone von den Haken genommen, so geht
der Strom der Batterie über das Telephon und Mikrophon der
Hauptstelle, über die Leitung zu Telephon und Mikrophon der
Seitenstelle. Da an das den Sprechstrom führende Leitungspaar
auch die sämtlichen übrigen Seitenstellen angeschlossen sind,
so ist klar, das während des Gesprächs zwischen der Hauptstelle
und einer Seitenstelle auch eine zweite Seitenstelle den Sprechstrom erhält und das Gespräch der beiden andern mithören
kann, wenn in dieser zweiten Seitenstelle das Telephon vom
Haken genommen wird.

214. Einfache Haustelephonanlage mit Linienwählerverkehr. Für den Fall, daß eine Anzahl von Haustelephonstellen unter sich derart sollen verkehren können, daß
jede Stelle die andere unmittelbar anrufen und jede mit jeder
sprechen kann, ohne daß verlangt wäre, daß mehrere Paare der
Anlage gleichzeitig unabhängig voneinander sprechen können,
greift man zur Anwendung von Linienwählern. Ein Beispiel
einer derartigen Anlage für vier Stellen mit gemeinsamer Ruf-
und Mikrophonbatterie zeigt die Fig. 141. In jeder Stelle ist der
gewöhnliche Telephonapparat für kurze Entfernungen mit je
einem Linienwähler zu vier Büchsen mit Stöpsel und Schnur
verbunden. In der Ruhelage steckt der Stöpsel in der untersten
Büchse, welche sich von den übrigen desselben Linienwählers
nur dadurch unterscheidet, daß sie mit einem Morsekontakt versehen ist. Jede Stöpselschnur ist mit dem zugehörigen Telephonapparat verbunden, so daß dieser durch Einsetzen des Stöpsels
in die eine oder andere Büchse mit der an diese angeschlossenen
Leitung zu einer der andern der Stellen verbunden werden kann.
Wünscht z. B. die erste linke Stelle mit der nächstfolgenden zu
sprechen, so zieht sie den Stöpsel aus der untersten Büchse des
Linienwählers und setzt ihn in die oberste ein. Wird jetzt am
Telephonapparat der Ruftaster gedrückt, so geht der Strom der
Batterie durch die an die oberste Büchse des Linienwählers
der ersten Stelle angeschlossene Leitung zu Stöpselschnur und
Stöpsel und die unterste Büchse, in welcher letzterer sitzt, zum
Apparat der gerufenen Stelle, den Wecker betätigend. Werden
nun in beiden Stellen die Telephone vom Haken genommen, so
geht der Strom der Batterie durch die in Reihe geschalteten
Mikrophone und Telephone der beiden verbundenen Stellen.

Auch in dieser Anordnung ist selbstverständlich ein Mithören
des zwischen zwei Stellen stattfindenden Gesprächs durch eine
dritte nicht ausgeschlossen.

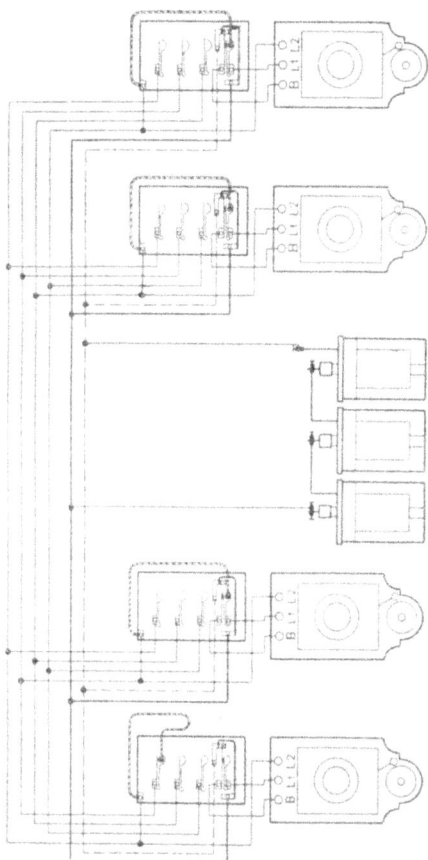

Fig. 111.

215. Allgemeines. Die einfachen Haustelephonanlagen
mit Batterieanruf und Verwendung der Rufbatterie zur Speisung
der Mikrophone haben nur eine beschränkte Anwendbarkeit.
Insbesondere ist in solchen Fällen, wo irgend zu erwarten ist,
daß die Anlage einmal mit Apparaten für größere Entfernung
zusammenzuarbeiten hat, unbedingt von der Einrichtung ab-
zusehen.

216. Haustelephonanlagen mit Vermittlungs-
betrieb. Häufig ergibt sich schon bei verhältnismäßig kleinen
Haustelephonanlagen die Notwendigkeit, daß die einzelnen
Sprechstellen bald mit dieser bald mit jener ungestört und un-
belauscht verkehren können und daß dies für eine mehr oder
minder große Anzahl von Paaren gleichzeitig stattfinden könne.
Ferner besteht in Anlagen der Art meist auch noch das Bedürfnis,
daß die Apparate nicht nur zum Verkehr unter sich und in den
Grenzen der Anlage sondern auch zum Gespräch nach auswärts,

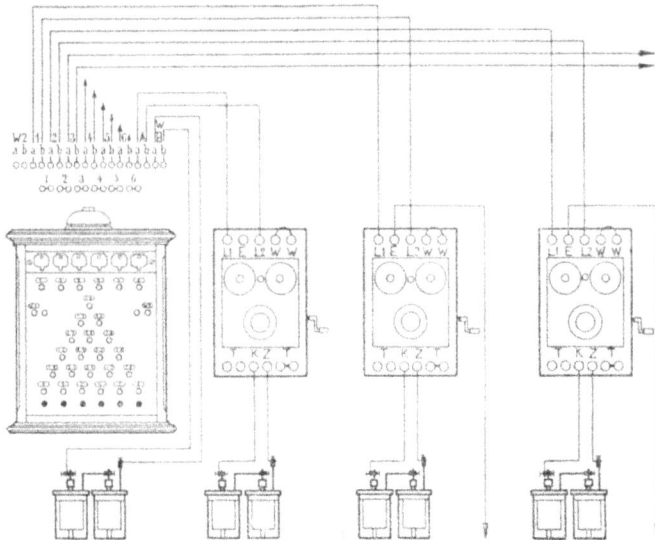

Fig. 142.

sei es mit mehr oder minder entfernten einzelnen Stellen, sei
es mit Ortstelephonnetzen, sei es endlich mit fremden Städten
und Ländern, dienen sollen. In den Fällen dieser Art werden
an den Sprechstellen nur Apparate für größere Entfernungen
nach § 145 u. ff. verwendet und Herstellung und Trennung einer
Verbindung an einer Vermittlungsstelle von einer besonders
hierzu aufgestellten Person nach dem Bedürfnis der einzelnen
Sprechstellen besorgt.

Die allgemeine Anordnung einer derartigen Anlage ist
folgende: Von jeder der Sprechstellen der Anlage führt eine
eigene Leitung zur Vermittlungsstelle und ist hier an einen

Signalapparat — Fallklappe, Scháuzeichen, Glühlampenrelais etc.
— angeschlossen. Diese Signalapparate sind mit den zur Herstellung und Lösung der einzelnen Verbindungen notwendigen
übrigen Teilen zu Umschalteapparaten verschiedener Bauart vereinigt, wie wir sie in den § 157 u. ff. kennen gelernt haben. Das
Schema einer derartigen Anlage mit Sprechstellen mit Induktor-
anruf und eigener Mikrophonbatterie im Anschluß an einen
Pyramidenschrank zeigt die Fig. 142. Die an Blitzschutzvorrichtungen angeschlossenen Erdklemmen werden benutzt, wenn
die betreffende Leitung einen Abschnitt Freileitung enthält.
Die Sprechstelle am Pyramidenschrank dient zugleich als Ab-
frageapparat.

217. Gemeinsame Leitung für mehrere Sprechstellen bei Haustelephonanlagen mit Vermittlungsbetrieb. Aus verschiedenen Gründen kann es wünschenswert erscheinen, in eine zur Vermittlungsstelle führende
Leitung mehrere Sprechstellen einzuschalten. Am einfachsten
liegt der Fall, wenn es sich um die Benutzung einer gemeinsamen Anschlußleitung durch zwei Sprechstellen handelt. Nennen
wir die der Vermittlungsstelle zunächst liegende Sprechstelle
Zwischenstelle, die andere Endstelle, so können folgende Einrichtungen getroffen sein: Entweder die Leitung Vermittlungsstelle – Zwischenstelle und die Leitung Zwischenstelle—Endstelle
bilden für gewöhnlich getrennte Abschnitte und werden nur
miteinander verbunden, wenn die Endstelle mit der Vermittlungsstelle oder darüber hinaus verkehren will oder die Vermittlungsstelle eine Verbindung mit der Endstelle zu bewerkstelligen hat,
wobei die Herstellung und Lösung der Verbindungen durch den
Inhaber der Zwischenstelle erfolgt, oder die Leitung geht in
einem Stück von der Endstelle durch bis zur Vermittlungsstelle,
so daß diese beiden Stellen ohne die Mitwirkung der Zwischenstelle miteinander verkehren können.

Im ersteren Falle endigen die beiden Leitungsabschnitte
in der Zwischenstelle an einem Apparat, beispielsweise einem
kleinen Klappenschrank mit zwei Anrufklappen, vermittelst
dessen der Inhaber der Zwischenstelle imstande ist, zu erkennen,
ob ein Anruf von der Vermittlungsstelle oder von der Endstelle
ausgeht, den eigenen Apparat demnach in den einen oder in den
anderen Abschnitt der Leitung einzuschalten und den Wunsch
der rufenden Stelle entgegenzunehmen bzw. auszuführen.

Bei der zweiten Verbindungsart sind Zwischen- und Endstelle hinter- oder nebeneinander in die Leitung geschaltet, so

daß das von Vermittlungs- oder Endstelle ausgehende Signal
auch dann in der Zwischenstelle erscheint, wenn es dieser
nicht gilt. Letzterer muß demnach die Möglichkeit gegeben
werden, zu erkennen, ob ein bei ihr einlaufendes Signal für sie
oder für die End- oder Vermittlungsstelle bestimmt ist. Das
kann etwa so geschehen, daß ein Glockenzeichen den Anruf
der Zwischenstelle, zwei Glockenzeichen den Anruf von End-
oder Vermittlungsstelle bedeuten.

Doch gibt es auch Einrichtungen, bei welchen die zwischen
End- und Vermittlungsstelle ausgetauschten Signale keine hörbaren Signale in der Zwischenstelle hervorbringen. Auf diese
Vorkehrungen wird bei den Telephonanlagen auf größere Entfernungen zurückzukommen sein.

Es ist ohne weiteres klar, daß in der Zwischenstelle statt
des Klappenschranks zu zwei Leitungen ein solcher zu drei und
mehr Leitungen angebracht sein kann, an welchen an Stelle
der einen Endstelle deren mehrere mit besonderer Leitung angeschlossen sein können, welche nun durch die Vermittlung
der Zwischenstelle nicht nur mit dieser und unter sich sondern
durch die von der Zwischenstelle zur Vermittlungsstelle gehende
Anschlußleitung mit dieser und den an sie angeschlossenen
Sprechstellen verkehren können. Die Zwischenstelle spielt dann
hinsichtlich des Verkehrs der an sie angeschlossenen Stellen
einfach dieselbe Rolle wie die Vermittlungsstelle gegenüber
ihren Anschlüssen. Es gibt auch Einrichtungen, bei welchen
mehr als zwei hintereinander in eine gemeinsame Leitung eingeschaltete Stellen mit der Vermittlungsstelle verkehren können,
ohne daß die Rufzeichen in einer andern Stelle als der gerufenen
erschienen und daß das Gespräch einer der Stellen von einer
andern in dieselbe Leitung eingeschalteten gestört oder belauscht
werden könnte. Auch auf diese Vorkehrungen wird später
zurückgekommen werden.

218. Die Verbindung von Haustelephonanlagen
mit öffentlichen Fernsprechnetzen. In den öffentlichen Fernsprechnetzen der deutschen Postverwaltungen ist es
gestattet, daß an das Teilnehmerende einer an ein öffentliches
Fernsprechamt angeschlossenen Leitung — den Hauptanschluß
— bis zu fünf Nebenstellen derart verbunden werden dürfen,
daß die einzelnen durch strahlenförmig ausgehende Einzelleitungen an den Hauptanschluß verbundenen Nebenstellen
durch einen am Hauptanschluß aufgestellten Klappenschrank —
häufig nach der § 159 u. 160 angegebenen Bauart — abwechslungs-

weise unter sich und mit der Amtsleitung verbunden werden und
so an dem allgemeinen Verkehr des betreffenden öffentlichen
Fernsprechamts teilnehmen können. Die an den Klappenschrank
des Hauptanschlusses angeschlossenen Nebenstellen sind selbstverständlich mit Apparaten für größere Entfernung ausgerüstet,
wie dies der Verkehr im öffentlichen Fernsprechnetz erfordert.

Es ist nun häufig erwünscht, diese Apparate nicht nur im
Verkehr mit dem Amt sondern auch für den Verkehr in einer
Haustelephonanlage mitzubenutzen. Zu diesem Zwecke ist an
dem Apparat einer Nebenstelle eine Schaltvorrichtung vorgesehen,
vermittelst welcher der Apparat von der zum Hauptanschluß
führenden Leitung abgeschaltet und mit der Haustelephonanlage,
einem Linienwähler u. dgl. verbunden werden kann. Da die
Anzahl der Nebenstellen, welche über eine Teilnehmerleitung
zum Amt verkehren dürfen, auf fünf beschränkt ist, muß diese
Abschaltung einer- und Anschaltung anderseits sich so vollziehen,
daß keine Verbindung zwischen der Haustelephonanlage über
die Nebenstellenleitung zum Hauptanschluß und damit zum Amt
stattfinden kann. Es genügt hierzu ein einfacher, unzugäng-
licher Schalter, welcher die Verbindung des Apparats mit der
Nebenstellenleitung aufhebt, indem er die Verbindung mit der
Haustelephonanlage herstellt.

Handelt es sich um eine große Haustelephonanlage mit
eigener Vermittlungsstelle und sollen die Nebenstellen wie der
Hauptanschluß an den gemeinsamen Klappenschrank der Haustelephonanlage gelegt werden, so ist am Klappenschrank Vorkehrung zu treffen, daß zwar alle Nebenstellen unter sich und
mit der Amtsleitung, letztere aber mit keiner der Haustelephonstellen verbunden werden kann. Dies ermöglicht sich dadurch,
daß zwar jede Nebenstellenleitung am Schrank zu einer Klappe
und Abfrageklinke geführt ist, vermittelst welcher sie mit jeder
andern Nebenstelle und Haustelephonstelle mit Schnur und
Stöpsel, nicht aber mit der Amtsleitung verbunden werden kann.
Die Verbindung mit der Amtsleitung geschieht vielmehr durch
einen fest mit dieser Leitung verbundenen Schalter, welcher,
indem er die Amtsleitung mit der Nebenstellenleitung verbindet,
diese von ihrer Abfrageklinke trennt und damit jede Möglichkeit abschneidet, daß durch Schnur und Stöpsel irgendeine der
Haustelephonstellen mit der Amtsleitung Verbindung erhalte.
Auch auf diese Einrichtungen werden wir gelegentlich der Besprechung der Telephonanlagen für größere Entfernung eingehender zurückkommen.

219. Die Telegraphenanlagen auf größere Entfernungen. Während die Haustelegraphenanlagen sich auf
den Umfang von Innenräumen oder einzelnen Grundstücken be-
schränken, überschreiten die Telegraphenanlagen für größere
Entfernungen diese Grenzen und sind, soweit sie dem öffentlichen Verkehr dienen, ein Vorrecht des Staates, soweit sie dem
privaten Verkehr dienen, der staatlichen Genehmigung unter-
worfen (Gesetz über das Telegraphenwesen des Deutschen Reichs
vom 6. April 1892).

220. Die Morsetelegraphenanlagen. Die weitaus
überwiegende Zahl von Telegraphenanlagen auf größere Entfernungen bilden die Morsetelegraphenanlagen. Sie stehen wieder
in ihrer überwiegenden Mehrzahl im Gebrauch des Staates, und

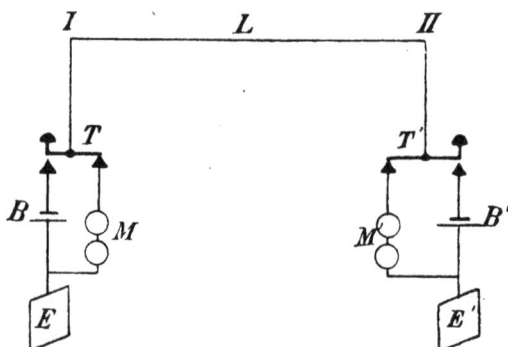

Fig. 143.

zwar für den öffentlichen Telegraphenverkehr, für den Betrieb
der Eisenbahnen und für die Zwecke von Heer und Marine.
Sie sind der Mehrzahl nach mit metallischen Leitungen ausgestattet und bedienen sich zu einem kleinen Teil der drahtlosen Übertragung.

221. Die Morsetelegraphenanlagen mit metallischer Leitung Die Morsetelegraphenanlagen mit metallischer Leitung sind entweder mit oberirdischer oder unterirdischer Leitung ausgeführt. Die Anlagen mit oberirdischer
Leitung sind der Zahl nach weit überwiegend.

222. Arbeitsstrom. Handelt es sich nur darum, zwei
Betriebsstellen durch eine Morsetelegraphenanlage zu verbinden, so genügt hierzu die in Fig. 143 dargestellte Anordnung. Die beiden Betriebstellen *I* und *II* sind durch die

Leitung L verbunden. In jeder derselben ist eine Stromquelle B bzw. B' und ein aus Taster T und Schreibwerk M
bestehender Morseapparat vorgesehen. Solange die Anlage
unbenutzt bleibt, ist die Leitung stromlos. Wird jedoch ge-
arbeitet d. h. wird in einer Stelle der Taster T niedergedrückt,
so geht der Strom der Batterie dieser Stelle über die Leitung,
den Ruhekontakt des Tasters, den Schreibwerkelektromagneten,
die Erdplatte E der andern Stelle und die Erde zum andern Pol
der gebenden Stelle. Am Schreibwerk der empfangenden Stelle
entsteht ein Strich, solange der Taster in der gebenden Stelle
in der Arbeitstellung gehalten wird. Man sagt, die Anlage
werde mit Arbeitstrom betrieben. Diese Betriebsform wird nur
bei langen Leitungen mit höchstens einer Zwischenstelle angewendet.

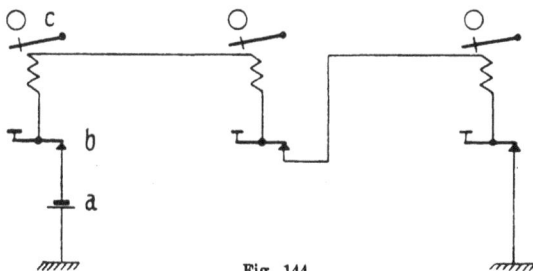

Fig. 144.

223. Ruhestrom. In der weitaus überwiegenden Mehrzahl der Fälle liegt jedoch das Bedürfnis vor, vermittelst einer
von Ort zu Ort gehenden Leitung eine mehr oder minder große
Anzahl von Stellen miteinander telegraphisch derart zu verbinden, daß jede der in die gemeinsame Leitung einbezogenen
Stellen mit jeder andern verkehren kann. Dies wird dadurch
erreicht, daß die Leitung bei unbenutzter Anlage dauernd mit
einer Stromquelle verbunden ist, welche ununterbrochen Strom
— Ruhestrom — in der Leitung und in den eingeschalteten
Apparaten unterhält. Wird dann in einer der eingeschalteten
Stellen die Leitung unterbrochen, so ist damit der Strom in der
ganzen Anlage unterbrochen, was sich gleichzeitig an den sämtlichen in die Leitung eingeschalteten Apparaten kundgibt.
Demnach erscheinen die von irgendeiner Stelle hervorgebrachten
Zeichen in sämtlichen anderen. Anderseits enthalten die in
allen Stellen erscheinenden Zeichen kein Merkmal, welches

deren Ursprung erkennen ließe. Eine von einer Stelle ausgehende Nachricht kann sich daher an alle übrigen Stellen der
Leitung oder an mehrere oder nur an eine richten, sie kann
aber keiner verheimlicht werden. Und anderseits kann jede
eine Nachricht empfangende Stelle nur annehmen aber nicht
wissen, daß die Nachricht von der Stelle kommt, welche sich
als Absenderin bekennt. Endlich kann jede der in die gemeinsame Leitung eingeschalteten Stellen in jedem Augenblick einen
auf der Leitung sich abspielenden Nachrichtenaustausch stören
und den Verkehr überhaupt verhindern.

Die allgemeine Anordnung einer Ruhestromanlage zeigt
die Fig. 144. Der Strom der Batterie *a* geht bei unbenutzter
Anlage über den Taster *b*, den Schreibwerkelektromagneten *c*
der Stelle *I*, die Leitung, den Schreibwerkelektromagneten der
Stelle II, den Taster, die Leitung, den Schreibwerkelektromagneten der Stelle *III* und den Taster über die beiden
Erdverbindungen zum zweiten Pol der Batterie *a*. Wird in
irgendeiner Stelle der Taster niedergedrückt, so wird damit der
Strom der Leitung unterbrochen, die Anker der Schreibwerk-
elektromagnete fallen in sämtlichen Stellen ab und bleiben abgefallen, solange die Stromunterbrechung dauert.

Häufig wird an Stelle des Schreibelektromagneten ein Relais in die Leitung geschaltet, dessen Anker eine Ortsbatterie
über das Schreibwerk schließt und öffnet.

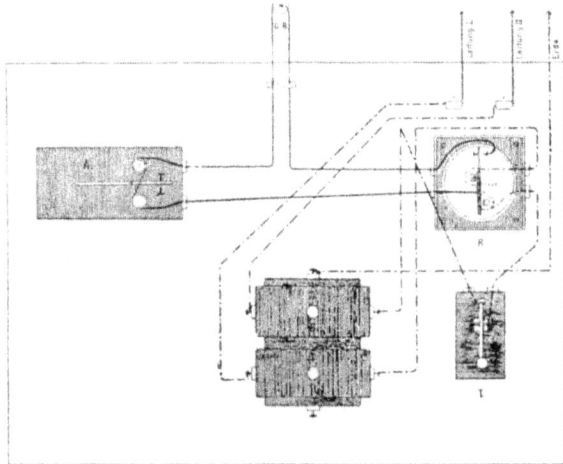

Fig. 145.

224. **Einrichtung einer Betriebstelle mit Ruhe-
strommorseapparat.** Die Einrichtung einer Betriebstelle
für Ruhestrom umfaßt die von dem Anschluß an die Freileitung
beginnende Zimmerleitung, die Apparateausrüstung der Stelle
und die Erdverbindung. Die Apparateausrüstung besteht in
ihrer einfachsten Gestalt aus Taster, Schreibwerk und Blitzschutzvorrichtung. Eine Ausstattung, bei welcher das Schreibwerk durch Relais und Ortsbatterie betätigt wird, zeigt Fig. 145.
Auf der Tischplatte aufgesetzt sind das Schreibwerk A und der
Taster T. Eingelassen in die Tischplatte, mit dem oberen Teil
darüber hervorragend, ist das Relais R. Unter der Tischplatte
befinden sich die beiden Blitzplatten BB mit darunterliegender
gemeinsamer Erdplatte. Mit OB ist die Ortsbatterie bezeichnet.
Bei Leitung I tritt der Strom der als Zwischenstelle geschalteten
Einrichtung in den Apparat, um ihn bei Leitung II wieder zu
verlassen. Bei Erde ist die Bodenverbindung angelegt.

Häufig ergänzt sich die Apparateausstattung noch durch
ein auf der Tischplatte aufgestelltes, in die Leitung eingeschal-
tetes Galvanometer, welches die in jedem Augenblick in der
Leitung herrschende Stromstärke zu beobachten gestattet.

Die Zimmerleitung besteht in der Regel aus Guttaperchadraht, die Erdverbindung aus blankem Kupferdrahtseil oder
Kupferblech.

225. **Der Betrieb in Ruhestrommorseleitungen.**
Der Betrieb in Ruhestrommorseleitungen gestaltet sich folgendermaßen: Soll von der Stelle A an die in die gemeinsame Leitung
eingeschaltete Stelle F eine Nachricht gegeben werden, so ist
es zunächst nötig, daß der Beamte der Stelle A den der Stelle F
von seiner Absicht verständigt. Er hat dazu in der gewöhnlichen Betriebsform kein anderes Mittel als durch seinen Taster
Stromunterbrechungen in der Leitung hervorzubringen. Diese
Stromunterbrechungen bewegen die Anker der Schreibwerke in
allen Stellen der Leitung. Damit sie nun die Aufmerksamkeit
des Beamten in der Stelle F erregen, müssen sie ein für diesen
Zweck vereinbartes Merkmal haben. Sie geben beispielsweise
den Buchstaben F in Morseschrift . . — .; der Beamte in F
muß aber nicht nur aufmerksam gemacht, gerufen, er muß auch
verständigt werden, von welcher Stelle aus er gerufen wird.
Der rufende Beamte in A fügt daher dem F, dem Rufzeichen
für die Stelle F, sein für ihn selbst vereinbartes Rufzeichen,
beispielsweise ein A, . — in Morseschrift bei. Erscheint demnach in der Stelle F am Schreibwerk einmal oder wiederholt

die Zeichenfolge *FA* oder . . — . . —, so entnimmt hieraus
der Beamte in *F*, daß der in *A* ihn zum Verkehr auffordert.
Er kommt dieser Aufforderung nach, indem er nun seinerseits
sein eigenes Erkennungszeichen, ein *F*, . . — ., abgibt. Dies *F*
erscheint in allen Stellen, also auch in der Stelle *A*, und belehrt
den dortigen Beamten, daß der Beamte in *F* bereit ist, die beabsichtigte Nachricht entgegenzunehmen. Der Beamte in *F* hat
mittlerweile, nachdem er sich gemeldet, das Uhrwerk an seinem
Schreibwerk ausgelöst, wodurch der Papierstreifen an dem Farbrädchen vorbeigeführt wird. Durch die Ankerbewegungen des
Schreibwerkselektromagneten erscheinen die gegebenen Zeichen
nun auf dem Streifen des Apparates in *F*. Ist dann die ganze
Mitteilung auf dem Streifen in *F* aufgezeichnet, so fügt die
Stelle *A* noch ein besonderes Zeichen an zur Verständigung,
daß ihrerseits die Mitteilung vollkommen abgegeben und nichts
weiter zu übermitteln ist. Dies Schlußzeichen beantwortet der
Beamte in *F* mit der Wiederholung etwaiger Zahlen oder solcher
Worte, die ihm zweifelhaft erscheinen. Nachdem der gebende
Beamte kontrolliert und die Richtigkeit bestätigt, ist die Über-
mittlung der Nachricht beendet.

Wir haben gesehen, daß der Anruf der Stelle *F* dadurch
geschah, daß der rufende Beamte in *A* mit seinem Taster den
Strom in solcher Art unterbrach und wiederherstellte, wie es
der Erzeugung eines *F* in Morseschrift durch die Schreibwerke
entspricht. Der Streifen im Schreibwerk in der Stelle *F* war
aber in Ruhe, konnte daher das Rufzeichen nicht aufschreiben.
Dagegen sind die Bewegungen des Schreibwerkankers mit einem
gewissen Geräusch verbunden, indem der den Anker tragende
Hebel mit seinem freien Ende gegen einen unteren und einen
oberen Anschlag schlägt. Diese Geräusche bilden das tatsächliche
Anrufzeichen und der gerufene Beamte muß aus dem zeitlichen
Abstande, in welchem sich die einzelnen Schläge folgen, erkennen, ob sie seinem Rufzeichen entsprechen. Drei rasch
nacheinander folgende Schläge, denen in längerem Abstand ein
vierter folgt, lassen ihn erkennen daß ein Zeichen die Leitung
durchlief welches, von einem Schreibwerk aufgeschrieben, den
Buchstaben *F* in Morseschrift auf dem Streifen hervorgebracht hätte.

Diese Art des Anrufs in Morseleitungen hat naturgemäß
eine Reihe von Nachteilen. Zunächst kann das von den Bewegungen des Schreibwerkankers hervorgebrachte Geräusch nur
gering und nur in der nächsten Umgebung des Schreibwerks
vernommen werden. Da ferner die Zeichen sämtliche in die

gemeinsame Leitung eingeschalteten Apparate durchlaufen,
haben die Beamten in allen Stellen bei jedem in der Leitung
erscheinenden Anruf achtzugeben, wem der Anruf gilt, wobei
Irrtümer infolge der Schwierigkeit, nach dem Gehör die einzelnen
Zeichen zu unterscheiden, leicht vorkommen können.

226. Der wahlweise Anruf in Ruhestrommorseleitungen. Es gibt verschiedene Einrichtungen, welche diese
Übelstände im Betrieb der Ruhestrommorseleitungen zu vermeiden gestatten und ermöglichen, daß der Anruf in einem
weit hörbaren Glockenzeichen besteht und nur in der Stelle
erscheint, welche gerufen werden soll. Eine neuere Anordnung dieser Art zeigt die Fig. 146. Die Schaltung gibt die

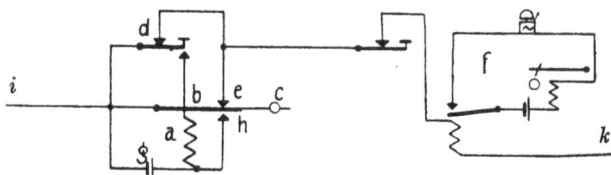

Fig. 146.

Einrichtung einer Zwischenstelle. Der Strom der Leitung tritt
bei *i* in die Apparatenausrüstung, geht über einen Hilfstaster *d*
zu dem gewöhnlichen Morsetaster des Morseapparats, über
die Windungen des Relais zu dem zweiten Ast *k* der Leitung.
Der Ortsstromkreis *f* ist in gewöhnlicher Weise mit dem Relaisanker, der Ortsbatterie und dem Morseschreibwerk verbunden,
enthält jedoch mit letzterem in Reihe geschaltet noch einen
Resonanzwecker (siehe S. 46), welcher nur anschlägt, wenn
der Relaisanker in der Zeiteinheit eine bestimmte Anzahl von
Stromschlüssen im Ortsstromkreis hervorbringt. Der Taster *d*
ist mit einer Batterie *g* — sie ist die nämliche, die im Ortsstromkreis *f* wirkt und nur der Übersichtlichkeit halber noch
einmal gezeichnet — und einem Nebenschlußunterbrecher *a*
verbunden. Der Anker *b* des letzteren schließt in der Ruhelage
den Kontakt *c* und trägt an seinem freien Ende ein kleines.
verschiebbares Gewicht *c*. Die Wirkungsweise der Einrichtung
ist folgende: Werden in dem von *i* nach *k* verlaufenden Stromkreis von irgendeiner in die Leitung eingeschalteten Stelle
Stromunterbrechungen hervorgebracht, so fällt der Anker des
Relais ab und schließt den Ortsstromkreis *f*. Der Anker des
Schreibwerks wird angezogen, der Resonanzwecker jedoch nur

dann betätigt, wenn die Stromunterbrechungen mit der Geschwindigkeit einander folgen, die der bestimmten Schwingungszahl des Weckers entspricht. Die gewöhnlichen die Leitung
durchlaufenden Morseschriftzeichen sind bei der Unregel-
mäßigkeit der Aufeinanderfolge der einzelnen Stromstöße nicht
im stande, irgendeinen der Resonanzwecker in Tätigkeit zu
setzen.

Soll irgendeine der in die gemeinsame Leitung eingeschalteten Stellen aufgerufen werden, so wird das verschiebbare Gewicht c am Anker b des Nebenschlußunterbrechers so eingestellt,
daß Anker b bei Stromschluß so schnell schwingt wie der Resonanzwecker derjenigen Stelle, welche gerufen werden soll.
Hierauf wird auf den Taster d gedrückt. Der Strom der Batterie g betätigt den Nebenschlußunterbrecher und letzterer unterbricht und schließt damit den Kontakt c, d. h. den Weg, welcher
dem Leitungstrom nach Drücken des Tasters d noch geblieben
war. Die Bewegungen des Ankers b unterbrechen und schließen
daher den Leitungstrom in regelmäßigen Zeitabständen mit
solcher Geschwindigkeit, wie sie der Schwingungszahl des Resonanzweckers der zu rufenden Stelle entspricht. Nach Ein-
stellung des Gewichts c kann demnach durch einfachen Druck
auf den Taster d jede beliebige Stelle der Leitung durch ein
Glockenzeichen wahlweise aufgerufen werden, wobei das Glockenzeichen nur so lange andauert, als auf den Taster d der rufenden Stelle gedrückt wird. Nachdem in dieser Anordnung das
Geräusch des Ankers nicht mehr zum Anruf herbeigezogen
werden braucht, kann es, soweit es nicht bei der Aufzeichnung
der Schriftzeichen auf dem Papierstreifen unvermeidlich hervorgebracht wird, ganz unterdrückt werden. Es ist nur nötig, daß
der Hebel, durch welchen die Auslösung und die Arretierung
des Uhrwerks, das den Papierstreifen fortbewegt, bewirkt wird,
mit einem Schalter zwangläufig verbunden wird, welcher in der
Ruhestellung den Schreibwerkelektromagneten aus dem Ortsstromkreis ausschaltet und nur den Resonanzwecker eingeschaltet
läßt, dagegen bei Auslösung des Uhrwerks den Resonanzwecker-
aus- und den Elektromagneten an dessen Stelle in den Ortsstromkreis einschaltet. Es ist klar, daß auf diese Weise auch das in
der gewöhnlichen Betriebsform in allen Stellen der Leitung
entstehende Geräusch der Ankerbewegungen des Schreibwerks,
welches auch die an einem gerade stattfindenden Nachrichtenaustausch nicht beteiligten Stellen ständig belästigt, vermieden wird.

227. Morsetelegraphen mit Mehrfachverkehr.
Schon bei Besprechung der automatischen Telegraphenapparate
war davon die Rede, daß die Erzeugung von Morsezeichen
von Hand durch einen von einem Beamten zu betätigenden,
unmittelbar auf die Leitung wirkenden Taster eine zeitraubende
Sache ist, welche mit der elektrischen Leistungsfähigkeit von
Leitung und Apparaten in starkem Widerspruch steht. Die
Versuche, zu einer besseren Ausnutzung zu gelangen, begannen
mit Einrichtungen, welche die gleichzeitige Benutzung der Morseleitung durch mehrere Beamte ermöglichten. Die beiden einfachsten Formen sind die Einrichtungen für den Diplex- und
für den Duplexverkehr. Unter einer Diplexeinrichtung versteht
man die Schaltung einer Morseleitung, welche gestattet, von
einer Stelle aus durch zwei Taster gleichzeitig über eine einzige
Leitung Morsezeichen zu geben und an der anderen Stelle an
zwei Morseschreibwerken aufzunehmen, so daß die von dem
einen Taster erzeugten Zeichen an dem einen, die von dem
andern erzeugten an dem andern Schreibwerk und ohne sich
zu vermischen wiedergegeben werden.

Eine Duplexeinrichtung besteht in der Anordnung, daß in
einer Morseleitung an jedem der beiden Enden je ein Taster
gleichzeitig mit dem andern Morsezeichen in die Leitung geben
kann und daß die von einem Ende ausgehenden Zeichen von
einem Schreibwerk am anderen Ende aufgenommen werden,
ohne daß die von einem Ende abgehenden die an diesem Ende
ankommenden Zeichen stören würden. Durch einfache Schal-
tungskunstgriffe gelangte man ferner dahin, mit Quadruplex·
anlagen gleichzeitig zwei Nachrichten in beiden Richtungen zu
übertragen. Noch weiter gelangte man mit Anwendung von
wellenförmigen Strömen in Verbindung mit dem Prinzip der
Resonanz. Dabei ist das eine Ende der Leitung mit einer Reihe
von Tastern verbunden, vermittelst welcher ein Beamter beispielsweise 10, ein zweiter 15, ein dritter 20, ein vierter 30 usw.
Stromstöße in der Sekunde in die Leitung schicken kann. Am
andern Ende ist die Leitung mit einer Reihe von Elektromagneten verbunden, von welchen jeder den Zinken einer
Stimmgabel gegenübersteht. Die Schwingungszahlen der einzelnen Stimmgabeln sind verschieden und entsprechen der Zahl
der Stromstöße, welche durch die Taster am anderen Leitungsende hervorgebracht werden können. Wird einer der letzteren
gedrückt, so gerät die Stimmgabel des andern Endes, welche
die den entsandten Stromstößen entsprechende Schwingungszahl

aufweist, in Schwingungen und wirkt damit als Relais auf einen
Ortsstromkreis, in welchem in gewöhnlicher Weise die Morsezeichen am Schreibwerk hervorgebracht werden. Wird in der
Sendestelle gleichzeitig mit dem ersten ein zweiter Taster gedrückt, so wird gleichzeitig mit der ersten eine zweite Reihe
von Stromstößen, jedoch von anderer Aufeinanderfolge, in die
Leitung geschickt. Dieser zweite Wellenzug geht ungestört und
unverändert neben dem ersten her und bringt seinerseits die
Stimmgabel am andern Leitungsende in Schwingungen, deren
Schwingungszahl mit der Zahl der vom zweiten Taster hervorgebrachten Stromstöße übereinstimmt. Da auch diese Stimmgabel als Relais für einen zweiten Ortsstromkreis wirkt, werden
durch die gleichzeitige Betätigung der beiden Taster gleichzeitig
an zwei Schreibwerken Zeichen derart hervorgebracht, daß die
von dem einen Taster ausgehenden Zeichen nur an dem diesem
Taster zugewiesenen Schreibwerk, nicht aber an irgendeinem
andern erscheinen.

Ein anderes Prinzip des Mehrfachverkehrs besteht darin,
daß jedes Leitungsende mit je einem Arm verbunden wird,
dessen freies Ende sich im Kreise dreht und abwechselnd über
eine Anzahl von metallischen, voneinander isolierten Segmenten
derart hingleitet, daß, wenn der Arm an dem einen Leitungsende auf einem Segment a steht, der Arm am andern Leitungsende immer auch auf dem entsprechenden Segment a' steht.
Segment a ist mit einem Taster, Segment a' mit einem Morseschreibwerk verbunden. Ein zweiter Taster ist mit einem Segment b, ein entsprechendes Segment b' am andern Leitungsende mit einem zweiten Schreibwerk verbunden. Wird nun der
mit Segment a verbundene Taster gedrückt, so geht ein Stromstoß in die Leitung jedesmal, wenn der Arm am Tasterende der
Leitung über das Segment a hingleitet, und geht am andern
Leitungsende über den Arm und das Segment a' zum Morseschreibwerk, an diesem ein Zeichen erzeugend. Sind beispielsweise sechs Segmente mit Zubehör vorhanden, so können an
dem Sendeende sechs Beamte während einer Umdrehung des
Armes ein Zeichen in die Leitung geben. Und das von einem
Beamten abgegebene Zeichen erscheint selbstverständlich nur
an dem diesem Beamten zugewiesenen Apparat der Empfangstelle. Ist die Umdrehungsgeschwindigkeit der Arme groß genug,
so daß beispielsweise jedes Segment in der Sekunde zehnmal
überfahren wird, so können in der Sekunde von jedem Taster
zehn Stromstöße den betreffenden Schreibwerken zugeführt

werden. Folgen sich aber die Ankeranziehungen am Schreibwerk so rasch, dann fließen die einzelnen Punkte am Papierstreifen des Morseapparats zusammen und die ganze Anordnung
wirkt genau so, wie wenn die beiden Stellen durch sechs besondere Leitungen gewöhnlicher Betriebsform verbunden wären.

Da aber in allen Fällen, in welchen die Lebhaftigkeit des
Verkehrs die Anlage einer Mehrfachverbindung zwischen zwei
Punkten rechtfertigen könnte, sich schon die automatischen
Telegraphen durch überwiegende Vorzüge empfehlen, sind jene
Einrichtungen heute ziemlich in den Hintergrund getreten, so
daß hier Einzelheiten übergangen werden können.

228. Die automatischen Morsetelegraphenan-
lagen. Unter automatischen Morsetelegraphenanlagen versteht
man Morseanlagen, in welchen die Abgabe der Zeichen in die
Leitung nicht von Hand, sondern durch automatisch wirkende
Taster erfolgt (s. S. 37).

229. Morsefeuertelegraphenanlagen. Eine der
häufigsten Anwendungen der automatischen Morsetelegraphen
findet sich im Feuerwehrdienst der
Städte. Das allgemeine Schema einer
derartigen Anlage ist meist folgendes:
Von einem Betriebsmittelpunkt, der
städtischen Feuerwache, geht eine mehr
oder minder große Anzahl oft ring-
förmig zur Wache zurückkehrender
Leitungen aus, deren jede eine mehr
oder minder große Anzahl von Punkten
eines bestimmten Stadtbezirks berührt,
an welchen sog. Feuermelder in die
Leitung eingeschaltet sind. In der
Feuerwache ist die Leitung an einen
Morseapparat angeschlossen, welcher
die von den einzelnen Feuermeldern
eingehenden Zeichen aufnimmt. Morseapparat und Leitung sind in Ruhestromschaltung mit einer bei der Feuerwache aufgestellten Batterie verbunden.
Eine bekannte Form der Feuermelde-
anordnung zeigen schematisch
die Fig. 147 u. 148. Der von der
Wache kommende Strom tritt
über $L1$ in den Apparat, gelangt

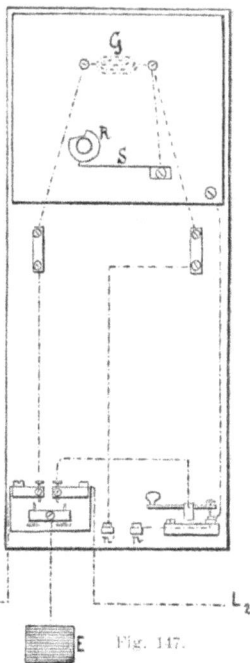

Fig. 147.

zu der einen Platte einer Blitzschutzvorrichtung, zu dem
Galvanometer G, zu der Feder S, dem Rädchen R, dessen
Achse, zur Gestellwand, zum Taster, zur zweiten Blitzplatte
nach Leitung $L2$. Das Ganze der Schaltung befindet sich in
einem an der Wand anzubringenden Kasten, dessen Vorder-

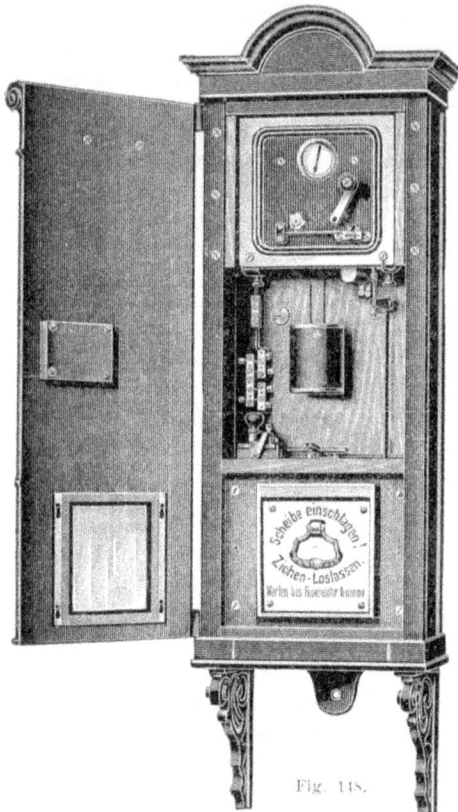

Fig. 148.

wand eine Türe bildet, in welche eine kleine Glasscheibe
eingesetzt ist. Hinter letzterer befindet sich ein Handgriff,
welcher nach Einschlagen der Glastüre zugänglich wird, und
gestattet ein durch ein Gewicht angetriebenes Laufwerk auszu-
lösen. Sobald dies Gewicht durch Anziehen an dem Handgriff
auf das Laufwerk wirkt, dreht letzteres das Rädchen R, so lange
bis das Gewicht abgelaufen ist. Das Rädchen R trägt an seinem

Umfang eine Anzahl mehr oder minder langer Ausschnitte. Sobald bei der Umdrehung ein solcher Ausschnitt dem Ende der Feder S gegenübertritt, wird der Strom der Leitung unterbrochen, solange der Vorübergang des Ausschnitts dauert, und wird wieder geschlossen, sobald ein Stück des Umfangs der vollen Scheibe wieder das Ende der Feder S berührt. Enthält die Scheibe beispielsweise nur einen längeren Ausschnitt, so würde bei jeder Umdrehung an dem Morseapparat der Feuerwache ein Strich — der Buchstabe t in der Morseschrift — erscheinen und anzeigen, daß der Feuermelder T betätigt wurde. Würde auf der Scheibe ein kurzer Ausschnitt von einem langen gefolgt sein, so würden bei jeder Umdrehung ein Punkt und ein Strich oder der Buchstabe A der Morseschrift am Apparat der Feuerwache erscheinen zum Zeichen, daß der Feuermelder A in Tätigkeit gesetzt wurde, die Hilfe demnach an einen dem Feuermelder A benachbarten Punkt zu bringen ist.

Der Betrieb der Anlage ist sehr einfach. Entsteht in der Nähe irgendeines der Feuermelder ein Brand, so wird von irgend jemand die Glasscheibe am Melder eingeschlagen und an dem Handgriff angezogen. Das Gewicht wird ausgelöst, das Rädchen R umgedreht, das Erkennungszeichen des betätigten Feuermelders erscheint am Morseapparat der Feuerwache.

Das Gewicht bewirkt bei jedesmaliger Auslösung zwölf Umdrehungen des Rädchens R, so daß in der Feuerwache zwölfmal hintereinander das Zeichen des betätigten Melders erscheint. Ist das Gewicht durch wiederholtes Auslösen ganz abgelaufen, so schließt es einen Kontakt zwischen $n\,n'$ und sichert so den Stromweg von L nach $L1$ auch dann, wenn zufällig nach Ablauf des Gewichts das Ende der Feder einem Ausschnitt von R gegenüberstehen und hier Leitungsunterbrechung stattfinden sollte.

Die Feuerwehr geht zur Brandstelle. Ein Feuertelegraphist öffnet den betätigten Feuermelder, ersetzt die eingeschlagene Glasscheibe, zieht das abgelaufene Gewicht wieder auf und gibt vermittelst des gewöhnlichen Tasters etwaige weitere Nachrichten über Umfang und Verlauf des Brandes an die Feuerwache, wobei er etwaige Antworten an den Bewegungen der Galvanometernadel ablesen kann.

230. **Automatische Morsetelegraphenanlagen für den Eisenbahndienst.** Eine weitere Ausbildung des den Morsefeuertelegraphenanlagen zugrunde liegenden Gedankens findet sich in manchen dem Eisenbahnbetrieb dienenden Morse-

telegraphenanlagen. Die zwischen zwei benachbarten Eisenbahn-
stationen bestehende Morsetelegraphenverbindung ist nämlich
öfter so eingerichtet, daß es möglich ist, von einer mehr oder
minder großen Anzahl zwischenliegender Punkte der Strecke
automatisch eine Reihe von Signalen nach den beiden Stationen
zu geben, welche nicht nur die signalisierende Stelle sondern
auch verschiedene Nachrichten angeben. Zu diesem Zwecke ist
wie in den Feuertelegraphenanlagen des vorigen Paragraphen

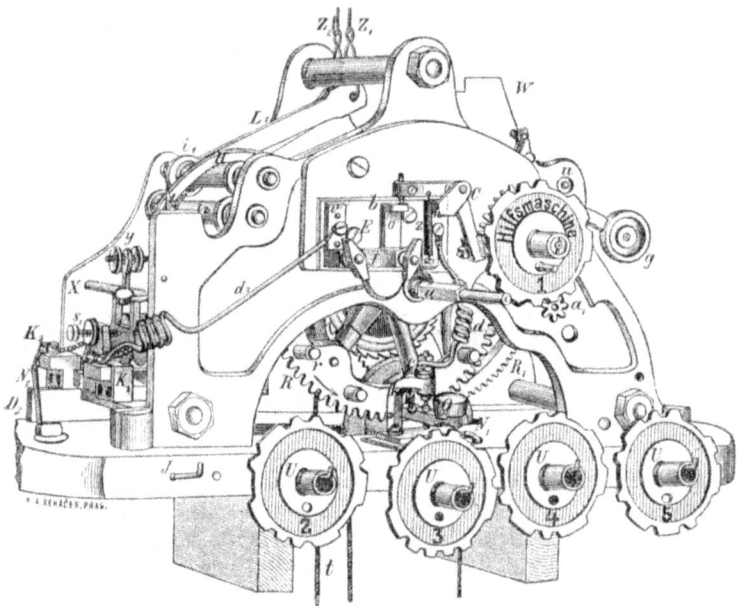

Fig. 149.

die gemeinsame Ruhestromleitung an jeder der Stellen an ein
Laufwerk geführt, welches durch ein Gewicht betätigt wird und
ausgelöst eine Achse umdreht, vermittelst welcher die gewünschten Stromunterbrechungen in der Leitung hervorgebracht werden.
Wie dort werden hierzu am Rande von Scheiben angebrachte
längere und kürzere, Morsezeichen entsprechende Ausschnitte
benutzt. Statt einer einzigen mit der Achse fest verbundenen
Scheibe werden jedoch hier mehrere Scheiben, welche abwechslungsweise auf die Achse aufgesetzt werden können, verwendet. Jede der Scheiben enthält in der Folge ihrer Aus-

schnitte einmal das Erkennungszeichen der Stelle, dann die
zu übermittelnden Nachrichten. In der Fig. 149 dargestellten
Ausführungsform sind beispielsweise fünf derartige Scheiben U
vorhanden, welche nach Bedarf auf die Achse gesetzt werden
können, welche in der Figur die Scheibe 1 trägt. Die gemeinsame Achse wird durch ein Gewicht in Umdrehung versetzt,
wenn durch einen Druck auf einen Taster bei X das Laufwerk
ausgelöst wird. Geschieht dies, wenn beispielsweise die Scheibe 1
aufgesetzt ist, so bewirken die Ausschnitte am Rande der letzteren in Verbindung mit den Zähnen durch den Winkelhebel C
bei b Stromunterbrechungen und Stromschlüsse, welche außer
dem Zeichen der signalisierenden Stelle noch die Buchstaben SN
in Morseschrift geben, was bedeutet: Hilfsmaschine soll kommen.
Das von Scheibe 5 hervorgebrachte Signal — das Erkennungszeichen der Stelle und der Buchstabe P — bedeutet beispielsweise: Die Bahn ist unfahrbar usw.

Auch hier kann vermittelst eines gewöhnlichen Morsetasters Q von Hand Morseschrift nach den benachbarten Eisen-
bahnstationen gegeben werden.

231. **Automatische Morsetelegraphenanlagen
für den Massenverkehr.** In den bisher erwähnten automatischen Morsetelegraphenanlagen handelt es sich darum, auf
mechanischem Wege in Morseleitungen Nachrichten in Morseschrift durch Personen hervorbringen zu lassen, welche der Erzeugung von Morseschrift nicht kundig sind, wobei naturgemäß
die einzelne Nachricht nur sehr kurz und einfach sein kann —
eine einfache Nummer im Falle der Feuermelder, einige Worte
dazu im Falle der Eisenbahntelegraphen. Eine andere Aufgabe
erfüllen die automatischen Morsetelegraphen für den Massenverkehr. Sie besteht darin, Morsetelegramme beliebigen Inhalts
mit einer Schnelligkeit über eine Leitung zu befördern, welche
durch von Hand zu bedienende Morsetaster nicht erreicht werden
kann. Wie in den in den vorigen Paragraphen besprochenen
automatischen Morsetelegraphenanlagen beruht auch hier die
Lösung darauf, daß die zu übertragende Nachricht zuvor einem
materiellen Träger eingeprägt und dann durch dessen Vermittlung erst in die Leitung gegeben wird. Dieser Körper — im
Falle der Feuermelder und Eisenbahntelegraphen der § 229
und 230 eine gezahnte, bewegte Metallscheibe — ist im Falle
der automatischen Morsetelegraphen für den Massenverkehr
meist ein bewegter Papierstreifen, welchem die Nachricht
in Form von kleinen, in verschiedenen Abständen sich

aneinanderreihenden Löchern eingeprägt wird. Streifen und
Löcher entsprechen genau den Ausschnitten und Zähnen im
Fall der Metallscheiben. Ist aber dort die Nachricht, und zwar
immer ein und dieselbe, auf dem Zwischenträger dauernd und
für eine beliebige Anzahl von Übermittlungen angebracht, so
wird sie dem Streifen aber immer von Fall zu Fall in beliebigem
Umfang dagegen meist nur zur einmaligen Übertragung bei-
gebracht. Die Durchlochung der Streifen muß natürlich durch
Beamte geschehen und erfordert etwa ebensoviel Zeit, als die
Abgabe in Morseschrift durch die Hand eines Beamten erfordern
würde. Da aber die Übertragung vermittelst des gelochten
Streifens viel schneller vor sich geht, so müssen mehrere Beamte gleichzeitig zusammenhelfen, um so viel durchlochte Streifen
herzustellen, als in der gleichen Zeit von dem den Streifen an
den Leitungskontakten vorüberführenden Apparat verbraucht
werden kann. Und wie in der Sendestelle der Streifen aus den
einzelnen, gleichzeitig von mehreren Beamten hergestellten
Stücken zusammengesetzt wird, so wird der Streifen an der
Ankunftstelle in einzelne Stücke zerschnitten, um durch die
gleichzeitige Arbeit mehrerer Beamten aus der Morseschrift in
gewöhnliche Schrift übersetzt zu werden.

Ein anderer Umstand unterscheidet noch die Einrichtungen
dieser Art von den in den vorigen Paragraphen beschriebenen.
Während bei diesen die automatische Übertragung von mehreren
Punkten der Leitung durch Ruhestrom geschieht, findet die
automatische Übertragung für den Massenverkehr nur zwischen
den Endpunkten langer Leitungen und unter Anwendung des
Arbeitsstroms statt.

Eine automatische Morsetelegraphenanlage für den Massenverkehr besteht demnach in jeder der beiden Stationen aus
einer Anzahl von Durchlochungsapparaten, je einem Sende- und
einem Empfangsapparat und je einer Batterie, endlich aus der
die beiden Stationen verbindenden Leitung. Eine bekannte
Ausführungsform der Sende- und Empfangsapparate sind die
früher erwähnten Wheatstoneapparate.

232. Die radiotelegraphischen Morseanlagen.
In den radiotelegraphischen Morseanlagen findet die Übertragung der Morsezeichen von der Sende- zur Empfangstelle
nicht durch eine beide Stellen verbindende metallische Leitung,
sondern durch die Erde und den Luftraum statt. Eine Anlage
der Art für gegenseitigen Verkehr besteht an jeder Stelle aus
einem in die Luft ragenden Drahtsystem, welches die abgehenden

elektrischen Schwingungen ausstrahlt und die ankommenden
aufnimmt, aus je einer Vorrichtung, abgehende Schwingungen
in dem Luftdrahtsystem zu erzeugen, und je einer Vorrichtung,
an dem Luftdrahtsystem ankommende Schwingungen an einem

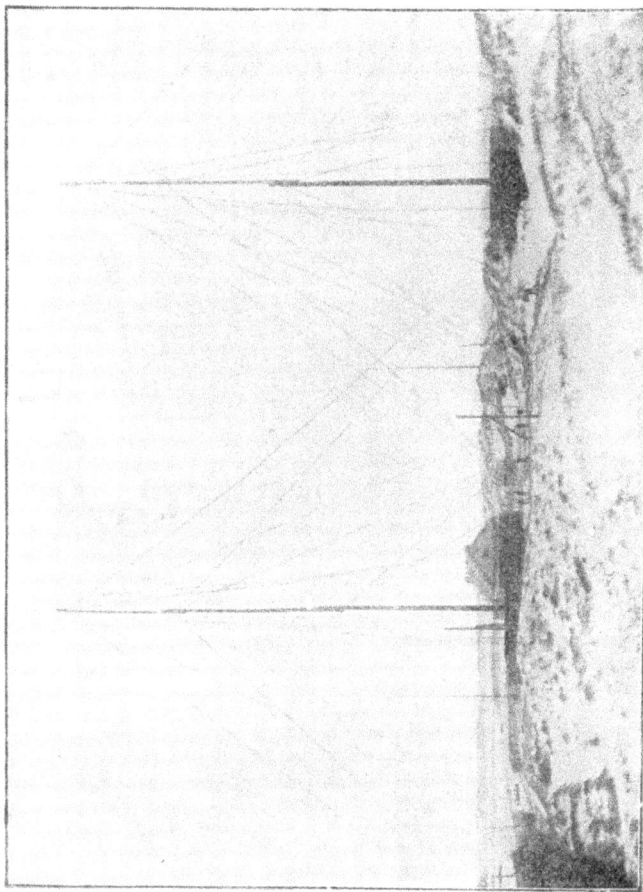

Fig. 160.

Morseapparat aufzuzeichnen. Aus der Zahl der verschiedenen
Ausführungsformen und Zusammenstellungen der Apparate
haben wir die des Systems Telefunken in den § 177 S. 130
erwähnt. Das Luftdrahtgebilde mit Apparategebäude der nach
diesem System eingerichteten Station für drahtlose Telegraphie

in Scheveningen zeigt die Fig. 150, während die Fig. 151 die
Apparateausstattung dieser Station darstellt.

Der Betrieb einer derartigen, zwei Punkte verbindenden
Anlage ist einfach. Er gleicht im wesentlichen völlig dem Betrieb einer gewöhnlichen Arbeitsstrommorseverbindung zwischen
zwei Punkten mit metallischer Leitung. Ein Unterschied besteht
insofern, als der die ankommenden Schwingungen aufnehmende
Fritter in Verbindung mit Relais und Morseschreibwerk wesent-

Fig. 151.

lich langsamer arbeiten als die Empfangsapparate in einer Arbeitsstrommorseverbindung mit metallischer Leitung, die Schnelligkeit der Nachrichtenübermittlung in Anlagen derart erheblich
gegen jene bei metallischen Verbindungen zurücksteht.

Während ferner bei metallischen Verbindungen die Wirkung
sich im wesentlichen nur längs der Leitung fortbewegt, eine
Nachricht daher nur etwa durch Abschneiden der Leitung und
Einschalten eines Empfangsapparats oder durch Anlegen eines
Telephons an die Leitung abgefangen werden kann, kann die
von einer radiotelegraphischen Station ausgehende Nachricht
an jedem Punkt des Raumes, welcher von den nach allen
Richtungen sich ausbreitenden elektrischen Schwingungen des
Sendedrahts erreicht werden kann, aufgenommen werden. Aus
diesen Gründen können auch zwei Drahtverbindungen unmittel-
bar nebeneinander und sogar an einem und demselben Gestänge

und unabhängig und ungestört voneinander arbeiten, während in dem Wirkungsbereich zweier radiotelegraphischer Stationen keine zweite Verbindung gleicher Art bestehen kann, ohne die andere zu stören oder von ihr gestört zu werden. Doch können die Einrichungen der Stationen so verschieden gemacht werden, daß mehrere im gleichen Raum befindliche Paare von Stationen miteinander verkehren können, ohne andere gleichzeitig verkehrende zu stören oder von ihnen gestört zu werden.

233. Die Typendrucktelegraphenanlagen. Eine Typendrucktelegraphenanlage besteht in der einfachsten Form aus zwei durch eine metallische Leitung verbundenen Stationen, deren jede einen Typendruckapparat etwa nach Art des Hughesschen und eine Batterie enthält. Die Betriebsform ist die des Arbeitsstroms. Die Zeichenabgabe geschieht von Hand durch Entsendung eines Stromstoßes für jeden Buchstaben. Das übermittelte Zeichen erscheint an der Empfangstelle als gedruckter Buchstabe auf einem Papierstreifen.

234. Schnelltelegraphenanlagen. Auch die Schnelltelegraphenanlagen enthalten je eine Station mit Batterie und Apparat an den Enden einer Leitung mit Arbeitstrombetrieb. Die Zeichengebung geschieht automatisch vermittelst vorbereiteter Streifen, die Wiedergabe der Zeichen in Handschrift wie bei dem Pollack-Viragschen Schnelltelegraphen oder in Druckschrift wie bei dem Siemensschen Schnelltelegraphen.

235. Die Kopier- und Bildtelegraphenanlagen. In den wenigen bisher angewendeten Kopier- und Bildtelegraphenanlagen beruht die Übertragung weder auf Arbeit- noch auf Ruhestrom im Sinne der bisher betrachteten Anlagen, sondern auf allmählichen Änderungen eines ständig die Leitung durchfließenden Gleichstroms. Die Anlage besteht aus einer Batterie der Leitung und einem Schreibstift an jedem Leitungsende, von welchen der eine die zu übertragenden Stromschwankungen hervorbringt, der andere aufnimmt.

236. Die registrierenden Telegraphenanlagen. Die registrierenden Telegraphenanlagen sind Anlagen, in welchen vermittelst registrierender Schreibtelegraphenapparate an einem Punkte irgendwelche an einem andern Punkte sich vollziehende Zustandsänderungen angezeigt werden. Die Nachrichtenübertragung findet demnach nur in einer Richtung statt. Die häufigsten Anlagen dieser Art sind die elektrischen Wasserstandsanzeiger und die Wächterkontrollanlagen.

237. **Die elektrischen Wasserstandsanzeiger.** In den Anlagen dieser Art handelt es sich darum, durch die Aufzeichnungen des registrierenden Apparats am Beobachtungspunkt dauernd festzustellen, welche Schwankungen der Wasserspiegel an dem entfernten Punkt erfährt. Am Beobachtungspunkt muß daher nicht nur die Tatsache, daß eine Änderung des Wasserstandes stattgefunden hat, sondern auch der Zeitpunkt, in welchem sie stattgefunden hat, registriert werden. Die wesentlichen Teile einer Anlage der Art sind daher die folgenden: der Sendeapparat, welcher die den Schwankungen des Wasserspiegels entsprechenden Stromwirkungen in der Leitung hervorbringt, die hierzu nötige Batterie, die Leitung, die registrierende Schreibvorrichtung am Beobachtungspunkt und das mit letzterer verbundene Uhrwerk.

238. **Die Wächterkontrollanlagen.** In großen Betrieben mit räumlich weit auseinander liegenden Betriebstellen ist es häufig nötig, daß eine mehr oder minder große Anzahl von Punkten während der Nacht regelmäßig von Wachen besucht werden. Zur Kontrolle darüber, ob das Wächterpersonal sämtliche dieser Punkte und zu der vorgeschriebenen Zeit auch tatsächlich besucht, dienen die Wächterkontrollanlagen. Die einfachste Form einer derartigen Anlage besteht darin, daß von jedem der zu besuchenden Punkte eine Leitung nach der Betriebstelle, an welcher die Kontrolle ausgeübt werden soll, angelegt und hier an einen Registrierapparat angeschlossen wird, welcher in Verbindung mit einem Uhrwerk den Zeitpunkt aufzeichnet, wann an dem besuchten Punkt ein Strom in der Leitung hervorgerufen wurde. Die allgemeine Anordnung einer solchen Anlage zeigt die Fig. 152. An den einzelnen zu besuchenden Punkten sind verschlossene, kleine Dosen angebracht, deren Vorderwand ein Schlüsselloch enthält. Wird von dem Wächter ein Schlüssel eingesetzt und umgedreht, so wird die angeschlossene Leitung vorübergehend an Erde gelegt und der Strom der Batterie über den in diese Leitung eingeschalteten Elektromagnete im Registrierapparat geschlossen. Der angezogene Elektromagnetanker erzeugt an dem vom Uhrwerk bewegten Papier das Zeichen, welches angibt, wann der entfernte Endpunkt der betreffenden Leitung von dem Wächter besucht wurde.

239. **Die Telephonanlagen auf größere Entfernungen.** Soll die Sprache auf mehr als einige hundert Meter vermittelst des Telephons übertragen werden, so spricht man von Telephonanlagen für größere Entfernungen.

240. **Einfachste Anlage.** Die einfachste Anlage besteht
in einer Leitung mit Erdanschluß an jedem Leitungsende und

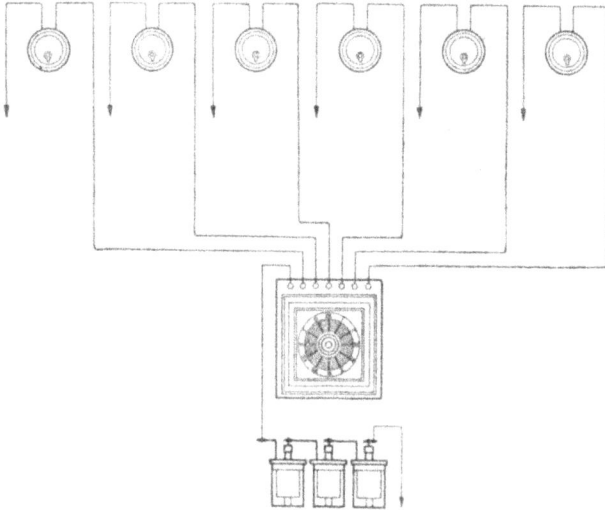

Fig. 152

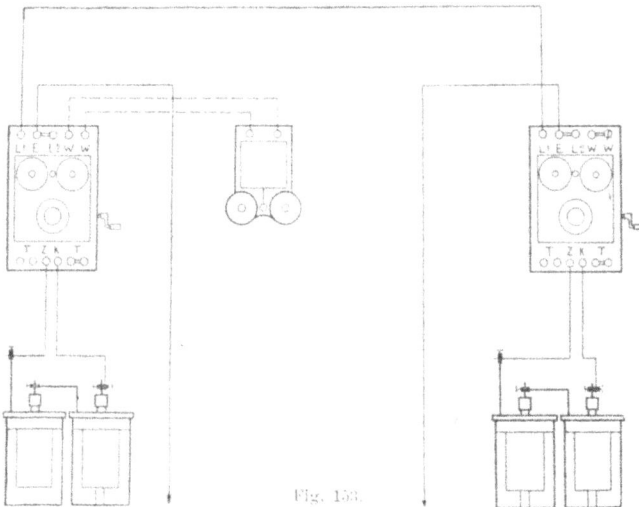

Fig. 153.

zwei Telephonapparaten für größere Entfernungen, von welchen
der eine an dem einen, der andere an dem andern Leitungsende

zwischen diesem und dem Erdanschluß eingeschaltet ist. Mit
jedem der Apparate ist eine Batterie für das Mikrophon verbunden. Die Fig. 153 zeigt die allgemeine Anordnung. Sie ist
nur da anwendbar, wo die Leitung von fremden elektrischen
Leitungen dauernd in genügend großem Abstand gehalten werden
kann, daß die von letzteren ausgehenden Induktionswirkungen
keinen störenden Einfluß auf die Telephonleitung ausüben
können. Diese Forderung ist heute schon immer schwerer zu
erfüllen, so daß die Anwendung einer zweiten Leitung, durch
welche ein vollkommen metallischer Stromkreis gebildet wird,
der an keinem Punkt mit der Erde in Berührung kommt, immer
mehr zur Regel wird. Doch auch wo eine Doppelleitung die
beiden Apparate verbindet, fehlt eine Erdleitung nicht. Sie ist
jedoch nicht mit der Doppelleitung, sondern mit der Erdplatte
der in jedem Apparat vorhandenen Blitzschutzvorrichtung verbunden (s. S. 137 u. ff.). Als Apparat kann irgendeine der S. 82 u. ff.
aufgeführten Typen dienen. Der Betrieb ist einfach: Wünscht
der Inhaber der einen Stelle mit dem der andern zu sprechen,
so dreht er die Kurbel an seinem Induktor, nimmt das Telephon
an seinem Apparat vom Haken und hält es ans Ohr. Die durch
die Kurbeldrehung in der Leitung erzeugten Wechselströme betätigen das Läutwerk an der andern Stelle. Der Inhaber der
letztern tritt an seinen Apparat, nimmt das Telephon vom
Haken und hält es ans Ohr. Dann ruft er gegen das Mikrophon. Die hierdurch in der Leitung hervorgebrachten Telephonströme betätigen das Telephon am Apparat der entfernten Stelle,
die Bereitschaft des Angerufenen zum Gespräch anzeigend. Das
Gespräch kann beginnen. Nach dessen Beendigung hängen die
beiden Benutzer ihre Telephone an den Haken, die zum Sprechen
nötigen Teile der Apparateschaltung, Induktionspule und Tele-
phonwicklung, werden aus der Leitung aus-, die zum Signalisieren
nötigen, die Wecker, werden eingeschaltet und der Mikrophonstromkreis in beiden Stellen unterbrochen. In beiden Stellen
ist die Ruheschaltung zurückgekehrt.

Häufig ist es erwünscht, daß das Glockensignal nicht nur
am Aufstellungsort des Telephonapparats sondern auch noch
an einem mehr oder minder entfernten Orte gehört werde. Es
genügt hierzu, daß in Reihe mit dem Wecker am Apparat ein
zweiter Wecker durch eine zu dem zweiten Orte führende Leitung angeschaltet wird.

241. Telephonanlagen mit mehr als zwei Sprechstellen in einer Leitung. Häufig tritt die Forderung auf,

daß nicht bloß zwischen den Endpunkten einer Leitung sondern auch von zwischenliegenden Punkten derselben gesprochen werden soll. Der einfachste Fall ist der, daß zwischen den beiden Endstellen nur eine Zwischenstelle in der Leitung sich eingeschaltet findet. Die einfachste Anordnung für diesen Fall ist die, daß in der Zwischenstelle ein Telephonapparat derselben Bauart, wie er an den Endstellen verwendet ist, entweder in Reihe oder in Abzweigung in die gemeinsame Leitung geschaltet wird. Es ist klar, daß in jeder dieser beiden Anordnungen die von irgendeiner der Stellen ausgehenden Stromwirkungen in jeder der beiden andern erscheinen; d. h. wenn in einer der Stellen die Induktorkurbel gedreht wird, so ertönen gleichzeitig die Wecker in den beiden andern Stellen, und wenn von einer Stelle gesprochen wird, so können die beiden andern Stellen nach Abhängen ihres Telephons das Gesprochene hören. Daß dabei ferner jede der Stellen in der Lage ist, ein zwischen den beiden andern sich abspielendes Gespräch zu stören, ist ohne weiteres ersichtlich.

Der Betrieb in einer derart angeordneten Anlage ist folgender: Soll beispielsweise die Stelle *I* aufgerufen werden, so wird von der rufenden Stelle ein einmaliges Glockenzeichen in die Leitung gegeben, indem die Induktorkurbel mehr oder minder lang, aber ununterbrochen gedreht wird. Obwohl der Ruf in der Stelle *I* sowie in der dritten unbeteiligten Stelle erscheint, so gibt doch nur erstere Antwort, da vereinbart ist, daß ein einmaliges Zeichen der Stelle *I* gilt. Ein zweimaliges Glockenzeichen ruft die Stelle *II*, ein dreimaliges die Stelle *III* auf. Die gerufene Stelle meldet sich. Da der Ruf von jeder der beiden andern Stellen ausgegangen sein kann, stellt sich die rufende nach Beantwortung des Anrufs vor. Das Gespräch beginnt. Die dritte, unbeteiligte Stelle hat dabei weder erfahren, ob der Anruf beantwortet, noch wann das Gespräch beendigt wurde, wie weit die Leitung demnach ihrem eigenen Bedürfnis offensteht. Häufig gibt daher die gerufene Stelle das ihr zugeordnete Glockensignal zurück, während die rufende Stelle erst dann das Telephon vom Haken nimmt, wenn dieses Rücksignal an ihrem Wecker erschienen ist. Endlich gibt nach beendetem Gespräch eine der beteiligten Stellen ein besonderes Signal, etwa ein kurzes, mit darauffolgendem langen Glockenzeichen als Schlußzeichen in die Leitung. Durch diese beiden Maßregeln ist die unbeteiligte Stelle genügend über die Vorgänge auf der Leitung unterrichtet, um nicht Gefahr zu laufen, durch unzeitiges Eingreifen den Verkehr der beiden andern Stellen zu stören oder sich selbst unnötige Zurückhaltung aufzuerlegen.

Diese einfachste Art der Anlage und des Betriebs genügt nicht mehr, wenn die Signale und die Telephonströme nur in den Stellen wahrgenommen werden sollen, für welche sie bestimmt sind. In erster Linie steht dann eine Einrichtung zur Verfügung, wie wir sie im wesentlichen bereits bei der bezüglichen Aufgabe bei den Haustelephonanlagen kennen gelernt haben (S. 159). Die Leitung ist dabei in zwei Abschnitte zerlegt, welche in der Zwischenstelle an einen kleinen Klappenschrank mit zwei Klappen angeschlossen sind. Die Zwischenstelle kann sich damit ohne weiteres in jeden der beiden Abschnitte einschalten und so unmittelbar mit jeder der beiden Endstellen verkehren. Für den Verkehr der Endstellen unter sich ist dagegen die Mitwirkung der Zwischenstelle nötig. Will beispielsweise Stelle *I* mit Stelle *III* sprechen, so dreht sie die Induktorkurbel, die in den Leitungsabschnitt *I—II* eingeschaltete Klappe fällt in Stelle *II*, letztere schaltet sich in den Leitungszweig *I—II* und erfährt, daß eine Verbindung mit Stelle *III* gewünscht wird. Nun verbindet die Zwischenstelle am Klappenschrank die beiden Leitungsabschnitte *I—II* und *II—III*, worauf Amt *III* verkehren kann. Durch die Verbindung der beiden Leitungsabschnitte in Stelle *II* ist in die nun durchlaufende Leitung eine der beiden Klappen eingeschaltet worden, so daß, wenn eine der verbundenen Endstellen nach Beendigung des Gesprächs den Induktor betätigt, in der Zwischenstelle ein Signal entsteht, welches den Schluß des Gesprächs anzeigt und zur Trennung der Verbindung der beiden Leitungsabschnitte auffordert.

Die Einrichtung kann auch so getroffen sein, daß in der Zwischenstelle anstatt des Klappenschranks nur ein einfaches Läutwerk in Verbindung mit einem Schalter benutzt wird. Der Wecker ist in die in der Zwischenstelle durchlaufende Leitung geschaltet. Der Schalter gestattet, den Sprechapparat entweder in die Leitung nach *I* oder in die Leitung nach *III* zu schalten. Der Betrieb ist einfach. Wünscht Stelle *I* mit Stelle *III* oder umgekehrt Stelle *III* mit *I* zu verkehren, so dreht der betreffende Stelleninhaber einfach seine Induktorkurbel zu einem einmaligen Zeichen. Die Wecker in *II* und *III* sprechen an. Da vereinbart ist, daß ein einmaliges Glockenzeichen einer der Endstellen gilt, läßt die Zwischenstelle das an ihrem Wecker erscheinende Zeichen unbeachtet. Die gerufene Stelle dagegen antwortet in gewöhnlicher Weise. Nach Beendigung des Gesprächs gibt eine der beiden Endstellen als Schlußzeichen etwa ein doppeltes Glockenzeichen. Die Zwischenstelle wird von der Stelle *I* etwa durch ein kurzes, mit darauffolgendem langen Weckerzeichen, von Stelle *II* durch ein langes, mit darauffolgendem kurzen angerufen. Sie schaltet sich dann, dem Rufe entsprechend, in die Leitung nach *I* oder nach *II* ein, wobei der andere Leitungsabschnitt entweder unterbrochen oder an den Wecker der Zwischenstelle geschaltet wird. Sind die Wecker in den verwendeten Telephonapparaten so geschaltet, daß sie beim Drehen der Kurbel mitgehen, so zeigt das Stummbleiben des Weckers bei der erstgenannten Anordnung einer die Zwischenstelle rufenden Endstelle an, daß die Zwischenstelle bereits mit der andern Endstelle im Gespräch sich befindet. Bei der

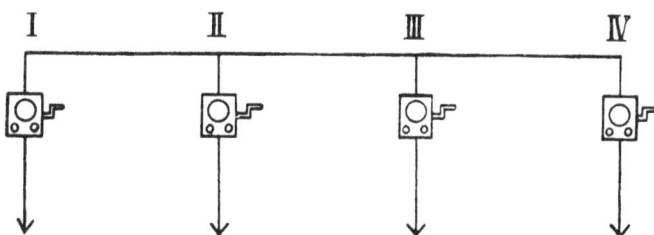

Fig. 154.

andern Anordnung erfährt die Zwischenstelle durch ein am Wecker erscheinendes Zeichen, daß die andere Endstelle zu sprechen wünscht Sie kann daher ihr eigenes Gespräch mit der andern Endstelle entweder zugunsten dieses Wunsches aufgeben oder unterbrechen. Da der geordnete Betrieb einer derart eingerichteten Anlage davon abhängt, daß in der Zwischenstelle immer nach einer Benutzung der Anlage die normale Schaltung eintritt, werden an dieser Stelle zweckmäßig Kippschalter verwendet, welche selbsttätig die normale Schaltung zurückführen, sobald die Hand des Benutzers den Handgriff des Schalters freigibt.

Beträgt die Zahl der in eine gemeinsame Leitung zu schaltenden Sprechstellen mehr als drei, so bietet die einfache Hintereinanderschaltung der verschiedenen Stellen insofern Schwierigkeiten, als durch die Selbstinduktion der mehr oder minder zahlreich in der Leitung bleibenden Elektromagnete die Sprechströme erheblich geschwächt werden. In den einfachsten

Anlagen der Art wird daher an Stelle der Reihenschaltung der Apparate die Parallel- oder Nebeneinanderschaltung angewendet. Die Fig. 154 zeigt das Schema einer Anlage der Art mit einfacher Leitung und Erde als Rückleitung und vier Sprechstellen. Wird beispielsweise in der Stelle *I* die Induktorkurbel gedreht, so fließt ein Strom von *I* nach *II*, welcher sich in der Stelle *II* in zwei Zweige teilt. Der eine Teil fließt über die Sprechstelle *II* zur Erde, der zweite geht über Leitung *II—III* weiter und verzweigt sich an Stelle *III* wieder in zwei Teile, von welchen der eine über den Apparat der Stelle *III* zur Erde, der andere über die Leitung *III—IV* und den Apparat in *IV* zur Erde fließt. Den gleichen Verlauf nehmen die etwa von *I* ausgehenden Sprechströme. Da die Induktoren und die Wecker sowie die Telephone in allen Stellen gleich sind, daher gleiche Ströme liefern und brauchen, ist es nötig, daß der Widerstand der Leitung möglichst klein sei. Wäre er in unserem Falle Null, so bekäme jede der Stellen *II, III, IV* ein Drittel des von *I* erzeugten Stromes.

Der Betrieb in solcher einfachster Anlage gestaltet sich folgendermaßen: Wird in Stelle *I* die Induktorkurbel gedreht, so entstehen an den Weckern der übrigen Stellen Glockensignale. Für jede der in die gemeinschaftliche Leitung eingeschalteten Stellen muß daher ein besonderes Glockensignal als Rufzeichen vereinbart sein. So bedeutet beispielsweise ein einziges langes Signal den Ruf für Stelle I, ein kurzes für Stelle *II*, ein kurzes, von einem langen gefolgtes für Stelle *III*, ein langes, von einem kurzen gefolgtes für Stelle *IV*. Wünscht also irgendeine Stelle die Stelle *IV* aufzurufen, so dreht sie die Induktorkurbel einmal lang und dann nach kurzer Pause einmal kurz. Diesem Zeichen kann dann das Rufzeichen der rufenden Stelle hinzugefügt werden, so daß nicht nur die gerufene sondern alle Stellen der Leitung erfahren, zwischen welchen Stellen ein Gespräch bevorsteht. Die gerufene Stelle antwortet, indem sie entweder unmittelbar ihr Telephon ans Ohr nimmt oder indem sie zunächst ihr eigenes Rufzeichen vermittelst Induktors in die Leitung gibt, wodurch alle Stellen der Leitung erfahren, daß das beabsichtigte Gespräch sich sofort anschließen wird. Nach Beendigung des Gesprächs gibt eine der im Verkehr gestandenen Stellen ein allgemein vereinbartes Schlußzeichen.

Es ist klar, daß das Gespräch zwischen zwei Stellen von sämtlichen andern mitgehört werden kann und daß die gemein-

same Leitung immer nur von einem Paar Stellen benutzt werden
kann. Der Betrieb ähnelt im wesentlichen dem der Ruhestrommorseleitungen (s. S. 165). Er kann nur Anwendung finden,
wo die Art der Gespräche und das Verhältnis der einzelnen
Stellen zueinander den Geheimverkehr entbehrlich oder gar unerwünscht machen. So kommt es z. B. bei derartigen Anlagen
für den Eisenbahnbetriebsdienst nicht selten vor, daß eine von
einer Stelle ausgehende Mitteilung gleichzeitig von allen übrigen
aufgenommen werden soll und anderseits die von den verschiedenen Stellen geführten Gespräche von einer übergeordneten
sollen kontrolliert werden können.

242. Telephonanlagen mit mehreren Sprechstellen in gemeinsamer Leitung und wahlweisem
Aufruf. Die Anlagen dieser Art sind gekennzeichnet durch
Einrichtungen, welche gestatten, daß der von einer Stelle der
gemeinsamen Leitung ausgehende Anruf einer andern nur in
dieser erscheint.

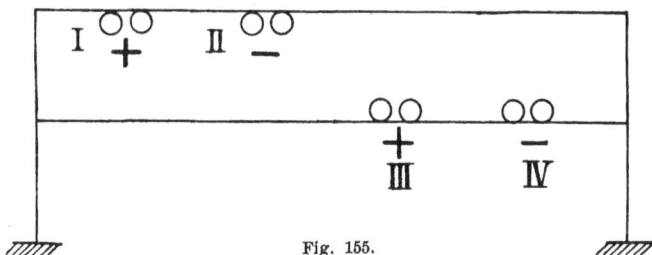

Fig. 155.

243. Wahlweiser Anruf in Telephonanlagen mit
vier Stellen in der gemeinsamen Leitung. Der wahlweise Anruf in Telephonanlagen mit vier Stellen in der gemeinsamen Leitung ist mit den gewöhnlichen Apparatformen nicht
mehr zu erreichen. Eine einfache Einrichtung dieser Art zeigt
die Fig. 155. Die beiden Äste der Doppelleitung sind in den
Endstellen geerdet. In jeden derselben sind zwei polarisierte
Relais eingeschaltet, von welchen das eine auf einen positiven,
das andere auf einen negativen Strom anspricht. Die Relais
sind in gewöhnlicher Weise mit Ortsbatterie und Wecker verbunden. Wird von einer der Stellen *I, III, IV* ein negativer
Strom in den Ast *a* der Doppelleitung geschickt, so spricht das
Relais der Stelle *II* an, während alle übrigen Relais in Ruhe
bleiben. Wird ein negativer Strom von einer der Stellen *I, II, III*

in den Ast *b* der Doppelleitung geschickt, so spricht das
Relais der Stelle *IV* an, während die Relais in den übrigen
Stellen in Ruhe bleiben usw. Beim Sprechen wird selbstverständlich die beiderseitige Bodenverbindung aufgehoben
und die metallische Schleife zwischen den sprechenden Stellen
gebildet.

244. Wahlweiser Anruf in Telephonanlagen
mit mehr als vier Stellen in der gemeinsamen
Leitung. Sobald es sich darum handelt, in Leitungen mit
mehr als vier Stellen den wahlweisen Anruf zu bewirken,
empfiehlt es sich, in den einzelnen Stellen Weckvorrichtungen
zu verwenden, welche nicht wie die polarisierten Relais auf der
Anwendung der beiden Stromrichtungen, sondern auf der Benutzung verschiedener Stromstärken oder verschiedener Strom-
frequenzen beruhen. Ein Beispiel der letzteren Art haben wir
bereits in § 226 S. 167 kennen gelernt. Die dort beschriebenen
Einrichtungen können, soweit es sich um den Anruf der Stellen
unter sich handelt, unmittelbar auch für Telephonanlagen verwendet werden.

245. Der wahlweise Anruf in Telephonanlagen
mit Geheimverkehr. In den bisher erwähnten Einrichtungen zum wahlweisen Anruf in Telephonanlagen kann ein
vollkommener Geheimverkehr nicht stattfinden, da kein Mittel
vorgesehen ist, welches eine zwischen zwei sprechenden Stellen
gelegene Stelle verhindern könnte, sich mit dem eigenen Sprechapparat an die gemeinsame Leitung anzuschließen und das Gespräch zu belauschen. Es ist klar, daß als einziges Mittel zu
diesem Zwecke nur der elektrische Strom zur Verfügung steht.
Er kann in zweierlei Weise angewendet werden. Entweder es
kann jede in die gemeinsame Leitung eingeschaltete Stelle einen
Strom abgeben, welcher in den Stellen, welche von der Leitung
ausgeschlossen werden sollen, einen diesen Ausschluß bewirken-
den Schalter betätigt, oder es besteht ständig in der Leitung
ein Strom, welcher von jeder Stelle unterbrochen werden kann
und damit in den auszuschließenden Stellen den Schalter betätigt. Bei der ersteren Verwendungsart ist es nötig, daß nach
dem Schlusse eines Gesprächs durch eine erneute Stromentsendung der Ausschluß der übrigen Stellen von der gemeinsamen
Leitung wieder aufgehoben wird, während bei der zweiten Art
hierzu nur der Ruhestrom wiederhergestellt zu werden braucht.
Daß im letzteren Falle auch nur eine einzige, an irgendeiner

Stelle angebrachte Stromquelle nötig ist, während im andern eine jede Stelle über eine solche verfügen muß, ist nur zu erwähnen.

Eine Anlage dieser Art mit Ruhestromschaltung zeigt zum Teil die Fig. 156. Die gemeinsame Ruhestrombatterie sendet

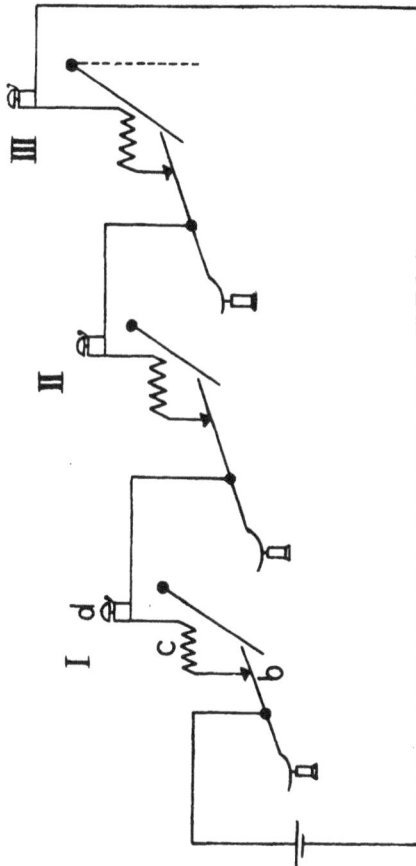

Fig. 156.

dauernd Strom in die Leitung. Letzterer geht über den durch den Aufhängehaken des Telephons geschlossenen Kontakt *b*, den Elektromagneten *c*, den Wecker *d*, über die Leitung zur Stelle *II*, zur Stelle *III*, zur Batterie in Stelle *1* zurück. Die Anker der Elektromagnete *c* sind angezogen. Wird in einer Stelle das Telephon vom Haken genommen, so stellt das Ende des Telephon-

hakens bei *b*, indem es mit dem Ende des Ankers in Berührung kommt, den Anschluß der Sprechschaltung mit der
Leitung her. (Einzelheiten s. Fig. 157.) In allen übrigen Stellen
ist der Anker abgefallen und sein Ende dadurch in die gestrichelt angegebene Stellung gekommen. In dieser Stellung
kann aber dieses Ende bei Abheben des Telephons von dem
Ende des Aufhängehakens nicht mehr erreicht werden. Da die
Verbindung der Sprechschaltung mit der Leitung aber nur zustande kommt, wenn sich die Enden des Aufhängehakens und
des Ankers berühren, so sind alle Stellen, in welchen der
Anker abgefallen ist, demnach auf die ganze Dauer der Stromunterbrechung von der Leitung abgeschlossen. Würde die

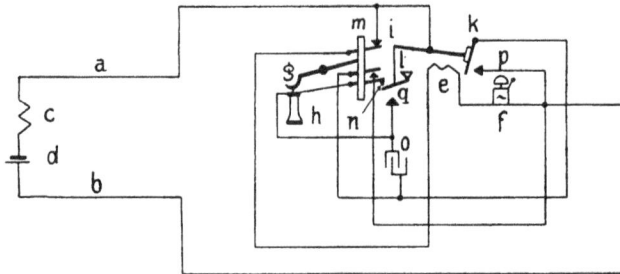

Fig. 157.

Stromunterbrechung in der Weise, wie sie durch das Öffnen des
Kontakts *b* beim Abheben des Telephons entstanden ist, fortbestehen, so wäre selbstverständlich kein Gespräch auf der
Leitung möglich. Die Unterbrechungstelle bei *b* muß daher
durch ein Mittel überbrückt werden, welches zwar die Sprechströme, nicht aber den Strom der Batterie *a* passieren läßt.
Dies geschieht durch einen Kondensator *o* (Fig. 157), welcher
vermittelst des Hakenumschalters des Telephons die erforderliche Überbrückung der Unterbrechungstelle bewirkt. Da sich
in der Leitung die Elektromagnete *c* und die Wecker *d* in Reihe
geschaltet finden, beeinträchtigen sie bei einer größeren Anzahl
von Stellen in der gemeinsamen Leitung durch ihre Selbstinduktion die Sprechströme. Diese Beeinträchtigung wird dadurch verhindert, daß in den nichtbenutzten Stellen, in welchen während
eines Gesprächs die Anker abgefallen sind, durch diese abgefallenen Anker die Kondensatoren *o* in Nebenschluß zu den
Weckern und den Elektromagneten gelegt werden, wie Fig. 157
angibt.

Die Fig. 157 zeigt die Schaltung einer Zwischenstelle im einzelnen. Mikrophonstromkreis und Induktionsrolle sind der Einfachheit halber weggelassen.

Der von der Batterie d über den Elektromagneten e der End-stelle den beiden Leitungsästen a, b zufließende Strom geht in der Zwischenstelle zunächst zu dem Kontakt i über ein Strom-schlußstück, welches gemeinsam mit zwei andern von dem ge-meinsamen Balken m durch den daran befestigten Aufhänge-haken g des Telephons h bewegt wird, zu dem Elektromagneten e über den Resonanzwecker f zur nächsten Stelle und über die letzte und den Leitungsast b zur Batterie zurück. Der Anker k des Elektromagneten e ist angezogen. Er ist ferner mit einem nicht gezeichneten Schauzeichen verbunden, an welchem der In-haber der Zwischenstelle ersieht, ob Strom auf der Leitung, letztere daher unbenutzt ist.

Sind die verschiedenen Stellen durch eine gemeinsame Leitung an ein Vermittlungsamt einer öffentlichen Fernsprech-anlage angeschlossen, so ist ein Verkehr der einzelnen Stellen unter sich häufig nicht nötig. Dann gestaltet sich der Betrieb folgendermaßen: Soll von irgendeiner Stelle das Amt aufgerufen werden, so wird in der rufenden Stelle einfach das Telephon vom Haken genommen. Hierdurch wird der Strom in der Leitung unterbrochen, an dem Elektromagneten c des Amtes erscheint das Rufzeichen. Der Beamte fragt ab und stellt die gewünschte Verbindung her. Nach Schluß des Gesprächs hängt der Benutzer der rufenden Stelle sein Telephon wieder ein, der Strom in der Leitung erscheint wieder und damit im Amt ein Schlußzeichen, welches die Aufhebung der Verbindung veranlaßt. Während des Gesprächs waren in allen übrigen Stellen der Leitung die Anker k abgefallen, damit die Besetztzeichen gegeben und der Anschluß irgendeiner andern Stelle an die gemeinsame Leitung verhindert. Soll anderseits eine Stelle vom Amt angerufen werden, so wird der Ruhestrom in der Leitung in solcher Folge unterbrochen und wiederhergestellt, wie es der Schwingungszahl des Resonanzweckers der Stelle entspricht, die aufgerufen werden soll (vgl. § 98, S. 47).

Sollen die einzelnen Stellen unter sich verkehren können, so kann dies entweder direkt oder unter Vermittlung einer hierzu bestimmten Stelle der gemeinsamen Leitung einer Endstelle geschehen. Im ersteren Falle erhält jede Stelle den erforder-lichen Rufapparat, welcher die für die einzelnen Resonanzwecker nötigen Stromunterbrechungen hervorzubringen gestattet; im

letzteren ist solcher Apparat nur einmal, und zwar in der mit
der Vermittlung betrauten Stelle, vorhanden; in beiden Fällen
ergänzt sich die Einrichtung noch durch eine Entriegelungstaste t,
wie Fig. 158 angibt.

Will Stelle V mit Stelle III sprechen, so hebt erstere im
Falle der Vermittlung durch eine Endstelle einfach das Telephon
ab. In der Endstelle erscheint der Anruf, letztere schaltet ihren
Sprechapparat ein und nimmt den Wunsch entgegen. Die

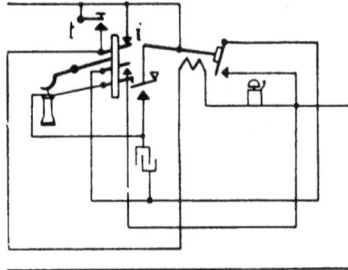

Fig. 158.

rufende Stelle hängt hierauf das Telephon wieder ein, wie auch
die Endstelle den Leitungstrom wiederherstellt. Letztere ruft
nun die Stelle V. Diese antwortet, indem sie das Telephon vom
Haken nimmt. Sie erfährt nun, daß sie von Stelle III gewünscht
wird, und drückt nun auf Taster t. Hierdurch wird der Linienstrom wiederhergestellt, was sich an dem Schauzeichen der
Stelle III bemerklich macht. In diesem Augenblick nimmt
auch Stelle III das Telephon vom Haken, und beide Stellen
sind nun an die gemeinsame Leitung angeschlossen und können
ohne weiteres miteinander sprechen, nachdem Stelle V noch
den Taster losgelassen, als sie an ihrem Schauzeichen bemerkte,
daß Stelle III das Telephon abgenommen. Während des Gesprächs ist die Leitung für den Ruhestrom doppelt unterbrochen
an den beiden Punkten i, sämtliche Schauzeichen geben die
Leitung als besetzt an und verhindern den Anschluß irgendeiner Stelle an die gemeinsame Leitung. Nach Beendigung des
Gesprächs hängen die beiden Stellen ihre Telephone an und
alles geht in die normale Lage zurück.

Bei direktem Verkehr ist der Vorgang derselbe mit dem
Unterschiede, daß der Anruf unmittelbar erfolgt. Wünscht
Stelle V mit Stelle III zu sprechen, so ruft sie letztere auf und

nimmt sogleich darauf das Telephon vom Haken. In Stelle *III*
erscheint das Besetztzeichen, was bedeutet, daß die Stelle von
einer andern der Leitung gewünscht wird. Stelle *III* nimmt
nun nicht sogleich das Telephon ab, sondern wartet, bis das
Besetztzeichen wieder zurückgeht, was dadurch geschieht, daß
Stelle *V* auf ihren Entriegelungstaster *t* drückt. In diesem Augenblick hängt Stelle *III* das Telephon ab und ist mit Stelle *V*
wie im vorigen Falle verbunden.

246. Die Telephonfernleitungen. Unter Fernleitungen
versteht man im Telephonbetrieb Leitungen — es sind immer
Doppelleitungen und meist oberirdisch ausgeführt —, welche
mehr oder minder voneinander entfernte öffentliche Telephonnetze miteinander verbinden und so den Verkehr von Ort zu
Ort, Stadt zu Stadt und Land zu Land vermitteln.

247. Direkte Telephonfernleitungen. Direkte Fernleitungen sind Fernleitungen, welche zwei Ortsnetze unmittelbar und so verbinden, daß an keinem Zwischenpunkte der
Leitung eine dritte Ortsanlage in die Leitung geschaltet
werden kann.

Solche direkten Verbindungen können nur bestehen in
den Fällen, in welchen die Entfernung der beiden Ortsnetze
nur gering oder aber der telephonische Verkehr zwischen ihnen
bedeutend ist.

Die Leitung ist an ihren Enden zu dem Vermittlungs-
amte der betreffenden Ortsanlage eingeführt und hier an einen
Signalelektromagneten angeschlossen. Klinken- oder Kippschalter
gestatten, die Leitungsenden mit den Rufsprechapparaten der
bedienenden Beamten der Vermittlungsämter und mit den Teilnehmerleitungen der beiden Ortsnetze zu verbinden. Der Betrieb ist folgender: Wünscht ein Teilnehmer des Ortsnetzes *A*
einen Teilnehmer des Ortsnetzes *B* zu sprechen, so ruft er zunächst das eigene Vermittlungsamt auf und teilt seinen Wunsch
mit. Der Beamte des letzteren sendet einen Rufstrom in die
Leitung *A—B*. In *B* erscheint das Rufsignal. Der Beamte in *B*
nimmt die Aufforderung entgegen, den gewünschten Teilnehmer
zu verbinden. Er ruft letzteren auf und verbindet, sobald er
sich gemeldet, dessen Leitung mit der Fernleitung nach *A*.
Der Beamte in *A* verbindet die Leitung des rufenden Teilnehmers mit der Fernleitung nach *B*; das Gespräch kann beginnen. Die Beamten haben ihre Sprechapparate ausgeschaltet
und in Abzweigung je ein Schlußzeichenrelais eingeschaltet.

Nach Beendigung des Gesprächs geben die beiden Teilnehmer durch Drehen ihrer Induktorkurbel Strom in ihre Leitungen, die beiden Schlußzeichenrelais werden betätigt und damit die Beamten in A und B von dem Schlusse des Gesprächs verständigt. Die beiden Beamten trennen die Enden der Teilnehmerleitungen von den Enden der Fernleitung und schalten damit zugleich an Stelle der Schlußzeichenrelais wieder die Signalelektromagnete in die Enden der Fernleitung ein. Der normale Zustand ist in allen Teilen zurückgekehrt.

So einfach spielt sich die Sache natürlich nur dann ab, wenn die Fernleitung zur Zeit des Anrufs frei und der gewünschte Teilnehmer sofort zum Gespräch bereit war und wenn, wie in kleineren Ämtern, der den Anruf des Teilnehmers entgegennehmende und der die Fernleitung bedienende Beamte ein und dieselbe Person sind. Diese Voraussetzungen treffen bei lebhaft benutzten Fernleitungen und in größeren Vermittlungsämtern nicht zu. Der Betrieb gestaltet sich in diesen Fällen wesentlich verwickelter. Auf Einzelheiten wird bei Besprechung der Einrichtungen der Vermittlungsämter zurückzukommen sein.

248. **Fernleitungen mit mehreren Ortstelephonnetzen.** Es ist nicht möglich, sämtliche Ortstelephonnetze eines größeren Fernsprechbetriebs derart zu verbinden, daß jedes Netz mit jedem andern durch eine eigene Leitung verbunden ist, so daß der im vorigen Paragraphen geschilderte Verkehr zwischen jedem möglichen Paar von Ortsnetzen stattfinden könnte. Vielmehr ist es nötig, daß eine mehr oder minder große Anzahl von Ortsnetzen in je eine gemeinsame Leitung einbezogen werden, ganz ähnlich, wie dies auch für einen großen Teil der Telegraphenämter eines größeren Verkehrsgebiets statthat, wobei auch nur die wenigen wichtigsten Orte durch direkte Leitungen miteinander verbunden sind. Doch unterscheiden sich die gemeinsamen Fernleitungen für mehrere Ortsnetze in Anlage und Betrieb insofern wesentlich von den Ruhestrommorseanlagen, als die Benutzung immer in der Weise stattfindet, daß an zwei Punkten der gemeinsamen Leitung — an zwei verschiedenen Vermittlungsämtern — je eine Teilnehmerleitung angeschlossen wird, die nach erfolgtem Gespräch wieder von der gemeinsamen Leitung abgetrennt werden.

249. **Fernleitungen mit drei Ortsnetzen.** Der einfachste Fall der Fernleitungen mit mehreren Ortstelephonnetzen ist der, bei welchem in die gemeinsame Leitung außer

den beiden Ortsnetzen an den Enden der Leitung ein drittes, an einem Zwischenpunkt befindliches Ortsnetz einbezogen ist. Die Anordnung ist entweder so getroffen, daß die Leitung unter Zwischenschaltung eines Signalapparats in der Zwischenstelle von einer Endstelle zur andern durchläuft oder in zwei Abschnitte zerlegt ist, von welchen ein jeder in der Zwischenstelle an einem eigenen Signalapparat endigt, wie wir das in § 217, S. 159, gesehen haben. In letzterem Falle ist ein Verkehr der beiden am Ende der Leitung befindlichen Ortsnetze unter sich naturgemäß nur unter Vermittlung des in der Zwischenstelle befindlichen Amtes möglich; in ersterem muß ein Mittel vorgesehen sein, daß in der Zwischenstelle erkannt werden kann, ob ein die Leitung durchlaufendes Signal der Zwischenstelle oder einer der Endstellen gilt. Auch muß die Zwischenstelle sich jederzeit überzeugen können, ob die Leitung durch ein Gespräch der beiden andern in Anspruch genommen ist. Ferner muß Vorkehrung getroffen sein, daß die beiden Abschnitte der Leitung gleichzeitig benutzt werden können, d. h. daß, während ein Gespräch eines Teilnehmers der Anlage A mit einem Teilnehmer der Anlage B stattfindet, gleichzeitig ein Gespräch eines Teilnehmers der Anlage C mit einem zweiten Teilnehmer der Anlage B erfolgen kann. Endlich muß sowohl in A als in C festgestellt werden können, ob der von B zur andern Endstelle führende Leitungsabschnitt benutzt oder frei ist, ein Gespräch von der einen Endstelle zur andern oder nur bis zur Zwischenstelle möglich ist. Die zwischen den Endstellen gewechselten Anrufsignale können ferner so beschaffen sein, daß sie das Anrufsignal in der Zwischenstelle unbetätigt lassen.

Der Betrieb gestaltet sich folgendermaßen: Ein Teilnehmer der Anlage A soll mit einem Teilnehmer der Anlage C verbunden werden. Amt A überzeugt sich, daß die Leitung frei ist und sendet solchen Rufstrom in die Leitung, welcher den Signalapparat in C, nicht aber den in B betätigt. Amt C verbindet den gewünschten Teilnehmer mit der Fernleitung, ein Gleiches tut Amt A mit dem rufenden Teilnehmer der Anlage A. Wird während des Gesprächs von einem Teilnehmer der Anlage B eine Fernverbindung gewünscht, so untersucht Amt B, ob die Leitung frei ist, am einfachsten, indem das Telephon auf die Leitung geschaltet und beobachtet wird, ob gesprochen wird. Nach Beendigung des Gesprächs zwischen A und C werden die Teilnehmerleitungen von der Fernleitung getrennt. Will ein Teilnehmer der Anlage B mit einem Teilnehmer einer der beiden

andern Anlagen sprechen, so schaltet Amt B, nachdem es sich
überzeugt, daß die Leitung frei, den eigenen Rufapparat in den
Leitungszweig, welcher nach der verlangten Anlage führt, und
ruft letztere auf. Die Verbindung der Teilnehmer erfolgt in
gewöhnlicher Weise. Am einfachsten wird die andere Endstelle
von dem vor sich gehenden Gespräch verständigt, indem man
die Sprechströme nicht bloß in dem benutzten Leitungsabschnitt
sondern auch in dem andern wirken läßt. Indem die beobachtende
Endstelle das Telephon auf die Leitung schaltet, erfährt sie
dann, daß sie wohl bis zur Zwischenstelle, nicht aber darüber
hinaus Verbindung haben kann.

250. Fernleitungen mit vier Ortstelephonnetzen. Befinden sich die Ämter von vier Ortstelephonnetzen A, B, C, D in die gemeinsame Fernleitung eingeschaltet,
so sind Gespräche zwischen $A-B$, $A-C$, $A-D$, $B-C$, $B-D$
und $C-D$ möglich. Gleichzeitig können stattfinden Gespräche
zwischen $A-B$, $B-C$, $C-D$ oder zwischen $A-C$ und $C-D$
oder zwischen $A-B$ und $B-D$. Der wahlweise Anruf kann
unter Benutzung der Erde als Rückleitung und polarisierter
Relais nach der in § 242, S. 187, angegebenen Anordnung bewirkt werden, wenn die Rücksicht auf die störende Wirkung
der Elektromagnete auf die Sprechverständigung nicht die im
folgenden Paragraphen zu besprechende Einrichtung empfiehlt.

Es ist klar, daß in dem vorliegenden Falle es nicht mehr
wie im vorigen genügen würde, die in einem Leitungsabschnitt
bei einem Gespräch bestehenden Sprechströme in dem andern
Abschnitt wirken zu lassen, um die übrigen Ämter über die
Benutzung der Leitung zu verständigen. Denn solche in A
beispielsweise beobachteten Ströme könnten sowohl von einem
Gespräch $B-C$ als von einem Gespräch $C-D$ herrühren. Das
einen Leitungsabschnitt benutzende Amt muß daher in den von
ihm nicht benutzten Leitungsabschnitt Ströme geben, welche in
den Ämtern des unbenutzten Abschnitts erkennen lassen, von
welchem Amt sie ausgehen. Es könnte dies beispielsweise
geschehen, indem Amt B bei einem Gespräch in der Richtung C
in den Leitungsabschnitt $B-A$ einen positiven Strom gibt,
während Amt C bei einem Gespräch $C-D$ einen negativen in
den Leitungsabschnitt $C-A$ zu geben hätte. Amt A wäre damit verständigt,. daß es im ersten Falle nicht über B und im
zweiten nicht über C hinaus verkehren kann. Da sich aber
bei vier Ortstelephonnetzen in einer gemeinsamen Leitung
bereits die im folgenden Paragraphen zu besprechende Ein-

richtung empfiehlt, sei auf Einzelheiten nicht weiter eingegangen.

251. **Fernleitungen mit vier und mehr Ortstelephonnetzen in gemeinsamer Leitung.** Die im
folgenden zu beschreibende Anordnung stellt eine für den Fern-
leitungsbetrieb getroffene Ausbildung der in § 245, S. 188 angegebenen Anordnung für die Einbeziehung mehrerer Telephonstellen in eine gemeinsame Leitung dar. Eine auf die sämtlichen
in die Fernleitung einbezogenen Vermittlungsämter verteilte
Batterie a, a, a, a (Fig. 159) versorgt die Fernleitung mit Ruhe-

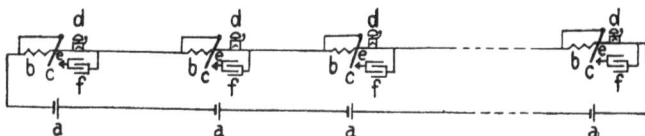

Fig. 159.

strom. In jedem Amt ist ein Elektromagnet b eingeschaltet,
dessen Anker c durch seine Stellung anzeigt, ob die Leitung
stromdurchflossen, d. h. frei oder unterbrochen, d. h. benutzt
ist. In Reihe mit jedem Elektromagneten b ist ein Resonanzwecker d geschaltet. Wird der Ruhestrom in der Leitung unterbrochen, so fallen die Anker c ab und schließen die Kontakte e, e, e, e.
Hierdurch wird in jedem Vermittlungsamt je ein Kondensator
im Nebenschluß zu Elektromagnet b und Wecker d an die
Leitung gelegt und so die Selbstinduktion dieser Apparate un-
schädlich gemacht. Jedes Vermittlungsamt ist mit einem Rufapparat versehen, vermittelst dessen es den Ruhestrom der
Leitung in solcher Folge unterbrechen und wiederherstellen
kann, wie es der Schwingungszahl des Weckers des zu rufenden
Amts entspricht.

Will beispielsweise Amt *1* mit Amt *3* sprechen, so betätigt
es den Resonanzwecker des letzteren. Beide Ämter schalten
dann ihre Sprechapparate in die Leitung. Dabei wird der Strom
in dem Leitungsabschnitt *1—3* unterbrochen, in der Zwischenstelle Amt *2* fällt der Anker c des Elektromagneten b ab und
verständigt damit Amt *2*, daß für dieses Amt keine Möglichkeit
der Leitungsbenutzung besteht. Indem Amt *3* den Anruf seitens
des Amts *1* beantwortet — daß der Ruf aus der Richtung *1—3*
gekommen, erfährt das gerufene Amt dadurch, daß die Rufe in
der Richtung *1—3—6* durch ein Glockenzeichen, die in der

Richtung *6—3—1* durch zwei Glockenzeichen erfolgen —, verbindet es die beiden Leitungsäste des nach *4—6* führenden
Leitungsabschnitts, wodurch der Ruhestrom in diesem Abschnitt
aufrechterhalten bleibt und die Möglichkeit, daß dieser Abschnitt zu andern Gesprächen benutzt wird, fortbesteht. Amt *3*
muß aber nicht nur die beiden Äste der nach *4—5—6* führenden
Leitung verbinden, sondern in diesen Abschnitt ein dauerndes
Zeichen senden, daß es den Abschnitt *1—3* in Benutzung genommen hat, daß für den Verkehr der Ämter *4, 5, 6* nur die
Ämter *3, 4, 5, 6* übrig sind. Diese Benachrichtigung geschieht
einfach dadurch, daß Amt *3* die Schalter *f, f,* Fig. 160,
umlegt und damit den nach *4—6* führenden Leitungsabschnitt an die Wechselstromquelle *k* anlegt. Diese Wechsel-

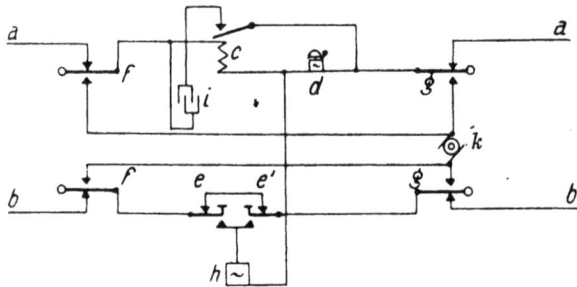

Fig. 160.

stromquelle sendet nun, solange die Verbindung mit der Leitung besteht, in den Abschnitt *4—6* dauernd Wechselströme
von bestimmter Wechselzahl. Diese Wechselzahl ist für jedes
Amt eine andere. So sendet die Wechselstromquelle des Amts *2*
beispielsweise zwei, die des Amts *3* drei, des Amts *4* vier
Wechselströme in der Sekunde ab. Wünscht nun eins der
Ämter *4, 5* oder *6,* während *1* und *3* verkehren, eine Verbindung, so muß es sich vorher überzeugen, inwieweit dies möglich.
Dies geschieht dadurch, daß das untersuchende Amt, beispielsweise *4,* nacheinander den Taster *e* und *e'* drückt. Beim Drücken
von *e* wird der Frequenzanzeiger *h* an das nach *3* führende
Leitungstück angeschlossen. Da Amt *3* ständig Wechselströme
von drei Wechseln in der Sekunde in den Leitungsabschnitt *3—6*
schickt, so wird dies am Frequenzanzeiger in Amt *4* angegeben.
Amt *4* ist demnach verständigt, daß die Leitung *3—1* besetzt
ist. Bei Druck auf den Taster *e'* erfährt Amt *4,* wenn der

Frequenzanzeiger in Ruhe bleibt, daß die Leitung *4—6* frei, oder wenn er eine Anzeige macht, daß der Abschnitt *5—6* in Benutzung steht. Hat Amt *3* statt des Gesprächs mit Amt *1* ein solches mit einem der Ämter *4*, *5* oder *6* geführt, so hat es selbstverständlich statt des Umschalters *f, f* den Umschalter *g, g* umgelegt und die Wechselstromquelle *k* an den nach *2—1* führenden Leitungsabschnitt angelegt. Jedes Amt ist damit imstande, sich jederzeit zu vergewissern, welche Verbindungen es durch die gemeinsame Leitung erreichen kann.

Ist ein Gespräch zu Ende, so werden in den beteiligten Ämtern die Teilnehmerleitungen von der Fernleitung — sie sind mit ihr nicht direkt, sondern durch Übertrager verbunden — getrennt und die Schalter *gg* bzw. *ff* zurückgestellt.

In den Zwischenstellen muß die Schaltung so eingerichtet sein, daß bei einseitiger Benutzung der Leitung die Ruhestrombatterie immer in den unbenutzten Leitungsabschnitt geschaltet ist, damit dieser durch den Ruhestrom dauernd als frei gekennzeichnet sei.

252. Gemeinsame Benutzung einer Telephonleitung durch mehrere in Sternschaltung an dem einen Ende angeschlossene Sprechstellen. Ist eine Gruppe verhältnismäßig benachbarter Sprechstellen nach Bedarf unter sich und durch eine gemeinsame längere Leitung mit einem entfernten Punkt — etwa einem entfernten Ortstelephonnetz — zu verbinden, so geschieht dies entweder, indem die einzelnen Leitungen der Gruppe an einen Klappenschrank angeschlossen werden, vermittelst dessen jede der Leitungen mit der Fernleitung und mit jeder andern Gruppenleitung verbunden werden kann, oder indem die Gruppenleitungen und die Fernleitung an einen automatischen Schalter angeschlossen werden, welcher ohne Beihilfe eines Beamten von dem entfernten Ende der Fernleitung sowohl als von den Teilnehmerenden der Sprechstellenleitungen aus derart betätigt werden kann, daß jede Sprechleitung mit jeder andern und mit der Fernleitung verbunden werden kann.

Die allgemeine Anordnung einer derartigen Anlage unter Anwendung eines von Hand zu bedienenden Klappenschranks haben wir bereits in § 216, S. 158, kennen gelernt. Die hier in Rede stehende Anwendung auf größere Entfernung unterscheidet sich in nichts Wesentlichem von der dort angegebenen.

Der Betrieb gestaltet sich folgendermaßen: Will eine Sprechstelle mit einer andern der Gruppe sprechen, so ruft sie den

Beamten am Klappenschrank, welcher die Verbindung herstellt und nach Beendigung des Gesprächs auf ein Schlußzeichen hin wieder trennt. Gleicherweise stellt er gegebenenfalls die Verbindung mit der Fernleitung her und hebt sie wieder auf. Ist die Fernleitung von einer Gruppenstelle benutzt, so erfahren dies die übrigen Stellen der Gruppe nicht unmittelbar, sondern erst auf Anruf und Mitteilung des Beamten am Klappenschrank. Wird von dem entfernten Ende der Fernleitung eine Verbindung der letzteren mit einer der Gruppenleitungen verlangt und steht letztere bereits mit einer andern Gruppenleitung in Verbindung, so kann der Beamte am Klappenschrank die letztere Verbindung zugunsten der über die Fernleitung verlangten aufheben.

Der Betrieb bei Verwendung automatischer Schalter gestaltet sich je nach der Bauart der letzteren im einzelnen verschieden. Es genügt hier, auf das in § 165, S. 121, erwähnte Beispiel eines automatischen Schalters zu verweisen.

253. Die öffentlichen Ortstelephonanlagen. Die öffentlichen Ortstelephonanlagen dienen dem Zweck, einer mehr oder minder großen Anzahl von Interessenten des Ortes Gelegenheit zu geben, miteinander telephonisch zu verkehren.

254. Einfachste Form einer Ortstelephonanlage. Die einfachste Form einer Ortstelephonanlage besteht darin, daß an einer Anzahl verschiedener Punkte des Ortes Telephonapparate aufgestellt sind, deren jeder mit einer Leitung mit einem Vermittlungsamt verbunden ist, welch letzteres die einzelnen Teilnehmerleitungen nach Bedarf miteinander verbindet und wieder voneinander trennt.

255. Weitere Ausgestaltung der Ortstelephonanlagen. Diese einfachste Form einer Ortstelephonanlage besteht heute kaum irgendwo mehr. Eine erste Ausgestaltung bestand darin, daß in die zum Amt führende Leitung am Teilnehmerende nicht nur ein Sprechapparat sondern deren zwei eingeschaltet wurden. Ein weiterer Schritt geschah dadurch, daß am Teilnehmerende der Leitung ein kleines Vermittlungsamt angeschlossen wurde, an welches sternförmig Leitungen zu einer mehr oder minder großen Anzahl von Sprechapparaten führten, vermittelst welcher diese unter sich und mit der zum Ortsvermittlungsamt führenden Leitung verbunden werden konnten. Dann wurden in ein und dieselbe zum Amt führende Leitung in verschiedenen Entfernungen vom Amt in Reihe drei, vier und mehr verschiedene Teilnehmer eingeschaltet, welche sich

zum Verkehr mit dem Amt der gemeinsamen Leitung bedienten.
Ferner wurden Teilnehmer, die einen besonders lebhaften Verkehr unter sich unterhielten, mit eigenen Leitungen verbunden,
so daß sie für diesen Teil ihres Verkehrs der Beihilfe des Vermittlungsamts nicht bedurften. Endlich wurden an die entfernten Enden zum Vermittlungsamt führender Leitungen automatische Schalter angeschlossen, vermittelst welcher die zum
Amt führende Leitung mit einer mehr oder minder großen Anzahl vom automatischen Schalter sternförmig ausgehender Teilnehmerleitungen verbunden werden kann. Die automatischen
Schalter können dann nicht nur mit dem Amt durch längere,
für die am Schalter angeschlossenen Stellen gemeinsame Leitung
sondern durch solche Leitung mit irgendeiner Teilnehmerstelle
verbunden sein, ohne daß von dem Schalter eine unmittelbare
Verbindung zum Amt bestünde.

Außer diesen im Rahmen der Ortstelephonanlage liegenden
Ausgestaltungen zeitigte das Bedürfnis, von einem Ort zum
andern sprechen zu können, bald eine Ausbildung in der Richtung, daß die einzelnen Ortsanlagen durch Leitungen — Fernleitungen — verbunden wurden, an deren Enden die Teilnehmerleitungen der verbundenen Ortsanlagen angeschlossen werden
konnten. Die Fernleitungen verbinden aber nicht nur die Ortstelephonanlagen eines Landes sondern auch die Anlagen eines
Landes mit denen eines andern Landes.

So entwickelte sich aus dem Ortsnetz das Landesnetz und
aus diesem ein internationales Telephonnetz, welches heute
bereits einen großen Teil des westlichen Europas umfaßt.

Die verschiedenen Verbindungsarten in einem Ortsnetz
stellt die Fig. 161 dar. a ist das Hauptvermittlungsamt, b, c, d
sind kleine automatische Ämter, e ist eine einfache direkte Verbindung zwischen zwei Sprechstellen, welche keinen Verkehr
mit den übrigen Stellen des Netzes haben. In Leitung f sind
vier Stellen eingeschaltet, welche wohl Verkehr unter sich, nicht
aber mit andern haben und sich einer gemeinsamen Leitung
bedienen. g sind fünf Sprechstellen, deren jede mit jeder
andern durch eigene Leitung verbunden ist, die aber keinen
Verkehr mit andern Stellen haben. h sind zwei Sprechstellen,
die direkt unter sich verbunden sind und von welchen die eine
eine Verbindung zum allgemeinen Vermittlungsamt hat. Unter i
sind vier Sprechstellen in eine gemeinsame Leitung geschaltet,
von welchen eine Anschluß an das Amt hat. k zeigt den Fall g,
wobei eine Stelle Anschluß ans Amt hat. l, m, n geben die

Fälle *h*, *i*, *k* mit Anschluß an ein automatisches Amt. *o*, *p*, *q* zeigen die Fälle *e*, *f*, *g*, mit dem Unterschied, daß je eine Stelle an das Hauptamt, eine an ein automatisches Amt angeschlossen

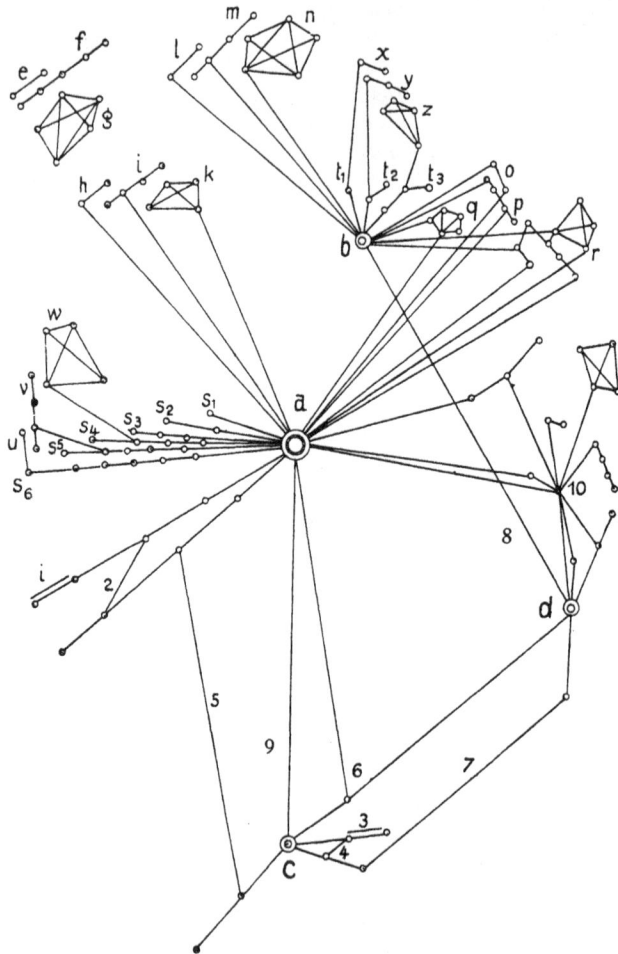

Fig. 161.

ist. In *r* finden sich die Fälle *o*, *p*, *q* wieder mit der Maßgabe, daß zwischen den einzelnen Gruppen je eine direkte Verbindung besteht. s_1, s_2, s_3, s_4, s_5, s_6 sind Anschlüsse an das Vermittlungsamt mit einer, zwei, drei, vier, fünf, sechs Sprechstellen in einer gemeinsamen Leitung. t_1, t_2, t_3 sind Leitungen, die, an ein automatisches Amt angeschlossen, eine, zwei und drei Stellen in einer gemeinsamen Leitung enthalten. u, v, w zeigen die Fälle e, f, g mit dem Unterschied, daß in jeder der Gruppen

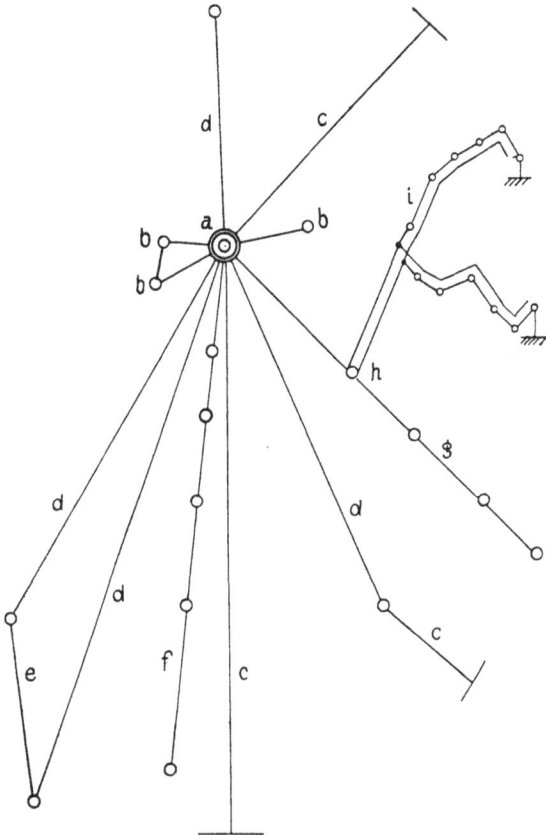

Fig. 162.

eine Stelle an eine gemeinsame Leitung s angeschlossen ist. x, y, z zeigen dieselben Fälle im Anschluß an ein automatisches Amt.

1 zeigt eine direkte Verbindung zwischen zwei in gemeinsamer Leitung an das allgemeine Vermittlungsamt angeschlossene Sprechstellen, *2* die direkte Verbindung zweier verschiedenen

gemeinsamen Leitungen zum allgemeinen Vermittlungsamt an-
gehöriger Sprechstellen. *3* und *4* geben die gleichen Fälle für
den Anschluß an ein automatisches Amt. *5* zeigt die direkte
Verbindung einer an das allgemeine Amt angeschlossenen Sprechstelle mit einer an ein automatisches Amt angeschlossenen. *6* ist
eine Sprechstelle, welche sowohl an das allgemeine Amt wie
an die automatischen Ämter *c* und *d* angeschlossen ist. *7* stellt
eine direkte Verbindung dar zwischen zwei Sprechstellen, welche
an die automatischen Ämter *c* und *d* angeschlossen sind. *8* ist
eine Verbindungsleitung zwischen zwei automatischen Ämtern,
9 eine Verbindungsleitung zwischen einem automatischen Amt
und dem Hauptvermittlungsamt. Der Punkt *10* bedeutet eine
Sprechstelle, welche mit allen im Ortsnetz möglichen Arten von
Verbindungen ausgestattet ist.

Die Fig. 162 zeigt die allgemeine Anordnung eines Landes-
netzes. *a* bedeutet das Ortsnetz der Hauptstadt. *b, b, b* sind
Vorortsanlagen. *c, c, c* sind Fernleitungen, welche die Landes-
grenzen überschreiten. *d, d, d* bedeuten Fernleitungen, welche
Ortsnetze des Landes mit dem Ortsnetz der Hauptstadt verbinden und sowohl den direkten Verkehr der Ortsnetze mit der
Hauptstadt als den Verkehr der Ortsnetze unter sich unter Vermittlung der Hauptstadt ermöglichen. *e* ist eine Fernleitung,
welche den direkten Verkehr zweier kleinerer Ortsnetze gestattet.
f zeigt eine Fernleitung, in welche sechs Ortsnetze einbezogen sind,
die unter sich und mit der Hauptstadt vermittelst gemeinschaft-
licher Leitung verbunden sind. *g* ist eine Fernleitung mit mehreren
Ortsnetzen, an deren eines *h* eine Leitung *i* mit zwölf Stellen
eines kleinen Ortsnetzes in Reihenschaltung angeschlossen ist.

256. Betrieb der öffentlichen Telephonanlagen.
Die einfachste Form zeigt der Betrieb öffentlicher Telephonanlagen in dem Fall eines Ortstelephonnetzes, welches ausschließlich aus Ortsleitungen besteht, die am Teilnehmerende nur eine
Sprechstelle enthalten. Der Teilnehmer ruft das Amt, das Amt
schaltet sich auf die Leitung des Rufenden, nimmt dessen
Wunsch entgegen, ruft den gewünschten Teilnehmer, verbindet
dessen Leitung mit der des Rufenden und trennt die Verbindung, nachdem einer der Teilnehmer ein Schlußzeichen gegeben hat. Als Teilnehmerapparate werden Apparate für größere
Entfernungen in einer der Typen § 145, S. 82 u. ff., verwendet. Sie
sind in meist oberirdischer Leitung aus 2 mm starkem Bronzedraht zum Vermittlungsamt verbunden. Die Leitung führt hier
zunächst an die Grob- und Feinsicherungen (§ 193, S. 141), dann

an einen Klappenschrank — bei kleineren Anlagen etwa an
einen schnurlosen, bei mittleren an einen Schrank nach § 157,

Fig. 163.

S. 130, oder eine Vereinigung solcher, bei größeren an Vielfachumschaltern nach § 163, S. 115.

Die Vereinigung von Vielfachumschaltern für Glühlampenbetrieb zu einem Amt zeigt die Fig. 163.

Enthält ein Teil der Leitung zwei Sprechstellen, so ergibt sich folgende Erweiterung des Betriebs: Jede dieser zwei Stellen kann das Amt rufen und jede von einer andern Stelle verlangt werden. Die heute noch in Deutschland gewöhnlichste Form des Betriebs ist folgende: Wünscht eine gewöhnliche Sprechstelle die Zwischenstelle einer mit zwei Stellen belegten Leitung zu sprechen, so vollzieht sich das Ganze, wie wenn es sich um die Verbindung zwischen zwei gewöhnlichen Stellen handelte. Während des Gesprächs bleibt die Endstelle naturgemäß von dem Verkehr mit der Zwischenstelle sowohl wie zum Amt ausgeschlossen. Wird dagegen die Endstelle gewünscht, so muß die rufende Stelle zunächst die Zwischenstelle vom Amt verlangen, dann erst dieser den Wunsch, mit der Endstelle sprechen zu wollen, mitteilen. Letztere verbindet den zum Amt führenden Leitungsabschnitt mit dem zur Endstelle führenden, das Gespräch kann beginnen. Ein nach dessen Beendigung in die Leitung gegebenes Schlußzeichen erscheint sowohl im Amt wie in der Zwischenstelle und veranlaßt an beiden Orten die Aufhebung der Verbindung. Will anderseits die Endstelle mit dem Amt verkehren, so ruft sie zunächst die Zwischenstelle auf, welche dann die Verbindung zum Amt herstellt und nach Beendigung des Gesprächs wieder trennt. Das gleiche Verfahren findet statt, wenn an die Zwischenstelle sternförmig vermittelst eines kleinen Klappenschranks mehrere Unter- oder Nebenstellen angeschlossen sind, welche durch Vermittlung der Zwischenstelle mit dem Amt verkehren können. In den beiden dieser Fälle findet der gesamte Verkehr zwischen End- bzw. Nebenstellen mit der Zwischenstelle ohne Mitwirkung des Amtes statt. Auch der Verkehr der Nebenstellen unter sich vollzieht sich ohne Beanspruchung des Amtes. Ein großer Teil des gesamten, in einem Ortsnetz stattfindenden Verkehrs wickelt sich demnach durch die unmittelbare Tätigkeit der Beteiligten und ohne die des Amtes ab.

Der Verkehr der Teilnehmer eines Ortsnetzes mit Teilnehmern eines andern Ortsnetzes — der Fernverkehr — geschieht unter Mitwirkung der Vermittlungsämter der beiden Ortsnetze über beide Netze verbindende Fernleitungen. Selbst zwischen großen Ortstelephonnetzen besteht in der Regel nur eine Fernleitung. Sie muß daher abwechselnd bald von dem einen, bald von dem andern Teilnehmer benutzt werden, d. h. sie steht dem Teilnehmer nicht wie die eigene Anschlußleitung zum Amt jeden Augenblick und unbeschränkt, sondern nur wenn sie frei ist und dann nur auf beschränkte Zeit zur Verfügung. Hieraus erwachsen dem Vermittlungsamt eine Reihe neuer Aufgaben. Es muß die Reihenfolge der Benutzung der Fernleitung durch die verschiedenen Teilnehmer regeln und die Benutzungsdauer überwachen. In kleinen Anlagen werden diese Aufgaben von dem Beamten mit erfüllt, welcher die Herstellung und Lösung der Verbindungen innerhalb des Ortsnetzes besorgt. In größeren Anlagen, von welchen eine größere Anzahl von Fernleitungen ausgeht und jede einzelne derselben stark benutzt wird, ist eine solche Vereinigung der Obliegenheiten nicht mehr möglich.

Das Vermittlungsamt wird durch ein sog. Fernamt, welches meist auch räumlich mehr oder minder von dem eigentlichen Vermittlungsamt getrennt ist, ergänzt. Das Fernamt besteht meist aus zwei Abteilungen: dem Meldeamt und dem eigentlichen Fernamt. Das Meldeamt hat die von den einzelnen Teilnehmern der Ortsanlage einlaufenden Anmeldungen auf Ferngespräche entgegenzunehmen, vorzumerken und der Erledigung in der vorgeschriebenen Reihenfolge durch das Fernamt zuzuführen. Das Fernamt selbst besorgt unter Mitwirkung des Vermittlungsamts die Herstellung und Trennung der Verbindungen zwischen Teilnehmerleitungen und Fernleitung. Vermittlungsamt, Meldeamt und Fernamt sind durch eine Reihe von Leitungen mit den entsprechenden Signalapparaten untereinander verbunden. Der Zusammenhang der Vorgänge bei einem Ferngespräch ist folgender: Wünscht ein Teilnehmer ein Ferngespräch zu führen, so ruft er in gewöhnlicher Weise das Vermittlungsamt und verlangt Verbindung mit dem Fernamt. Das Vermittlungsamt stellt die Verbindung mit der Meldeabteilung her. Der Beamte der letzteren nimmt den Auftrag entgegen. Nun ergeben sich zwei Möglichkeiten: entweder die verlangte Fernleitung ist frei oder sie ist besetzt. Ist sie frei, so veranlaßt das Meldeamt, indem es den Rufenden verständigt, ohne weiteres die Herstellung der Verbindung durch das Fernamt. Ist die verlangte Leitung dagegen belegt, so teilt dies das Meldeamt dem Rufenden mit, merkt die angemeldete Verbindung vor, etwa noch unter der Angabe, wann voraussichtlich die Leitung zu dem gewünschten Ferngespräch verfügbar sein wird. Die Vormerkung geht an das eigentliche Fernamt, welches sie nach Freiwerden der Leitung unter Mitwirkung des Vermittlungsamts erledigt. Letzteres geschieht dadurch, daß das Fernamt nach Freiwerden der Fernleitung dem Fernamt der entfernten Orts-

anlage mitteilt, welcher der dortigen Teilnehmer gewünscht wird.
Ist letzterer am Apparat erschienen und mit dem entfernten

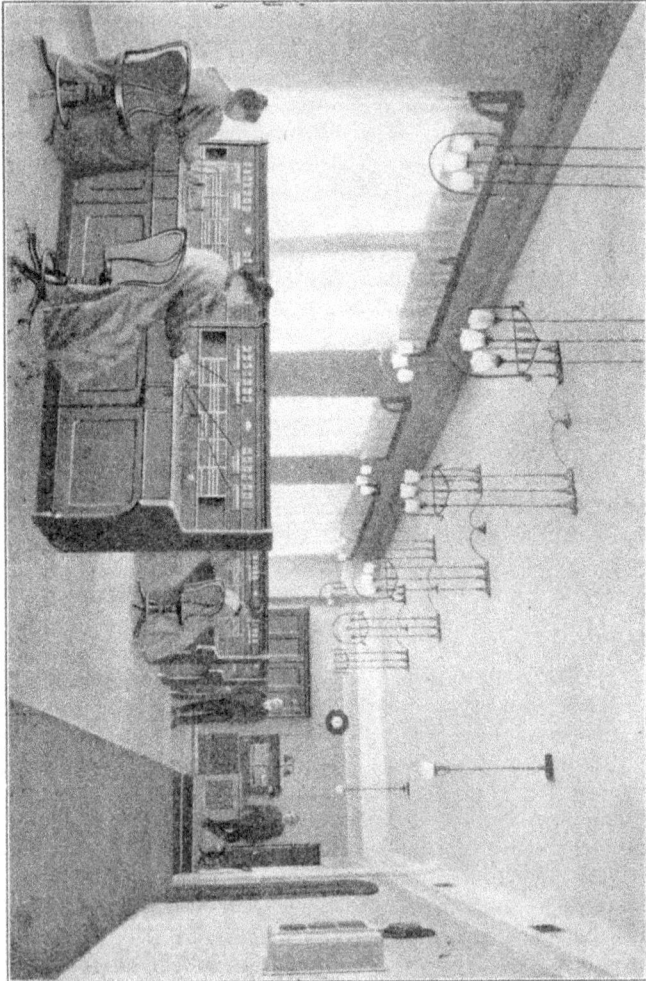

Fig. 164.

Ende der Fernleitung verbunden, so stellt das rufende Fernamt
seinerseits die Verbindung der Fernleitung mit der Leitung des
Teilnehmers, der die Verbindung gewünscht, unter Beihilfe des
eigenen Vermittlungsamts her. Nach Beendigung des Gesprächs

werden die Teilnehmerleitungen von den zu den Fernämtern
führenden Abschnitten und diese von der Fernleitung getrennt,
worauf alle beteiligten Elemente in die Ausgangslage zurückgekehrt sind.

Finden sich in ein und derselben Fernleitung mehrere
Ortsämter eingeschaltet, so wird der Betrieb erheblich verwickelter. Da eine Art der Benutzung solcher Fernleitungen
unter Anwendung des wahlweisen Anrufs bereits in § 251, S. 197,
eingehender erwähnt ist, sei hier von weiteren Ausführungen
abgesehen. Die Ansicht eines Fernamts zeigt Fig. 164.

V. Die Herstellung der Schwachstromanlagen.

257. Allgemeines. Der Herstellung einer Schwachstromanlage geht wie der jeder andern technischen Einrichtung die
Projektierung voraus. Letztere umfaßt zunächst die Feststellung
des Bedürfnisses, die Ermittlung der äußeren Bedingungen,
unter welchen Herstellung und Betrieb zu erfolgen haben, die
Aufstellung eines Planes und eines Kostenanschlags.

258. Die Feststellung des Bedürfnisses. An der
Feststellung des Bedürfnisses ist der Schwachstrommonteur
meist nur bei Haustelegraphen- und Haustelephoneinrichtungen
für kleineren Umfang beteiligt. Doch ist diese Beteiligung bei
der Häufigkeit der Fälle und infolge des Umstandes, daß der
Auftraggeber meist nur undeutliche Vorstellungen hat, von nicht
geringer Bedeutung. Darum ist es in erster Linie notwendig,
über den augenblicklichen Zweck der Anlage und darüber,
welche Erweiterung aus dem Bedürfnis des Auftraggebers in
Zukunft zu erwarten ist, ein möglichst klares Bild zu gewinnen.
Hiernach wird im Einvernehmen mit dem Auftraggeber das
wirkliche Bedürfnis festgestellt und dem weiteren Vorgehen zugrunde gelegt.

**259. Die Ermittlung der Herstellungs- und Be-
triebsbedingungen.** Ist festgestellt, was eine zu errichtende
Anlage leisten soll, so handelt es sich darum, die äußeren Umstände zu ermitteln, welche für Herstellung und Betrieb maßgebend sind, die Ausführungsart und die zu verwendenden
Materialien und Apparate bestimmen. Zunächst ist zu untersuchen, ob alle Teile der Anlage so angebracht werden können,

daß sie dauernd vor Beschädigung bewahrt sind. Es sind demnach alle Einflüsse zu berücksichtigen, welche aus der Natur
der Örtlichkeit und aus der Benutzung derselben für andere
Zwecke störend einwirken könnten. Insbesondere ist darauf zu
achten, wenn die Schwachstromanlage den Raum mit andern
elektrischen, vornehmlich Starkstromanlagen, zu teilen hat.

Überschreitet die Anlage den Raum, über welchen der
Auftraggeber freie Verfügung hat, so kommt entweder anstoßen-
des privates oder öffentliches Eigentum in Frage. Es handelt
sich daher darum, die Erlaubnis zur Benutzung dieses fremden
Eigentums zu erwirken, bevor irgendwelche verbindliche weitere
Schritte unternommen werden. Die Erwirkung der Benutzungs-
erlaubnis ist zwar Sache des Auftraggebers, doch wird der Monteur nicht selten in die Lage kommen, hierzu mit Rat und
Tat beizustehen.

Dem privaten Auftraggeber steht irgendwelches Recht zur
Benutzung fremden Eigentums für seine Schwachstromanlage
nicht zur Seite. Dagegen kann der Staat für seine Anlagen
solches Recht in Anspruch nehmen (vgl. Telegraphengesetz vom
6. April 1902).

260. Plan. Sind so die erforderlichen Anhaltspunkte ge-
wonnen, so wird mit Aufstellung des Planes vorgegangen. Er
besteht aus einer Beschreibung der Anlage, wie sie sich im
ausgeführten Zustande darstellt, nebst den erforderlichen Zeichnungen.

Die Beschreibung gibt den Zweck der Anlage an, enthält
die zur Erreichung des Zwecks vorgeschlagenen Mittel und er-
läutert, wie diese Mittel in der fertigen Anlage zusammenwirken.

Die Zeichnungen bestehen aus Lageplänen, welche die
endgültige Lage der einzelnen Bestandteile der Anlage angeben,
gegebenenfalls aus Abbildungen oder Konstruktionszeichnungen
der anzuwendenden Apparate und Stromquellen und aus Strom-
läufen.

261. Kostenanschlag. Der Kostenanschlag enthält eine
Zusammenstellung sämtlicher bei der Anlage zur Verwendung
kommenden Materialien und Apparate und der für die Zusam-
menfügung dieser Bestandteile aufzuwendenden Arbeit. Die
Einheitspreise für Apparate und Materialien sowie für Arbeit
sind so angesetzt, daß die aus der Aufrechnung der einzelnen
Posten sich ergebende Summe den Gewinn des Beauftragten
enthält.

262. Beispiel. Projekt für eine Haus- und Ferntelephonanlage im Justizpalast der Stadt X.

Beschreibung.

Im Justizpalast der Stadt X soll eine Haus- und Ferntelephonanlage ausgeführt werden. Die Anlage besteht aus einem in Bureau I einzurichtenden Vermittlungsamt mit Handbetrieb, an welches sechs zum Vermittlungsamt der öffentlichen Telephonanlage der Stadt X führende und 60 zu Sprechstellen innerhalb des Justizpalastes führende Leitungen angeschlossen sind. Von letzteren sollen 30 mit den zum öffentlichen Amt führenden Leitungen sowohl als mit sämtlichen andern Hausleitungen verbunden werden können. Die übrigen 30 Sprechstellen sollen' nur mit Haussprechstellen verkehren können. Für eine zukünftige Erweiterung der Anlage ist der im Vermittlungsamt aufzustellende Janusschrank für zehn Postleitungen und im ganzen 100 Anschlüsse vorzusehen. Der Janusschrank ist mit Glühlampenbetrieb und beiderseitigem selbsttätigen Schlußzeichen auszurüsten. Die Mikrophone werden von der gemeinsamen, beim Hausamt aufzustellenden Akkumulatorenbatterie gespeist. Letztere besteht aus zwei Abteilungen zu je sechs Elementen. Die Ladung geschieht vermittelst Stroms, welcher dem Netz der städtischen Elektrizitätswerke entnommen wird. Die Akkumulatorenbatterie ist in einem an Bureau I anschließenden Raum aufzustellen. In einem dritten, an Bureau I und Akkumulatorenraum anstoßenden Raum befindet sich eine Schalttafel mit den erforderlichen Schalt- und Meßvorrichtungen für die Akkumulatorenbatterie, ferner ein Verteilergestell mit Untersuchungsvorrichtung, vermittelst dessen die einzelnen Leitungen von den Zuführungen zum Janusschrank getrennt und anderweitig verbunden oder an Untersuchungsinstrumente angelegt werden können. Die Postleitungen endigen in diesem Raum an Blitzschutzvorrichtungen mit Grob- und Feinsicherungen und Erdverbindung.

Das gesamte Leitungsnetz ist mit Doppelleitung auszuführen und in Isolierrohren zu verlegen. Für jedes der vier Geschosse ist ein Hauptkabel zu je 28 Doppeladern vorzusehen und bis zu je einem Hauptverteilungspunkt in jedem Geschoße zu führen. Von diesen Verteilungspunkten sind zunächst im Erdgeschoß 10, im ersten Stock 15, im zweiten Stock 20, im dritten Stock 15 Sprechstellen in Einzelleitungen anzuschließen. Für die Kabel sind Baumwollseidenkabel mit 0,5 mm starkem Kupferdraht,

14*

für die Einzelleitungen Guttaperchadraht mit 0,8 mm starkem Kupferdraht zu verwenden. Die gesamte Leitungsanlage ist so auszuführen, daß die Kabel und Leitungsdrähte in ihrer gesamten Länge von Isolierrohr umschlossen sind und an keiner Stelle zutage liegen.

Im Vermittlungsamt ist ein Janusschrank für 100 Anschlüsse und 10 Postleitungen Type A der Firma N. N. aufzustellen. Von den sofort einzubauenden Apparaten sind 40 als Wandapparate Type C der Firma N. N., 20 als auswechselbare Tischapparate mit Steckkontakten Type D der Firma N. N. zu installieren. Für 10 Sprechstellen sind zweite Läutwerke in Entfernungen von 10 bis 60 m von dem Sprechapparat anzubringen.

Die Aufstellungsorte der Sprechapparate und Läutwerke, der Kabelverteilungspunkte, der Zug der Leitungen und die Lage des Bureaus I des Akkumulatoren- und Verteilerraums sind in den anliegenden Grundrissen der drei Geschosse des Gebäudes angegeben.

Zwischen den Starkstromleitungsenden und den Akkumulatorenzuführungsleitungen sowie zwischen der Akkumulatorenbatterie und den Sprechstellenleitungen sind doppelpolige Schmelzsicherungen anzubringen. Die konstruktiven Einzelheiten der Anlage sind in den Zeichnungen Blatt A—N angegeben.

Kostenanschlag

über eine im Justizpalast der Stadt X auszuführende Haus- und
Ferntelephonanlage.

Nr.	Vortrag	Preis im einzelnen $\mathcal{M}$	$\mathcal{S}$	Preis im ganzen $\mathcal{M}$	$\mathcal{S}$
	A. Stromlieferung.				
1	12 Stück Akkumulatoren von je — Stunden-Ampere Kapazität, Type M der Akkumulatorenfabrik X . . . . 12 $\times$	—	—	—	—
2	Holzgestell hierzu mit weißem Ölfarbanstrich, Zeichnung Blatt A		—		—
3.	Säurebehälter, Zeichnung Blatt B		—		—
4	Säuremischvorrichtung, Zeichnung Blatt C		—		—
5	Säuredichtigkeitsmesser Modell N		—		—
6	Einrichtung der Wasserleitung mit Vorkehrung zum Reinigen der Akkumulatoren, Zeichnung Blatt D		—		—
7	Umformer zur Erniedrigung der Spannung des Lichtnetzes auf die Ladespannung der Akkumulatoren, Zeichnung Blatt E . .		—		—
8	Schalttafel mit polierter weißer Marmorplatte mit Volt- und Amperemetern und Regulierwiderständen, Zeichnung Blatt F . . .		—		—
9	Schmelzsicherungen Modell N . . . 6 $\times$	—	—	—	—
10	Verbindung des Umformers mit dem Lichtleitungsnetz:				
	— m Kabel mit — qmm Kupferquerschnitt . . . . à m	—	—	—	—
	Verlegen dieser Kabel . . . . à m	—	—	—	—
11	Verbindung des Umformers mit Schalttafel und Akkumulatorenbatterien:				
	— m Kabel mit — qmm Kupferquerschnitt . . . . à m	—	—	—	—
	Verlegen dieser Kabel . . . . à m	—	—	—	—
	Summa			—	—

Nr.	Vortrag	Preis im einzelnen		Preis im ganzen	
		ℳ	₰	ℳ	₰
	Übertrag			—	—
12	Verbindung der Akkumulatorenbatterien mit dem Janusschrank: — m Kabel von — qmm Kupferquerschnitt . . . . à m Verlegen dieser Kabel . . . . à m	— —	— —	— —	— —
13	Montage der Akkumulatoren			—	—
14	Montage des Umformers			—	—
15	Montage der Schalttafel			—	—
16	Montage des Akkumulatorengestells, der Wasser-, Reinigungs-, Mischvorrichtung .			—	—
17	Unvorhergesehenes			—	—
	Summa A			—	—

B. Verteilerraum.

Nr.	Vortrag	Preis im einzelnen		Preis im ganzen	
1	Verteiler für 100 Doppelleitungen mit Untersuchungsvorrichtungen nach Zeichnung Blatt G			—	—
2	Blitzschutzvorrichtungen und Fein- und Grobsicherungen für zehn Postleitungen, Zeichnung Blatt H			—	—
3	Verbindung des Verteilergestells mit dem Janusschrank: — m Baumwollseidenkabel fertig verlegt . . . . à m	—	—	—	—
4	Meß- und Untersuchungsvorrichtung nebst Zubehör, Zeichnung Blatt J			—	—
5	Montage des Verteilers			—	—
6	Montage der Blitzschutzvorrichtungen und Sicherungen			—	—
7	Unvorhergesehenes			—	—
	Summa B			—	—

Nr.	Vortrag	Preis im einzelnen		Preis im ganzen	
		ℳ	₰	ℳ	₰
	C. Vermittlungsamt.				
1	Janusschrank für 100 Anschlüsse und zehn Postleitungen Modell N der Firma N. N.			—	—
2	Montage des Schranks			—	—
3	Unvorhergesehenes			—	—
	Summa C			—	—
	D. Leitungsanlage.				
1	— m Baumwollseidenkabel zur Verbindung der Kabelverteilungspunkte mit dem Verteilerraum fertig in Isolierrohr Muster M verlegt . . . . à m	—	—	—	—
2	4 Kabelverteilungskasten nach Zeichnung Blatt K fertig montiert . . . . . 4 ×	—	—	—	—
3	— m Guttaperchadoppeladern in Isolierrohr fertig verlegt. . . . . à m	—	—	—	—
4	20 Steckkontakte Muster P fertig montiert . . . . 20 ×	—	—	—	—
5	Unvorhergesehenes			—	—
	Summa D			—	—
	E. Sprechstellen.				
1	40 Wandapparate Type C der Firma N. N. fertig montiert . . . . 40 ×	—	—	—	—
2	20 Tischapparate Type D der Firma N. N. fertig montiert . . . . 20 ×	—	—	—	—
3	10 zweite Läutwerke fertig montiert 10 ×	—	—	—	—
4	Unvorhergesehenes			—	—
	Summa E			—	—
	Zusammenstellung.				
1	Summa A			—	—
2	Summa B			—	—
3	Summa C			—	—
4	Summa D			—	—
5	Summa ь			—	—
	Gesamtsumma			—	—

263. Vertragsabschluß. Ist zwischen Auftraggeber und Unternehmer eine Einigung über Art und Umfang der herzustellenden Anlage erzielt, so folgt in der Regel zwischen beiden Teilen der Abschluß eines Werkvertrags, in welchem auf Grund des Projekts die Einzelheiten der Ausführung geregelt werden. Meist werden dabei allgemeine und besondere Bestimmungen über die Qualität der zu verwendenden Materialien und Apparate, über die Art der Ausführung der Arbeiten, über den Zeitpunkt des Beginns und der Beendigung derselben, über die Bezahlung der Leistungen, über eine Gewährfrist, innerhalb welcher an der Anlage Fehler, welche auf die Unternehmerarbeit zurückzuführen sind, nicht auftreten dürfen, über etwaige Mehrarbeiten, Konventionalstrafen und Schadenersatzleistungen und anderes getroffen.

264. Ausführung. Dem Vertragsabschluß folgt die Ausführung der Anlage. Sie beginnt mit der Feststellung des Bedarfs an Materialien und Apparaten. Soweit Pläne und Beschreibung des Projekts die erforderlichen Anhaltspunkte nicht geben, müssen Aufnahmen an Ort und Stelle die nötige Ergänzung liefern. Bei kleineren Anlagen werden dann die erforderlichen Baubestandteile sogleich im ganzen, bei größeren, wie langen Überlandleitungen oder umfangreichen Kabelverlegungen, in angemessenen Zeitabständen nach Fortschritt des Baues beschafft und zur Baustelle gebracht. Sind zugleich die nötigen Hilfskräfte bereit, so kann die Arbeit beginnen. In der Regel wird zunächst die Leitungsanlage ausgeführt.

265. Bauausführung. Welchen technischen Anforderungen die Bauausführung in den verschiedenen Fällen zu genügen hat, haben wir in § 267 u. ff. gesehen. Die Arbeit selbst möglichst zweckmäßig anzuordnen, ist eine der Hauptaufgaben des Schwachstrommonteurs. Die Richtschnur ist: beste Ausführung unter geringstem Aufwand. Letzterer besteht in dem Verbrauch von Baumaterial und Arbeitslohn. Die Voraussetzung geringsten Aufwands bilden außer der Genauigkeit in der Projektaufstellung zweckmäßigste Arbeitseinteilung und eine peinlich gewissenhafte Buchführung. Für die zweckmäßigste Arbeitseinteilung lassen sich allgemeine Regeln bei der Verschiedenartigkeit der Umstände nicht aufstellen. Es bleibt in dieser Beziehung Sache des ausführenden Monteurs, durch wohlüberlegtes, planmäßiges Vorgehen und Verwertung aller zugänglichen Erfahrung die bestmögliche Leistung anzustreben. Das gleiche gilt für Auswahl und Entlohnung der erforderlichen Hilfskräfte,

wenn auch im allgemeinen gesagt werden kann, daß der gute Monteur auch die besten und bestentlohnten Arbeiter haben wird, weil er damit den besten Arbeitserfolg erzielt.

266. Das Montagebuch. Zum Nachweis des für Herstellung einer Anlage erwachsenen Aufwands an Materialien, Apparaten und Arbeitslöhnen führt der Monteur für größere Anlagen je ein besonderes, für kleinere ein gemeinsames Montagebuch. Das Montagebuch enthält die Bezeichnung der auszuführenden Anlage, gegebenenfalls Abschrift des Projekts mit oder ohne Kostenanschlag, ein Verzeichnis der für die Anlage zur Verwendung bestimmten Materialien und Apparate, Materialverbrauchsnachweis und Lohnliste, Abgleichung zwischen den erhaltenen und verbrauchten Materialien und Apparaten, Zusammenstellung der gezahlten Arbeitslöhne, Zeit des Beginns und Abschlusses der Arbeit, Unterschrift des Monteurs, gegebenenfalls des Auftraggebers.

Die Einträge über den Material- und Apparateverbrauch und in die Lohnliste sind täglich und vor jeder längeren Unterbrechung der Arbeit vorzunehmen. Ferner ist im Montagebuch täglich in gedrängter Kürze der Arbeitsfortschritt festzustellen.

Hat der Monteur an entferntem Arbeitsplatz die Entlohnung der Arbeiter selbst vorzunehmen und etwaige andere Barauslagen zu bestreiten, so enthält das Montagebuch noch einen Abschnitt über die Geldrechnung. In demselben werden alle von dem Monteur aus einem vom Unternehmer gegebenen Barvorschuß geleisteten Barauslagen täglich aufgeführt. Bei längeren Bauausführungen werden Ergänzung dieses Vorschusses und Abrechnung in der Regel wöchentlich vorgenommen. Mit dieser Abrechnung wird, soweit ungewöhnliche Vorkommnisse nichts anderes veranlassen, regelmäßig Bericht des Monteurs über den Fortgang der Bauarbeiten erstattet. Die von dem Monteur bezahlten Arbeitslöhne werden im Montagebuch von den Empfängern quittiert. Die Quittungen über sonstige Barauslagen des Monteurs werden dem Montagebuch beigefügt und bilden mit den Materialnachweisen und Lohnlisten die Unterlagen zur Schlußabrechnung. Letztere wird von Unternehmer und Monteur anerkannt und unterschrieben, worauf die Rechnung zwischen Unternehmer und Monteur abgeschlossen ist.

267. Leitungsausführung. In der Regel beginnt die Arbeit für eine neu herzustellende Anlage mit der Ausführung der Leitung. Welchen technischen Anforderungen die Leitungsausführung zu genügen hat, haben wir bereits in § 63 u. ff.,

S. 27, gesehen. Ist mit dem Auftraggeber und, wenn mit
fremdem Eigentum zu rechnen ist, mit dessen Besitzern Vereinbarung über die Führung der Leitungsanlage getroffen, so
kann die Arbeit beginnen. Aufgabe des Schwachstrommonteurs
ist es, die Arbeiten so anzuordnen und zu überwachen, daß die
Leitung unmittelbar nach der Vollendung in Betrieb genommen
werden kann. Er hat dafür zu sorgen, daß die erforderlichen
Materialien und Werkzeuge stets in der vorgeschriebenen Qualität
und der dem Fortschritt der Arbeit entsprechenden Menge bereit
sind und stets sachgemäß verwendet werden. Bei größeren Anlagen mit langen Leitungen, namentlich Kabelleitungen, findet
mit dem Fortschreiten der Arbeit eine ständige Kontrolle darüber
statt, ob das vollendete Stück den Anforderungen an Isolation
und Leitfähigkeit genügt. Bei kleineren Anlagen findet solche
Prüfung erst nach Vollendung der ganzen Leitungsanlage statt.

268. Leitungsprüfung. Bei kleineren Anlagen findet
die Leitungsprüfung in der Regel einfach dadurch statt, daß die
Betriebstromquelle und die Betriebsapparate in der der fertigen
Anlage entsprechenden Weise an die Leitung angeschlossen
werden und beobachtet wird, ob das Ganze der Absicht der
Einrichtung entsprechend arbeitet. Ist letzteres der Fall, so ist
ohne weiteres der Beweis der Fehlerlosigkeit der Leitungsanlage
erbracht.

269. Leitungsfehler. Arbeitet die Anlage nicht und
liegt der Fehler in der Leitung, so kann er in einer Erhöhung
des Widerstandes der Leitung oder in einer Verminderung der
Isolation bestehen. Welche Art Fehler vorliegt, wird einfach
dadurch festgestellt, daß man zwischen den einen Pol der
Batterie und den hier angeschlossenen Leitungsast ein Galvanometer einschaltet und den Ausschlag beobachtet, wenn der Strom
geschlossen wird. Ist kein Ausschlag zu beobachten oder ist er
kleiner, als er sein sollte, so liegt eine Erhöhung des Leitungswiderstandes vor; ist er größer, so besteht ein Isolationsfehler.

Zeigt das Galvanometer keinen Ausschlag, so liegt voraussichtlich eine Unterbrechung der Leitung durch Drahtbruch vor.
Ein zu kleiner Ausschlag deutet auf Übergangswiderstände, wie
sie meist durch ungenügende Verbindungen, schlechte Lötstellen,
Verletzungen des Drahts, welche zwar keine völlige Unterbrechung, so doch bedeutende Verminderung des Leitungsquer-
schnitts an einzelnen Stellen bewirken, hervorgebracht werden.

270. Aufsuchen und Beseitigen von Leitungs-
fehlern. Ist so das Bestehen und die Art eines Leitungs-

fehlers festgestellt, so handelt es sich darum, den Ort desselben
zu ermitteln. Bei langen Leitungen, insbesondere bei langen
Kabelanlagen, bei welchen eine ständige Kontrolle der elektrischen Eigenschaften des fertiggestellten Abschnitts schon während der Ausführung stattfindet, läßt ein auftretender Fehler
zunächst vermuten, daß er in dem eben zuletzt hergestellten
Leitungs- oder dem zuletzt verlegten Kabelstück sich vorfinde.
Das Stück wird von dem bisher als gut befundenen abgetrennt
und für sich geprüft. Bestätigt sich die Vermutung, so wird
das abgetrennte Stück im einzelnen untersucht. Bei oberirdischen
Anlagen genügt meist ein Begehen der Strecke und Besichtigung
der Leitung, um den Ort eines Drahtbruches, einer schlechten
Lötstelle, einer Drahtverschlingung, einer Berührung der Leitung
mit einem Fremdkörper, einer beschädigten Isolierglocke festzustellen. Im Falle von Kabeln sind dagegen häufig genaue
Messungen von Leitungswiderstand, Isolationswiderstand und
Kapazität erforderlich, auf deren Einzelheiten hier nicht weiter
eingegangen werden kann, da die Ausführung in der Regel nicht
zur Aufgabe des Schwachstrommonteurs gehört.

Bei kleineren Anlagen genügt meist eine aufmerksame Besichtigung der ganzen Leitung, um den Fehler zu entdecken.

Ist eine Fehlerstelle gefunden, so ist zunächst die Ursache
des Fehlers zu ermitteln. Diese Ursache kann zufällig und so
beschaffen sein, daß eine Wiederkehr des Fehlers an der betreffenden Stelle, wenn er einmal beseitigt ist, nicht zu befürchten ist. War der Draht beispielsweise infolge einer zu-
fälligen Verletzung, eines Materialfehlers gerissen, so ist eine
Wiederholung nicht zu erwarten und mit der Verlötung der ge-
trennten Enden ist der Schaden endgültig gehoben. Ist er aber
beispielsweise an einer Straßenkreuzung gerissen, weil ein
hoch beladenes Fuhrwerk unten durchfuhr, so ist mit der Zu-
sammenfügung der Drahtenden eine Höherlegung der Leitung
zu verbinden.

Die Beseitigung der Fehler selbst besteht in allen Fällen
darin, daß an der Fehlerstelle der normale Leitungs- und Isolationswiderstand eines gleich langen Stückes fehlerloser Leitung hergestellt wird. In allen Fällen muß die ausgebesserte
Stelle der Leitung auch die mechanischen Eigenschaften eines
unverletzten Leitungstücks aufweisen. Wo also zwei Enden
eines gerissenen blanken Drahtes zu verbinden sind, muß die
Lötstelle nicht nur die Leitungsfähigkeit eines gleich langen
ungelöteten Drahtstücks, sondern auch die Bruchfestigkeit eines

solchen haben; an einem isolierten Draht, dessen Isolierung zum
Zwecke der Wiedervereinigung der Enden der gerissenen Leitung beseitigt wurde, muß die Isolierung nach dieser Wiedervereinigung in früherer Vollkommenheit wiederhergestellt werden.

271. Anschluß der Apparate und Stromquellen.
Ist die Leitungsanlage fertiggestellt, so erfolgt der Anschluß der
Apparate und Stromquellen. Zeigt sich nach dem Anschluß der
fehlerlosen Leitung, daß die Einrichtung nicht entsprechend
arbeitet, so kann die Ursache in dem Anschluß von Apparaten
und Stromquellen an die Leitung oder in den Apparaten und
Stromquellen selbst liegen. Der erwähnte Anschluß geschieht
in der Regel durch Klemmschrauben, welche die Leitungsenden
mit den Polen der Stromquelle bzw. mit der Innenschaltung der
Apparate verbinden. Eine wesentliche Bedingung, daß die Anlage überhaupt und befriedigend arbeitet, besteht daher darin,
daß die Verbindungstellen zwischen Leitung und Apparaten
und Stromquelle dauernd wirksam bleiben, d. h. dem Übergang
des elektrischen Stroms niemals nennenswerten Widerstand
entgegensetzen. Mit andern Worten: Die Berührungsflächen
zwischen den Leitungsenden und den Klemmschrauben von
Apparaten und Stromquellen müssen genügend groß und stets
metallisch blank, die Klemmschrauben selbst müssen stramm
angezogen sein, so daß ein erheblicher Druck zwischen dem
Drahtende und dem Körper der Klemmschraube besteht.

272. Fehler in den Stromquellen. Ist die Leitung
und deren Anschluß an Apparate und Stromquellen fehlerfrei
und arbeitet die Anlage noch nicht genügend, so kann die Ursache entweder in den Stromquellen oder in den Apparaten liegen.

In erster Linie wird die Stromquelle untersucht. Handelt
es sich um eine galvanische Batterie, so wird vermittelst Batterie-
prüfers deren Spannung und Widerstand ermittelt. Zeigt sich
ein ungenügender Wert, so wird jedes einzelne Element geprüft
und ein fehlerhaftes durch ein gutes ersetzt.

Wird der Strom elektrischen Maschinen entnommen, so
kann ein Versagen verschiedene Ursachen haben: Die Touren-
zahl der Maschine kann zu klein sein, die Stromabnehmer
können zu großen Widerstand bieten, in der Ankerwicklung
kann ein Kurzschluß oder Drahtbruch bestehen. Die gewöhnlichste elektrische Maschine, mit welcher der Schwachstrommonteur zu tun hat, ist der in zahlreichen Telephonanlagen
verwendete Magnetinduktor (§ 37, S. 14). Versagt der Induktor,
was dadurch festgestellt wird, daß ein an die Klemmen des

Induktors angelegtes, erprobtes Wechselstromläutwerk bei normaler Kurbeldrehung nicht anspricht, so ist zunächst zu untersuchen, ob die Blattfeder, welche den Strom abzunehmen hat, bei der Kurbeldrehung richtig Kontakt macht. Zeigt die Untersuchung, daß dies der Fall, so kann der Fehler nur in der Ankerwicklung liegen und durch Umwickeln des Ankers behoben werden, was nicht Sache des Schwachstrommonteurs ist.

273. **Fehler in den Apparaten.** Die in den Apparaten möglichen Fehler lassen sich in zwei große Gruppen zusammenfassen. Die eine begreift jene Fehler, welche bewirken, daß der von fehlerloser Stromquelle in die fehlerlose Leitung entsandte Strom in den Empfangsapparaten nicht die beabsichtigte Stromstärke hervorbringt, die andere umfaßt jene Fehler, welche verhindern, daß auch die normale Betriebsstromstärke nicht die beabsichtigte Wirkung hervorbringen kann. Beide Arten von Fehlern können in einem bestimmten Fall selbstverständlich auch gleichzeitig bestehen.

Die Fehler der ersten Art beruhen auf Veränderungen des elektrischen Verhaltens von Apparatenteilen gegenüber dem normalen. Man könnte sie als elektrische Fehler bezeichnen. Die Fehler der zweiten Art beruhen auf mechanischen Änderungen. Sie sollen als mechanische Fehler bezeichnet werden.

274. **Elektrische Apparatfehler.** Die elektrischen Fehler können an jedem Punkt der an die Apparatanschlußklemmen anschließenden Innenschaltung des Apparats vorkommen. Sie bestehen wie die Leitungsfehler in der überwiegenden Zahl der Fälle in unzulässigen Erhöhungen oder Verminderungen des Leitungswiderstandes.

275. **Die Widerstandserhöhungen.** Die häufigsten Formen, unter welchen unzulässige Widerstanderhöhungen in der Innenschaltung der Apparate vorkommen, sind folgende: Lockerung von Klemmschrauben, Verschmutzen von Kontakten, Drahtbrüche, Oxydation einzelner Stücke der Strombahn.

276. **Die Widerstandsverminderungen.** Die Widerstandsverminderungen kommen dadurch zustande, daß entweder blanke Teile der Strombahn, welche voneinander isoliert sein sollen, in mehr oder minder innige Berührung miteinander geraten, oder daß die Isolation isolierter Teile der Strombahn beschädigt wird. In beiden Fällen findet in der Innenschaltung des Apparates eine Verzweigung des Betriebsstroms derart statt, daß ein Teil durch die Fehlerstelle, ein zweiter durch den zur

Äußerung der Stromwirkung bestimmten Apparateteil — Elektromagnet etc. — geht. Ist der erstere Teil gegenüber dem zweiten
verhältnismäßig klein, so nennt man den Fehler einen Nebenschluß; erreicht nur ein kleiner Teil des Stroms den Elektromagneten, so heißt der Fehler Kurzschluß. Beide Fehler können
natürlich auch innerhalb des Elektromagneten selbst vorkommen.
Sie haben immer die Folge, daß die elektromagnetische Wirkung
am Empfangsapparat geschwächt wird, so daß der Apparat nur
mangelhaft oder überhaupt nicht arbeitet.

277. Aufsuchung und Beseitigung elektrischer
Apparatfehler. Alle modernen Apparate sind mit der
speziellen Rücksicht angeordnet, daß ein Auffinden und Beseitigen von in der Innenschaltung auftretenden Fehlern möglichst erleichtert ist. Es genügt meist, die das Innere der Apparate umschließenden Gehäuse abzunehmen, um einen Überblick
über alle in Betracht kommenden Teile zu gewinnen. Gibt dieser
Überblick nicht sofort Aufschluß über den Fehler, so muß zur
systematischen Untersuchung geschritten werden. Dabei kann
es sich um Apparate handeln, bei welchen die Innenschaltung
eine einfache Fortsetzung der Leitung bildet oder in mehreren
Abzweigungen besteht oder endlich zum Teil dem Leitungsstromkreis, zum Teil einem oder mehreren Ortsstromkreisen angehört.
Läßt die Beobachtung nicht sofort erkennen, ob der Fehler in
dem an die Leitung angeschlossenen Teil der Innenschaltung
oder in einem Ortsstromkreis liegt, so wird mit der Untersuchung des letzteren begonnen. Sie geschieht mit einem etwa
nach Fig. 120, S. 137, mit einem Element zusammengebauten Galvanometer. Die Klemmen dieser Untersuchungsvorrichtung
werden mit den Anschlußklemmen des Ortsstromkreises am
Apparat verbunden, worauf unmittelbar an der Galvanometernadel beobachtet werden kann, ob Stromunterbrechung bzw.
wesentliche Widerstandserhöhung statthat. Ein ungewöhnlich
großer Ausschlag deutet auf Neben- oder Kurzschluß. Ist so ein
Fehler festgestellt, so wird die Innenschaltung freigelegt und
besichtigt. Wird dabei der Fehler nicht sogleich gefunden, so
wird mit der Prüfung in der Weise fortgefahren, daß die Enden
der beiden mit dem Prüfinstrument verbundenen Drähte statt
an die Apparatklemmen an zwei gegenüberliegende Punkte etwa
in der Mitte der Innenschaltung angelegt werden. Zeigt sich
nun normaler Ausschlag, so ist festgestellt, daß der Fehler
zwischen den Anschlußklemmen für den Ortsstromkreis am
Apparat und der Mitte der Innenschaltung liegt. Nun wird

dieser Abschnitt neuerdings halbiert und so fortgefahren, bis die Fehlerstelle gefunden ist. In Wirklichkeit kommen natürlich nicht die Halbierungspunkte, sondern nur solche Punkte in Betracht, an welchen die Leitung bei Klemmschrauben etc. frei liegt und so ohne weiteres ein Anlegen der Prüfdrähte ermöglicht. Auch wird solches Vorgehen meist nur in Apparaten mit ausgedehnten und sehr verwickelten Innenschaltungen notwendig sein. In den meisten Fällen wird es genügen, bei fehlerloser Beschaffenheit von Ortsbatterie und Zuführung zum Apparat den den Ortsstrom schließenden Kontakt — an der Relaiszunge, an einem Hakenumschalter — mit der Hand zu öffnen und zu schließen, um einen Fehler in der Innenschaltung des Ortsstromkreises festzustellen. Handelt es sich beispielsweise um eine Morsestation mit Relaisbetrieb und bleiben auf solche von Hand bewirkte Bewegungen des Relaisankers die Zeichen am Schreibwerk aus, so ist ohne weiteres ein Fehler im Ortsstromkreis festgestellt. Nimmt an einer gewöhnlichen Telephonstation mit eigener Mikrophonbatterie der Beobachter das Telephon ans Ohr und bewegt den Aufhängehaken mit der Hand auf und nieder, so daß er die normalen Kontakte herstellt und unterbricht, so wird er im Telephon ein kräftiges Knacken hören, wenn die Innenschaltung des Ortsstromkreises im Apparat in Ordnung ist. Das Knacken wird ausbleiben, wenn in dieser Innenschaltung Stromunterbrechung besteht; es wird wesentlich schwächer sein, wenn eine erhebliche Widerstandserhöhung, ein Nebenschluß oder Kurzschluß vorhanden ist. Freilich könnte es auch zustande kommen, wenn ein Stromübergang vom Mikrophonstromkreis zum Leitungsstromkreis, d. h. zum Telephon, stattfände.

Ist der Fehler im Ortsstromkreis gefunden und beseitigt und besteht ein weiterer Fehler in der mit der Linie verbundenen Innenschaltung des Apparates, so wird zur Untersuchung dieses Teils der Strombahn geschritten. Sie vollzieht sich in gleicher Weise wie die Untersuchung des Ortsstromkreises, natürlich mit dem Unterschiede, daß von den Apparatklemmen, an welchen die Leitung angeschlossen ist, ausgegangen wird.

Die Beseitigung der Fehler besteht in der Auswechslung beschädigter Leitungsstücke, Verlötung von Drahtbrüchen, Reinigen verschmutzter Kontakte, Anziehen von Klemmschrauben, Anspannen von Spiralfedern, Wiederherstellung normaler Isolation und Zurechtbiegen verbogener Blattfedern, welche Kontakte beherrschen.

278. Die mechanischen Apparatfehler. Die Wirksamkeit aller elektrischen Apparate beruht darauf, daß der Anker
eines Elektromagneten unter dem Einfluß des Betriebsstroms
bestimmte Bewegungen ausführt. Die mechanischen Apparatfehler beruhen der Mehrzahl nach darauf, daß diese Bewegungen
durch irgendeine Ursache gestört oder verhindert werden. Die
Ursachen dieser Art sind mannigfach. Der Anker muß beispielsweise einen bestimmten Abstand von den Elektromagnetpolen
haben. Wird er zu groß, so reicht der durch den Betriebsstrom
erzeugte Magnetismus nicht hin, um den Anker zu bewegen.
Der Anker darf sich auch dem Pol nicht zu sehr nähern, da
er sonst unter Umständen nach der Anziehung durch den Betriebsstrom infolge des rückbleibenden Magnetismus kleben
bleibt und nach Aufhören des Betriebsstroms nicht in die Ausgangslage zurückkehrt. Der Anker wird entweder durch mit ihm
festverbundene elastische Körper — Blattfedern Spiralfedern —
oder durch das eigene Gewicht nach Aufhören des Betriebsstroms in die Ruhelage zurückgeführt. Im Telephon ist es die
Elastizität des Ankers selbst, welche dessen Bewegungen bestimmt. In vielen Fällen findet die Ankerbewegung um eine
feste Achse mit Zapfen und Lagern statt. Durch irgendwelche
Ursache hervorgebrachte Änderungen in dem normalen Polabstand und Hub des Ankers, in der Elastizität der rückführen-
den Federn oder des Ankers selbst, in der Achsenreibung an
Zapfen und Lagern können demnach Störungen der Ankerbewegung bewirken. Ferner können zwischen Anker und Pole
oder sonst in den Bewegungsbereich der Anker eindringende
Fremdkörper die Ankerbewegungen stören oder gänzlich verhindern.

Die andere Gruppe mechanischer Apparatfehler ist in
jenen Apparaten möglich, bei welchen der Anker auf irgendeinen Mechanismus zu wirken hat, eine Fallklappe auslöst,
ein Uhrwerk in Gang setzt, auf eine bewegte Schreibfläche
Zeichen aufschreibt, den Gang eines Uhrwerks aufhält u. a.
Bewegt sich dabei der Anker unter der Stromwirkung normal
und wird trotzdem die beabsichtigte Wirkung nicht hervorgebracht, so liegt der Fehler an irgendeinem für die Wirkung
wesentlichen Teil des Mechanismus. Vermehrung der Reibung
in Achsen, Lagern und Zahnrädern, Verminderung der Reibung
in Friktionsübertragungen, Versagen der Triebkraft, von Uhr-
werksfedern etc., Lageänderungen einzelner Teile des Mechanismus, Fremdkörper sind die häufigsten Ursachen derartiger Fehler.

Außer am Anker der Empfangselektromagnete sind mechanische Fehler an allen übrigen Teilen des Apparates, welche, sei es unter der Bewegung des Ankers, sei es durch Hand oder Maschinenkraft, Bewegungen auszuführen haben, möglich. Fehler der ersten Art kommen dadurch zustande, daß sich beispielsweise die Achse eines Morsetasters oder eines Telephonhakenumschalters oder der Auslösevorrichtung eines Morseschreibwerks festklemmt, ein Fremdkörper die Bewegung hindert usw.

279. Aufsuchen und Beseitigen mechanischer Apparatfehler. Ist ein mechanischer Apparatfehler festgestellt, so beginnt die Untersuchung naturgemäß mit Beobachtung der Tätigkeit des Ankers unter der normalen Stromwirkung. Ist diese Tätigkeit fehlerhaft, d. h. ist der Hub des Ankers zu klein, so wird zunächst versucht, vermittelst der meist vorhandenen Regulierungsvorrichtungen, Spannfedern, Stellschrauben, den Polabstand des Ankers und die rückführende Kraft so zu regeln, daß eine normale Ankerbewegung zustande kommt. Ist dies hierdurch nicht möglich, so muß zur Untersuchung der Ankerachse mit Zapfen und Lagern geschritten werden. Sie ergibt, ob ein Klemmen der Achse vorliegt, ob die Lager und Zapfen zu reinigen oder zu ölen sind.

Bei Apparaten, bei welchen der Anker auf irgendeinen Mechanismus zu wirken hat, ist vor dieser Untersuchung der Anker erst von jenem Mechanismus zu trennen. Ist dann eine normale Ankerbewegung festgestellt oder hergestellt und die Fortdauer eines Fehlers beobachtet, so muß die Untersuchung auf den von dem Anker zu beeinflussenden Mechanismus fortgesetzt werden. Sie ergibt, daß der von dem Anker zu beeinflussende Teil jenes Mechanismus den Ankerbewegungen einen übergroßen Widerstand entgegensetzt. Die Ursache hierfür ist zu ermitteln und zu beseitigen. Dabei wird schrittweise von dem Berührungspunkt des Ankers mit dem Mechanismus zu den entfernteren Teilen des letzteren vorgegangen.

280. Betriebsübergabe. Ist die Anlage in allen ihren Teilen fertiggestellt, geprüft und sind etwaige Fehler in Stromquelle, Leitung und Apparaten beseitigt, so wird sie in Betrieb übergeben, nachdem noch etwaige in der Ausführung eingetretene Abweichungen gegenüber dem ursprünglichen Plan in Plänen, Beschreibungen, Schlußbericht festgestellt sind. Häufig geschieht die Betriebsübergabe durch eine schriftliche Verhandlung, in welcher die vertragsmäßige Ausführung, das tadellose Arbeiten

der Anlage und etwaige Abweichungen gegen den ursprünglichen Plan nach Art und Umfang festgestellt werden.

281. **Abrechnung.** Nach der Betriebsübergabe erfolgt
auf Grund des Montagebuchs, der Lohnlisten und der Material-
verbrauchsnachweise die Abrechnung der Anlage. Sie weist aus,
ob der von dem Auftraggeber für die Anlage zu zahlende Betrag
mit dem Kostenanschlag übereinstimmt, infolge von Minder-
leistung gegen denselben zurückbleibt oder infolge von Mehr-
leistung überschreitet. Mit dem Ausgleich der durch die Abrechnung festgestellten Verbindlichkeit des Auftraggebers gegenüber dem Unternehmer ist der Fall erledigt.

VI. Die Unterhaltung der Schwachstrom-
anlagen.

282. Unterhaltung der Schwachstromanlagen.
Ist eine Anlage betriebsfähig fertiggestellt, so bleibt es Aufgabe
des Schwachstrommonteurs, sie in allen ihren Teilen in betriebs-
fähigem Zustande zu erhalten. Zu diesem Zwecke sind regelmäßige Besichtigungen und Prüfungen der Anlage erforderlich.
Die Besichtigung bezieht sich auf alle Teile der Anlage und
stellt vor allem fest, ob sich in den äußeren Umständen, unter
welchen die Anlage zu arbeiten hat, nichts geändert hat, insbesondere ob nicht durch Änderungen in der Umgebung der
Anlage, seit der letzten Besichtigung entstandene Neubauten,
elektrische Anlagen, Baumwuchs etc., Änderungen im Gebrauch
der Räume für Apparate, Batterien und Innenleitungen früher
nicht vorhandene Gefahren für den Betrieb der Anlage entstanden sind. Werden Änderungen dieser Art festgestellt, so
ist denselben durch etwaige Verlegung der bedrohten Bestandteile der Anlage oder durch die nötigen Schutzmaßregeln ent-
gegenzuwirken. Die Prüfung beginnt mit der Untersuchung, ob
die Anlage tadellos plangemäß arbeitet. Dann folgt die Untersuchung von Stromquellen, Leitungen und Apparaten. Was zur
Unterhaltung von Leitung und Batterien gehört, wurde bereits in
den §§ 17, 23, 28, 48 usf. erwähnt. Was die Unterhaltung der Apparate anlangt, so ist hierfür wie für die Herstellung dem Schwachstrommonteur nur eine bescheidene, darum aber nicht weniger

wichtige Aufgabe vorbehalten. Sie besteht der Hauptsache nach
im Reinigen verschmutzter Teile, Ölen von Achsen, Zapfen und
Lagern, Anziehen locker gewordener Schrauben- und anderer
Verbindungen, Nachstellen von Stellschrauben, Regulierung von
Polabständen, von Spiralfedern und endlich in der Beseitigung
aller jener kleineren Fehler und Schäden, welche außerhalb der
Werkstätte behoben werden können.

Neben den regelmäßigen, ohne besondere Veranlassungen
in bestimmten Zeitabständen vorzunehmenden Besichtigungen
und Prüfungen finden auch gelegentliche, meist durch eine Betriebsstörung veranlaßte statt. Hierbei handelt es sich in erster
Linie darum, die Ursache der Störung zu ermitteln und zu beseitigen. Mit solchen gelegentlichen Besichtigungen und Prüfungen wird zweckmäßig bei kleineren Anlagen eine Kontrolle
des Ganzen, bei größeren aller jener Teile, welche bei Aufsuchen und Beseitigen des Fehlers dem Monteur zur Beobachtung
kommen, verbunden.

Wie bei den regelmäßigen Besichtigungen und Prüfungen
der Monteur vor Beginn der Arbeit die erforderlichen Materialien,
Werkzeuge und Hilfskräfte für die Vornahme aller im normalen
Betrieb möglichen Ausbesserungen und Änderungen an der Anlage
in ausreichendem Maße vorzusehen hat, so muß er in Fällen von
Störungen für alle möglichen Arten derselben so vorbereitet an die
Arbeit gehen, daß er wenigstens kleinere Schäden ohne weiteres
und endgültig beseitigen kann. Kann über den Umfang einer Beschädigung, wie sie beispielsweise durch Elementarereignisse,
Sturm, Eisanhang, Überschwemmung, Brand u. a. an entfernter
Stelle stattgefunden, keine bestimmte Nachricht erhalten werden,
so muß dem Beginn der Arbeit eine Untersuchung des Schadens
vorausgehen. Das Ergebnis bestimmt dann die weiteren Maßregeln.

Im allgemeinen ist zu sagen, daß der Monteur, welcher die
beste Arbeit in der Herstellung der Anlagen liefert, auch das
Beste im Dienste der Unterhaltung leisten wird. Erfahrung,
Umsicht und Gewissenhaftigkeit sind hier wie dort die Voraussetzungen.

283. Die Gefahren für Leib und Leben. Die Gefahren für Leib und Leben, welche den Schwachstrommonteur
und seine Hilfskräfte, für welche er verantwortlich ist, in Aus-
übung ihres Berufes bedrohen, sind sehr mannigfaltig. Sie bestehen der größeren Mehrzahl nach in mechanischen Ver-

letzungen, zum Teil beruhen sie auf elektrischen Wirkungen, zum Teil auf Einflüssen von mehr oder minder langer Dauer. Die mechanischen Verletzungen können alle Formen und Grade annehmen von einer leichten Ritzung der Haut bis zu sofort tödlichem Schädelbruch. Die größten Gefahren für die schwersten Verletzungen bietet der Bau der oberirdischen Leitungen.

Die wichtigste Gefahr beim Leitungsbau entspringt aus der erhöhten Lage der Leitungsstützpunkte auf Dachfirsten, an Mauern und Türmen, an den Enden von Stangen. Schon das Erreichen solcher Stützpunkte mit dem Überschreiten von Dächern, dem Besteigen von Leitern und Gerüsten, dem Beklettern von Stangen ist mit der Gefahr des Absturzens verbunden, welche noch dadurch erhöht wird, daß die erreichte Arbeitsstelle keinen sicheren Standpunkt gewährt und ein Teil der Arbeitskraft ständig darauf verwendet werden muß, den Zusammenhang des Körpers mit dem Stützpunkt zu erhalten. Der Gefahr kann nur durch größte Vorsicht in der Zurichtung der Arbeit, geeignete Fußbekleidung der Arbeiter, Anschnallen vermittelst Riemen an die Leitungsträger, Ständer und Stangen, Verwendung durchaus geschulten Personals vorgebeugt werden. Eine weitere Gruppe von Gefahren beim Bau oberirdischer Leitungen ergibt sich aus der Möglichkeit, daß Materialien und Konstruktionsteile von erhöhten Stellen abfallen, auf unten stehende Personen treffen und diese mehr oder minder schwer verletzen. Zur Vorbeugung werden bei umfangreicheren Dacharbeiten ausgiebige Fangvorrichtungen und Warnungszeichen angebracht, im übrigen muß meist die Vorsicht der an erhöhter Stelle sowohl wie der unten Arbeitenden und die Wachsamkeit des Bauleiters genügen.

Die Ursachen, welche Verletzungen durch Stechen, Schneiden, Reißen, Quetschen, Prellen, Reiben, Brennen, Brühen, Ätzen veranlassen können, sind so zahlreich, daß schon eine erschöpfende Aufzählung unmöglich ist. Vorsicht des einzelnen und Sorgfalt und Erfahrung des Bauleiters sind die vornehmsten Vorbeugungsmittel.

Die elektrischen Gefahren bestehen in der Möglichkeit, daß während der Arbeit der Körper des Arbeiters von einem elektrischen Strom von gefährlicher Stärke durchflossen wird. Man pflegt die in der Schwachstromtechnik vorkommenden normalen Betriebsströme als ungefährlich zu betrachten. Dies ist im allgemeinen richtig. Doch ist es zweifellos, daß die häufigere Einwirkung der Ströme der Magnetinduktoren, wie sie in Telephonapparaten in ausgedehntem Maße verwendet werden, zu wesentlichen Nervenstörungen führen kann. Die wichtigsten elektrischen Gefahren entstehen jedoch dadurch, daß aus fremder Elektrizitätsquelle ein Strom in den Körper des an einer Schwachstromanlage Tätigen übertritt. Zwei Quellen dieser Art kommen in Betracht: die Atmosphäre und Starkstromleitungen, welche mit der Schwachstromanlage in Berührung kommen können. Das Eindringen atmosphärischer Elektrizität in Schwachstromanlagen ist eine sehr gewöhnliche Erscheinung. Am häufigsten und gefährlichsten tritt sie auf, wenn sich Gewitter in der Nähe der Anlagen entladen. Die an den Enden der Leitungen meist angebrachten Blitzschutzvorrichtungen sind in erster Linie zum Schutze der Apparate bestimmt. Dem mit einer durch Blitz gefährdeten Leitung in Berührung kommenden Menschen bieten sie keinen Schutz. Hieraus ergibt sich die unverbrüchliche Regel, daß während eines in der Nähe der Leitung sich entladenden Gewitters kein Mensch mit der Leitung und den Apparaten in Berührung kommen darf. Während eines solchen Gewitters ist demnach nicht nur der gewöhnliche Betrieb der Anlage einzustellen, sondern auch jede Berührung zu vermeiden; bei im Bau oder in Prüfung und Ausbesserung befindlichen sind die Arbeiten auszusetzen, bis jede Gefahr ausgeschlossen erscheint.

Eine Übertragung gefährlicher Spannung aus Starkstromleitungen in Schwachstromanlagen kann nur stattfinden, wenn beide Anlagen an irgendeinem Punkt in Berührung miteinander geraten. Kommt dann der Körper eines an der Schwachstromanlage Tätigen mit einem blanken Teil der letzteren in Berührung, so kann ein lebensgefährlicher Strom in den betreffenden menschlichen Körper übertreten. Die größte Gefahr für solche Möglichkeit besteht, wenn eine oberirdische Schwachstromanlage aus blanken Leitungen in der Nähe einer gleichen Starkstromleitung auszuführen ist, insbesondere wenn erstere die letztere zu kreuzen hat. In solchen Fällen werden die Schutzvorrichtungen, welche nach § 63 vorzusehen sind, wie erwähnt, vor dem Leitungsspannen ausgeführt, damit kein im Bau eintretender Zwischenfall eine Berührung zwischen den beiden Leitungsarten veranlassen kann. Im Betrieb gibt sich das Bestehen einer Berührung mit einer Schwachstromleitung in der Regel durch das Abschmelzen der an den Leitungsenden eingeschalteten Leitungssicherungen kund. Wo solches beobachtet wird, ist die größte Vorsicht der ganzen Leitung gegenüber geboten. Erst wenn die Berührung beseitigt und die Leitung von jeder fremden

Spannung frei befunden ist, kann sie in normaler Weise weiter behandelt werden.

Die Wirkungen des in den menschlichen Körper eindringenden lebensgefährlichen Stroms sind teils innerlich teils innerlich und äußerlich. Sie bestehen im ersteren Falle aus mehr oder minder umfangreichen Lähmungen, welche unter Umständen den sofortigen Tod herbeiführen, oder in Lähmungen und Brandwunden, welche durch die Erhitzung der Übergangsstelle zwischen Starkstromleitung und dem Körper des Verunglückten verursacht werden. Die Gefahr ist unter sonst gleichen Umständen um so größer, je länger die Berührung des Körpers mit der gefährlichen Leitung andauert.

Dauernd schädigende Einflüsse sind beispielsweise die nervenstörenden Geräusche, welchen die Telephonistinnen in den Fernsprechvermittlungsämtern durch die Ströme der Anrufinduktoren ausgesetzt sind, die Dämpfe, welche größere Akkumulatorenbatterien von sich geben, die unvermeidlichen Ablösungen von den giftigen Bleiteilchen, welche bei der Unterhaltung von Akkumulatorenbatterien an Händen, Kleidern usw. sich absetzen, Hitze und Kälte, Regen und Schnee und alle Einflüsse des Klimas, welche teils eigene Gefahren mit sich bringen teils andere erhöhen. Die Gefahren dieser Art können meist nur gemildert, nicht völlig ausgeschlossen werden.

284. **Verhalten bei Betriebsunfällen.** Von höchster Wichtigkeit ist ein geeignetes Verhalten des Schwachstrommonteurs bei Betriebsunfällen, insofern davon nicht selten Leben und Gesundheit der eigenen Person und anderer abhängt. Die erste Regel hierbei besteht in der Forderung, keinen scheinbar noch so unbedeutenden Unfall gering zu achten, jedem vielmehr sofort die größte Aufmerksamkeit zu schenken und alle Mittel zur Beseitigung von Gefahr anzuwenden. Da die weitaus meisten Betriebsunfälle in blutenden Verletzungen der Haut bestehen, ist der Schwachstrommonteur stets mit Verbandzeug versehen, in dessen Gebrauch er durch ärztliche Unterweisung so weit eingeweiht sein muß, daß er in leichteren Fällen vollkommen sachverständig eingreifen kann. In schwereren Fällen und immer, wo Komplikationen zu befürchten, hat der bauleitende Monteur für ärztliche Hilfe auf dem kürzesten Weg zu sorgen, nachdem er alles in eigener Kraft Stehende vorgesehen hat.

285. **Verbandzeug.** Für ganz leichte Verwundungen führt der Schwachstrommonteur ein Täschchen mit englischem

Pflaster ständig mit sich. Bei umfangreicheren Arbeiten, namentlich an Orten, wo ärztliche Hilfe nicht in nächster Nähe zur
Verfügung steht, ist ein besonderer Verbandkasten mitzuführen.
Sein Inhalt besteht aus $^1/_2$ l $^1/_{10}$ proz. Sublimatlösung, 10 g Sal-
miakgeist, 10 g Hoffmannstropfen, 50 g Verbandwatte, 1 Cambricbinde, 5 m lang, 4 cm breit, 1 Cambricbinde, 8 m lang, 8 cm
breit, 1 Verbandschere, 1 Drainagerohr zum Blutstillen.

286. **Unfälle durch Starkstrom.** Sie entstehen durch
Blitzschlag oder durch Stromübergang aus einer Starkstromleitung.
Der Blitz kann den Unfall hervorrufen, indem er unmittelbar
aus der Luft oder aus einer elektrischen Leitung auf den Körper
eines an der Schwachstromanlage Beschäftigten übergeht. Der
Stromübergang aus einer Starkstromanlage findet meist dadurch
statt, daß ein Teil der Schwachstromanlage mit einer Starkstromleitung in Berührung kommt.

287. **Verhalten bei Starkstromunfällen.** Die Folge
von Blitzschlägen sind in der Regel mehr oder minder starke
Betäubungen des Betroffenen, welche im schlimmsten Falle mit
dem sofortigen Tode zusammenfallen.

Tritt ein Starkstrom in eine Schwachstromanlage über und
gerät hierdurch in den Körper eines an letzterer Beschäftigten,
so können verschiedene Folgen eintreten. Zunächst wird durch
den Starkstrom an der Übergangsstelle in den menschlichen
Körper meist eine solche Wärme erzeugt, daß an dieser Stelle
mehr oder minder schwere Brandwunden entstehen. Handelt
es sich um übertretenden Wechselstrom, so treten häufig Muskel-
krämpfe auf, welche den Betroffenen hindern, den gefährlichen
Draht loszulassen. In allen Fällen führt eine gewisse Dauer und
Stärke der Stromwirkung den Tod des Verunglückten herbei.

Unter allen Umständen handelt es sich daher im Falle
solchen Stromübergangs darum, die Berührung zwischen dem
menschlichen Körper und der gefährlichen Leitung so schnell
als möglich aufzuheben. Gelingt dies dem Betroffenen nicht
selbst und sofort, so sind seine Mitarbeiter zu schnellstem Eingreifen verpflichtet. Doch erfordert solches die größte Vorsicht.
Da der an der Schwachstromanlage tätige Monteur meist über
die gefährliche Starkstromanlage nicht genügend orientiert ist,
auch über dieselbe nicht die erforderliche Verfügung hat, kann
er sich nicht mit Ausschalten und Abstellen der Maschinen des
gefährlichen Fremdstromkreises befassen, sondern muß unmittelbar Hilfe su bringen suchen. Er wird in erster Linie den

Verunglückten von der Leitung loszumachen haben. Damit bei
diesem Versuch die gefährliche Spannung nicht auf den Helfen-
den übergehe, dürfen hierzu nur Werkzeuge mit isolierenden
Stielen verwendet werden. Wird der gefährliche Draht von dem
Verunglückten krampfhaft festgehalten, so daß die Trennung
nicht möglich, so bleibt nichts übrig als die Leitung zu beiden
Seiten des Betroffenen abzuschneiden. Dies kann ebenfalls nur

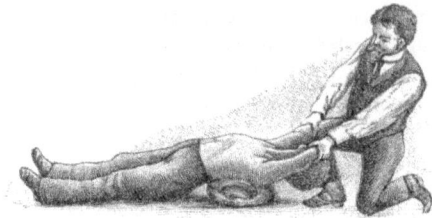

Fig. 165.

mit isolierten Werkzeugen geschehen. Daß die beiden abge-
schnittenen Leitungsenden, von denen eines immer noch die
gefährliche Spannung haben kann, auch weiter mit der größten
Vorsicht zu behandeln sind, bedarf kaum der Erwähnung.

Bei der Hilfeleistung selbst hat der Helfende stets darauf
zu achten, daß er mit dem Körper des unter der gefährlichen
Spannung Stehenden nicht in Berührung kommt; anderseits

Fig. 166.

sollte er jedem Stromübergang auf den eigenen Körper dadurch
vorzubeugen suchen, daß er sich möglichst gut von Erde isoliert
hält, indem er sich auf eine Unterlage von trockenem Holz,
Glas oder trockenen Kleidern stellt.

Ist der Verunglückte bewußtlos, so ist sofort ärztliche Hilfe
herbeizurufen. Da solche in den seltensten Fällen mit genügender Schnelligkeit zur Stelle sein kann, so müssen sofort Wiederbelebungsversuche angestellt werden. Zu diesem Zwecke sind

sofort alle beengenden Kleidungsstücke, Hemdkragen, Weste, Gürtel etc. zu öffnen. Dann legt man den Verunglückten auf den Rücken und beobachtet, ob noch Spuren von Atmung vorhanden. Sind solche bemerklich, so legt man den Kopf erhöht und gibt ihm Umschläge mit kaltem Wasser oder Eis auf die Stirn.

Ist keine Atmung zu bemerken, so muß versucht werden, die Atmung auf künstlichem Wege wiederherzustellen. Man stützt das Rückgrat des Verunglückten durch ein unter Schultern und Nacken geschobenes Polster aus Kleidungsstücken des auf dem Rücken Liegenden derart, daß der Kopf etwas nach unten hängt. Hierauf ergreift man die Arme etwas unterhalb der Ellenbogen und führt sie im Bogen über den Kopf des Verunglückten, so daß sie beinahe zusammenkommen (Fig. 165).

Fig. 167.

Hierdurch wird der Brustkasten ausgedehnt und der Eintritt der Luft erleichtert. Nach einigen Sekunden werden die Arme wieder zurückgeführt und kräftig gegen die Seiten des Brustkastens gedrückt, wodurch die Luft aus der Brust und den Lungen ausgepreßt wird (Fig. 166). Diese Doppelbewegung der Arme wird 16 bis 20 mal in der Minute wiederholt.

Ab und zu schlägt man mit dem Ballen der Hand gegen die linke Brustwand, etwa 5 cm unter der Brustwarze, durch welche Erschütterung die Herztätigkeit angeregt wird.

Ein zweiter Helfer erfaßt die Zunge in der Mitte der Mundhöhle mit einem Taschentuch und zieht sie langsam, aber kräftig heraus, so oft die Arme über den Kopf gezogen werden, und läßt sie wieder zurückgehen, wenn die Brust zusammengedrückt wird. Nötigenfalls muß der Mund gewaltsam mittels eines Holzes geöffnet werden. Sind noch mehr Helfer zur Hand, so sind die angeführten Versuche von zweien auszuführen, indem jeder einen Arm ergreift und beide gleichzeitig auf das Kommando 1, 2 — 3, 4 diese Bewegungen machen. (Fig. 167.)

Ferner empfiehlt sich, den Körper durch kräftiges Reiben der Brust, der Schenkel und Beine mit einem rauhen Handtuch o. dgl. zu erwärmen. Getränke dürfen dem Verunglückten nicht eingeflößt werden. Die künstliche Atmung ist bis zum Eintreffen des Arztes, mindestens aber zwei Stunden fortzusetzen, bevor die Wiederbelebungsversuche aufgegeben werden.

Anhang.

I. Maßtabellen und Maßeinheiten.

Maſs- und Gewichtstabellen.

a) Metrisches Maſs.

Das Meter, welches eigentlich der zehnmillionte Teil eines Meridian-Quadranten der Erde sein sollte, ist nach Bessels Untersuchungen um etwa 0,1 mm gegen diesen zu klein. Normale werden in Paris und Berlin aufbewahrt. Die Einteilung des Meters und aller anderen deutschen Maſse ist dezimal. Der hundertste Teil des Meters, das Zentimeter, wurde von dem internationalen Elektriker-Kongreſs in Paris 1881 als Längeneinheit des absoluten Maſssystems angenommen und bildet eine der drei Fundamentaleinheiten. Die zweite Fundamentaleinheit, das Gramm, ist die Masse (nicht der Druck auf seine Unterlage) eines Kubikzentimeters Wasser von 4^0 C unter einem Drucke von 760 mm Hg.

Die offiziellen internationalen Bezeichnungen [1] der metrischen Maſse sind die folgenden:

km	= Kilometer		= 10^5	cm
m	= Meter		= 10^2	cm
cm	= Zentimeter		= 1	cm
mm	= Millimeter		= 10^{-1}	cm
(μ	= Mikron [2])		= 10^{-1}	mm)
($\mu\mu$	= 0,001 Mikron		= 10^{-6}	mm)
km^2	= Quadratkilometer		= 10^{10}	cm^2
ha	= Hektar		= 10^8	cm^2
a	= Ar		= 10^6	cm^2
m^2	= Quadratmeter		= 10^4	cm^2
cm^2	= Quadratzentimeter		= 1	cm^2
mm^2	= Quadratmillimeter		= 10^{-2}	cm^2
m^3	= Kubikmeter		= 10^6	cm^3
hl	= Hektoliter		= 10^5	cm^3
l	= Liter		= 10^3	cm^3
cm^3	= Kubikzentimeter		= 1	cm^3
mm^3	= Kubikmillimeter		= 10^{-3}	cm^3
t	= Tonne		= 10^6	g
kg	= Kilogramm		= 10^3	g
g	= Gramm		= 1	g
mg	= Milligramm		= 10^{-3}	g

---

[1] Angenommen vom Comité international des Poids et Mesures.
[2] In der Physik und Mikroskopie gebraucht.

Bei dem Gebrauche der vorstehenden Bezeichnungen werden den betr. Buchstaben keine Schlufspunkte beigefügt. Bei Dezimalbrüchen werden die Benennungen hinter den ganzen Dezimalbruch und nicht neben oder über das Komma gesetzt, z. B. 2,25 cm und nicht 2,^{cm}25. In Deutschland sind weniger zweckmäfsige Bezeichnungen gebräuchlich, nämlich qm statt m², cbm statt m³, die aber in der technischen Literatur durch die internationalen Bezeichnungen mehr und mehr verdrängt werden.

b) Englisches Mafs.

1 Fufs = 12 Zoll = ¹/₃ Yard = 0,30479 m.
1″ = 1000 mils = 25,4 mm   1 mm = 0,0394″ = 39,4 mils
1 ◻″ = 645,1 mm²   1 mm² = 0,001550 ◻″
1 Kubikfufs = 0,028315 m³   1 m³ = 35,3165 Kubikfufs
1 Rute (pole, rod) = 5¹/₂ Yards = 5,02909 m.
1 Meile = 1760 Yards = 8 Furlongs = 1609,2 m.
1 Seemeile = 1852 m.
1 Acker = 160 ◻ Ruten = 40,467 a.
1 Gallon = 4,5435 Liter.
1 Quarter = 8 Bushels = 32 Pecks = 64 Gallons = 256 Quarts = 512 Pints = 290,7813 Liter.
1 Bushel = 8 Gallons = 36,348 l.
1 Last = 5 Quarters = 40 Bushels = 14,5392 hl.

Avoir du pois-Gewicht: Troy-Gewicht:

1 ton = 20 cwts = 80 qrs = 2240 lbs.   1 lb = 12 oz = 240 dwts
1 lb = 16 oz = 256 drams.   = 5760 grains.
1 ton = 1016,048 kg, 1 lb = 453,59 g.   1 lb = 373,242 g 1 grain
1 dram = 1,771846 g.   = 0,0648 g.

c) Russisches Mafs.

1 Fufs = 1 englischer Fufs = 135,114 Pariser Linien = 0,3048 m.
1 Arschine = 4 Tschetwert = 16 Werschock = 28 englische Zoll.
1 Werst = 3500 Fufs = 500 Saschehn = 1066,78 m.
1 Saschehn = 3 Arschine = 7 Fufs = 48 Werschock = 84 Zoll = 2,1336 m.
1 Dessätine = 2400 Quadrat-Saschehn.
1 Wedro = 620,019 par. = 750,668 russ. Kubikzoll = 10 Kruschki oder Stoof.
1 Tschetwert : 1322,71 par. = 1601,212 russ. Kubikzoll = 2 Osmini = 4 Pajok = 8 Tschetwerik = 32 Tschetwerka = 64 Garnez = 206,902 Liter.
1 Pfund = 32 Lot = 96 Solotnik = 409,52 Gramm.
1 Berkowrzt (Schiffspfund) = 10 Pud à 40 Pfd. à 96 Solotnik à 96 Doll.

Das Deutsche Reich, Österreich, die Schweiz, Schweden, Norwegen, Dänemark, Belgien, die Niederlande, Frankreich, Italien haben Metermafs. Neuerdings ist auch in England und Rufsland im amtlichen Verkehr metrisches Mafs und Gewicht zugelassen. In Japan wird englisches und Metermafs benutzt.

II. Tafel der spezifischen Massen oder Dichtigkeiten einiger Körper.

a) Feste Körper.

Achat	2,59	Goudron	1,02
Alabaster	2,5 — 2,88	Granit	2,50 — 3,05
Alaun	1,71	Graphit	1,8 — 2,35
Aluminium, rein	2,58	Guttapercha	0,97 — 0,98
„ gegoss.	2,64	Hartgummi	1,15
„ gewalzt	2,70	Harz	1,07
Aluminiumbronze	7,7	Hooper Masse	1,18
Antimon	6,65 — 6,72	Holz, lufttrocken,	
Arsen	5,7	Ahorn-	0,75
Asbest	2,10 — 2,80	Birken-	0,74
Asphalt	1,07 — 1,16	Buchen-	0,75
Basalt	2,7 — 3,2	Eben-	1,19
Bergkristall	2,65	Eichen-	0,62 — 0,85
Bernstein	1,06 — 1,09	Fichten-	0,47
Beton	2,2 — 2,4	Kiefern-	0,55
Bimsstein	0,9 — 1,6	Kork-	0,24
Bittersalz	1,68	Linden-	0,56
Blei, gegossen, gewalzt		Nufs-	0,66
oder gezogen	11,35	Pappel-	0,36
Bleioxyd (Bleiglätte)	9,2 — 9,5	Pock-	1,33
Bleisuperoxyd	8,9	Tannen-	0,56
Bleiweifs	2,4	Holzkohle, in Stücken	0,36
Braunstein	5,03	„ zerstofsen	1,45—1,7
Bronze	8,8	Indigo	0,77
Buntkupfer	5,0	Jod	4,95
Chlorkalzium	2,22	Jodsilber	5,62
Chrom	6,2 — 6,8	Kadmium	8,69
Diamant	3,49 — 3,53	„ gegossen	8,54—8,57
Eis von 0°	0,9167	Kalium	0,87
Eisen, gegossen	7,0 — 7,7	Kalk, gebrannt	1,55 — 1,8
„ geschmiedet	7,6 — 7,89	Kalkmörtel	1,65 — 1,8
„ gezogen	7,6 — 7,75	Kalzium	1,58
„ reines	7,85 — 7,88	Kautschuk	0,93
Eisenoxyd (Eisenglanz)	5,25	Kieselerde	2,66
Eisenvitriol	1,88	Knochen	1,66
Elfenbein	1,87	Kobalt, gegossen	8,17
Feldspat	2,54	„ gehämmert	9,15
Fett	0,93	Kochsalz	2,14
Feuerstein	2,59	Kohlenfäden (Glüh-	
Flufsspat	3,15	licht)	1,25—2,1
Glas, Spiegel-	2,46	Kohlenstäbe . ca.	1,6
„ Fenster-	2,65	Koks	0,5
„ Kristall-	2,90	Kopal	1,1
„ Flint-	3,33 — 3,72	Kork	0,24
Glimmer	2,78 — 3,15	Korund	3,9 — 4,0
Gold, gediegen	18,6—19,1	Kreide	1,8 — 2,7
„ gegossen	19,30—19,33	Kruppin	8,1
„ gezogen	19,36	Kupfer, gegossen	8,83 — 8,92
„ geprägt	19,50	„ gehämmert	8,92 — 8,96

Kupfer, elektrolyt.	8,88 — 8,95	Salpeter		2,09
Kupferdraht:		Sandstein		2,3
hart gezogen .	8,96	Schiefer		2,8
ausgeglüht . .	8,86	Schmirgel . . .		4,0
Kupferglanz (Cu₂ S)	5,7	Schwefel	1,96 — 2,05	
Kupferkies (Cu Fe S₂)	4,2	Schwerspat . . .		4,45
Kupfervitriol . .	2,2	Selen, amorph . .		4,2
Leder	0,85 — 1,0	Serpentin		2,49
Magnesium . .	1,69 — 1,75	Silber, gegossen .	10,42 — 10,51	
Magneteisenstein .	5,1	„ gewalzt .		10,62
Magnetkies . . .	4,4	Silberdraht . . .		10,56
Mangan	7,14 — 7,51	Speckstein . . .		2,6
Marmor	2,65	Stahl	7,3 — 7,9	
Meerschaum . . .	1,3	Stearin		0,97
Mennige	8,6 — 9,1	Steinkohle. . . .		1,37
Messing, gegossen .	8,44	Steinsalz		2,28
Messing, gewalzt .	8,56	Strontium . . .		2,54
„ gezogen .	8,70	Talk		2,7
Molybdän	8,05	Tantal		14,08
Natrium	0,98	„ ganz rein .		16,5
Neusilber	8,3 — 8,45	Tellur	6,38 — 6,42	
Nickel, gegossen .	8,28	Ton, trocken. . .		1,8
„ gehämmert	8,67	Ton frisch		2,5
„ gezogen	9,20	Topas		3,52
Nickelin . . .	8,63 — 8,77	Turmalin		3,15
Palladium . . .	11,3	Uran		18,7
Paraffin	0,87	Vulkanfiber . . .		1,28
Pech	1,07	Wachs		0,97
Phosphor, gelb .	1,83	Walrat		0,94
„ rot . .	2,19	Wismut		9,80
„ metall. .	2,34	Wolfram	16,54 — 19,26	
Platin, gegossen .	21,48 — 21,50	Zement	2,72 — 3,05	
„ gehämmert	21,25	Ziegelchamotte . .		2,12
Platin, Blech, Draht	21,2 — 21,70	Ziegelstein . . .	1,4 — 2,0	
Porzellan:		Zink, gegossen . .		7,1
Masse lufttrocken	1,55 — 1,65	„ gewalzt . .		7,19
„ verglüht .	1,45 — 1,55	Zink, gezogen . .		7,20
gar gebrannt .	2,30 — 2,40	Zinkvitriol . . .		2,02
Quarz	2,5	Zinn, gegossen . .		7,29
Retortenkohle ca. .	1,9	„ gehämmert .		7,31
Roteisenstein. . .	4,9	Zinnober		8,09
Salmiak . . .	1,52	Zucker		1,6

b) Flüssige Körper.

Äther b. 15⁰ C . .	0,898	Öle: Olivenöl 1—15⁰ C	0,918
Alkohol b. 4⁰ C . .	0,80625	Rüböl	0,914
Amylazetat . . .	0,871	Petroleum, gewöhnl.	0,878
Benzin . . .	0,688 — 0,729	Petroleunäther .	0,716
Benzol b. 0⁰ C . .	0,899	Mineralöle bis .	0,960
Brom b. 0⁰ C . . .	3,187	Quecksilber b. 0⁰ C .	13,5956
Chloroform 0⁰ C .	1,527	Salpetersäure, rauchende	
Essigsäure b. 0⁰ C .	1,075	b. 15⁰ C . .	1,5
Glyzerin b. 0⁰ C . .	1,260	Salzsäure, rohe von	
Holzgeist	0,798	29⁰/₀ b. 15⁰ C .	1,16
Kochsalzlösung, konz.	1,208	Schwefeläther bei 0⁰ C	0,715
Meerwasser . . .	1,026	Schwefelkohlenst. b. 0⁰ C	1,292
Naphtha	0,488	Schwefelsäure, konz	
Öle: Baumöl b. 12⁰ C	0,919	94 — 97⁰/₀ . . .	1,836 — 1,840
Leinöl b. 12⁰ C	0,940	Terpentin	0,870
Mohnöl b. 0⁰ C	0,924	Wasser, destill. b. 4⁰ C	1,000

III. Widerstandskoeffizient und -zunahme einiger Metalle, Legierungen u. Halbleiter.

Sämtliche Werte beziehen sich auf 15^0 C, also ist $w = w_{15} (1 + \alpha (t-15))$.

Stoff	Spez. Wider- stand	Temp.- koeffiz. bez. auf 15^0 C	Leit- fähig- keit	Spez. Ge- wicht	Quelle
	$Ohm \cdot \frac{mm^2}{m}$	$\frac{1}{1000^0 C}$	$\frac{m}{Ohm \cdot mm^2}$	$\frac{kg}{dm^3}$	
Einfache Stoffe:					
Aluminium gewalzt . .	0,02874	3,7	34,8	2,70	Al.-Ind.
Blei geprefst	0,20	3,7	5,0	11,37	—
Eisen rein	0,104	4,8	9,6		—
Eisendraht und -blech .	0,12 bis 0,14	4,8 bis 4,5	8,3 bis 7,1	7,86	—
Eisentelegraphendraht .	0,135	—	7,4	7,65	—
Eisen (99,8% bis 98,2% Fe als Stahlschienen) . .	0,103 bis 0,224	—	9,7 bis 4,5	—	J. A. Capp
Eisen: 99,0%	0,15	—	6,7	—	Barret
99,5%	0,125	—	8,0	—	»
96,9%	0,10	—	10,0	—	»
Gold	0,022	3,50	45	19,32	—
Graphit u. Retortenkohle	13 bis 100	0,8 bis 0,2	0,08 bis 0,01	2,3 bis 1,9	—
Kadmium	0,068	3,8	14,7	8,6	—
Kupfer rein	0,0162	4,0	etwa 62		—
Deut- sches Kupfer { Normal (100 % Leitf.)	0,01667	4,0	60	8,913	V. D. E.
weich	0,0172	4,0	58,1	8,913	D. K. V.
hart	0,0175	4,0	57 (57,1)	8,913	V. D. E.
Englisches Stan- dardising-Commit- tee-Kupfer[4] } weich	0,01684	4,022	59,4	8,913	—
hart .	0,01719	4,022	58,3	8,913	—
Nickel	0,11 bis 0,13	4 bis 3	9,0 bis 7,5	8,9	—
Palladium	0,11	3	9	11,4	—
Platin	0,094	2,35	10,7	21,5	Strecker
Quecksilber	0,9532	0,873	1,049	13,55	Jäger
Silber weich	0,0158	3,6	63,5	10,55	—
Silber hart	0,0175	3,6	57	10,55	—
Tantal	0,165	—	6,06	16,5	ETZ. 1905, S. 106
Wismut geprefst	1,1 bis 1,4	3,5	0,9 bis 0,7	9,8	—
Zink geprefst	0,059	3,9	17	7,2	—
Zinn	0,11 bis 0,14	4,5	9 bis 7	7,3	—

Stoff	Spez. Wider-stand	Temp.-koeffiz. bez. auf 15° C	Leit-fähig-keit	Spez. Ge-wicht	Quelle
	$Ohm \cdot \frac{mm^2}{m}$	$\frac{1}{1000°C}$	$\frac{m}{Ohm \cdot mm^2}$	$\frac{kg}{dm^3}$	

Legierungen:

Stoff	Spez. Wider-stand	Temp.-koeffiz. bez. auf 15° C	Leit-fähig-keit	Spez. Ge-wicht	Quelle
Aluminiumbronzen:					
Cu mit 5% Al . . .	0,13	0,5 bis 1	7,5 bis 3,5	8,4	Al.-Ind.
Cu mit 10% Al . . .	0,29	0,5 bis 1	3,5	7,65	,,
Messingdraht (30% Zn) .	0,085 bis 0,065	1,2 bis 2,0	12 bis 15	8,3	—
Platinrhodium (10% Rh)	0,20	1,0 bis 1,7	5	21,6	—
Platinsilber (20% Pt) . .	0,20	0,2 bis 0,3	5	21,6	—
Cu - Mn - Legierun-gen[5]:					
12,3% Mn	0,43	0,00	2,33	—	Feufsner
25 % Mn	0,812	0,05	1,23	—	,,
30 % Mn	1,073	0,04	0,93	—	,,
84 Cu + 12 Mn + 4 Ni:					
Manganin	0,41 bis 0,46	0,01	2,3	8,4	Is.-Hütte
Manganin	0,42 bis 0,43	− 0,003 bis 0,008	2,35	8,43	V.D.N.W
Cu-Ni-Legierungen[5]:					
Konstantan	0,488	− 0,005	2,05	8,8	B. & S.
Konstantan	etwa 0,47	− 0,03	2,1	8,8	Dr. G.
Widerstand Ia Ia . . .	0,48 bis 0,50	− 0,014 bis 0,022	2,05	8,90	V.D.N.W.
Nickelin I	0,41 bis 0,43	0,019 bis 0,021	2,4	8,88	,,
Nickelin II	0,33 bis 0,34	0,050 bis 0,053	3,0	8,87	,,
Widerstandsdraht 000 .	0,52	0,01	3,0	8,01	Kulmiz
Cu - Ni - Zn - Legie-rungen[5]:					
Blanca extra	0,495 bis 0,45	0,11 bis 0,087	2,1	8,73	V.D.N.W.
Neusilber IIa	0,38 bis 0,36	0,072 bis 0,073	2,7	8,77	,,
Nickelin	0,433	0,227	2,3	—	B. & S.
Nickelin	0,40	0,22	2,5	8,75	Dr. G.
Rheotan	0,47	0,23	2,1	8,55	,,
Extra Prima	0,30	0,35	3,3	8,75	,,

Stoff	Spez. Wider- stand $Ohm \cdot \frac{mm^2}{m}$	Temp.- koeffiz. bez. auf 15° C $\frac{1}{1000^0 C}$	Leit- fähig- keit $\frac{m}{Ohm \cdot mm^2}$	Spez. Ge- wicht $\frac{kg}{dm^3}$	Quelle
Legierungen:					
Fe-Ni-Legierungen[5]):					
Kruppin	0,84	0,7	1,19	8,1	Krupp
Superior	0,85 bis 0,86	0,73 bis 0,69	1,17	8,09	V. D. N. W.

IV. Gewicht und Widerstand von Kupfer-drähten bei 15⁰ C.

Durch-messer	Querschnitt	Gewicht	Wider-stand	Länge	
mm	mm²	$\frac{kg}{km}$	$\frac{Ohm}{km}$	$\frac{m}{kg}$	$\frac{m}{Ohm}$
0,05	0,00196	0,0175	8913	57140	0,1122
0,10	0,00785	0,0700	2228	14286	0,4488
0,15	0,0177	0,1575	990,3	6349	1,0098
0,20	0,0314	0,2800	557,0	3571	1,7952
0,25	0,0491	0,4375	356,5	2286	2,805
0,30	0,0707	0,6300	247,6	1587,3	4,039
0,35	0,0962	0,8575	181,89	1166,2	5,498
0,40	0,1257	1,1200	139,26	892,9	7,181
0,45	0,1590	1,4175	110,04	705,5	9,088
0,50	0,1963	1,7500	89,13	571,4	11,220
0,55	0,2376	2,118	73,66	472,3	13,576
0,60	0,2827	2,520	61,89	396,8	16,157
0,65	0,3318	2,957	52,74	338,1	18,96
0,70	0,3848	3,430	45,47	291,5	21,99
0,75	0,4418	3,937	39,61	254,0	25,25
0,80	0,5027	4,480	34,82	223,2	28,72
0,85	0,5675	5,057	30,84	197,73	32,42
0,90	0,6362	5,670	27,51	176,37	36,35
0,95	0,7088	6,317	24,69	158,36	40,50
1,00	0,7854	7,000	22,28	142,86	44,88
1,20	1,1310	10,080	15,473	99,21	64,63
1,40	1,5394	13,720	11,868	72,89	87,97
1,60	2,0106	17,92	8,704	55,80	114,89
1,80	2,545	22,68	6,877	44,09	145,41
2,00	3,142	28,00	5,570	35,71	179,52
2,5	4,909	43,75	3,565	22,86	280,5
3,0	7,069	63,00	2,476	15,873	403,9
3,5	9,621	85,75	1,8189	11,662	549,8
4,0	12,566	112,00	1,3926	8,929	718,1
4,5	15,904	141,75	1,1004	7,055	908,8
5,0	19,635	175,00	0,8913	5,714	1122,0

V. Eigenschaften der eisernen Leitungs-
drähte.

Durchmesser in mm	Ungef. Gewicht pro 1000 m in kg	Absolute Festigkeit in kg	Anzahl der Biegungen über einen Biegungs- radius von		Anzahl der Torsionen	Leitungswider- stand pro km bei 15° C in Ohm	Anzahl der Eintauchungen	
			10 mm	5 mm				
		Min.	Minimum			Maximum		
6,0	216	1130	6	—	16	4,78	8	R*)
5,0	150	785	7	—	19	6,87	8	R
4,5	122	636	8	—	18	8,0	7	B
4,0	196	502	8	—	23	10,74	7	R
3,0	54	282	—	8	28	19,09	7	R
2,5	37,5	196	—	10	30	28,06	6	
2,0	24	125	—	14	32	43,8	6	
1,7	17,8	90	—	16	38	60	6	

*) S. Bemerkung S. 402

Anmerkung. Unter einer Biegung ist zu verstehen, dafs der Draht aus der Lotrechten in die Wagrechte (90°) über die mit einem Radius von 10 bzw. 5 mm abgerundeten Backen eines Biegapparates (Parallelschraubstockes) gebogen und wieder in die Lotrechte zurückgebogen wird. Die Biegungen haben abwechslungsweise nach rechts und links zu erfolgen.

Der Draht mufs die angegebene Anzahl von Torsionen auf eine freie Länge von 15 cm aushalten, ohne zu brechen.

Die Verzinkung des Drahtes mufs glatt und derart vollkommen sein, dafs er die angegebene Anzahl von Eintauchungen von je einer Minute Dauer in Kupfervitriollösung (5 Gewichtsteile Wasser und 1 Gewichtsteil Kupfervitriol) erträgt, ohne sich mit zusammenhängender Kupferhaut zu überziehen, und dafs der Draht in eng aneinander liegenden Spiralwindungen um einen Zylinder, dessen Durchmesser zehnmal gröfser ist, als der des Drahtes, fest herumgewickelt werden kann, ohne dafs der Zinküberzug Risse bekommt oder abblättert.

VI. Eigenschaften der Bronzedrähte.

Durchm. in mm	Ungefähres Gewicht pro km in kg	Bruchlast pro mm² in kg	Absolute Festigkeit in kg	Anzahl der Biegungen über einen Biegungsradius von		Leitungswiderstand in Ohm pro km	Bemerkungen
				10 mm	5 mm		
		Minimum				Maximum	
5,0	178	50	981	6	—	0,95	RB
		60	1178	5	—	2,59	R (Bimetalldraht)
4,5	142	46	730			1,11	
		50	795	6	—	1,17	RB
4,0	112	46	578			1,40	
		51	640	7	—	1,48	R
		49,7	630	7	—	1,50	B
		60	753	5	—	4,04	R (Bimetalldraht)
	63	46	325			2,49	
		52,6	372	—	7	2,63	R
		52,6	360	—	7	2,64	B (Bronze)
		70	494	—	5	7,17	R (Bimetalldraht)
2,5	44	46	226			3,49	
		52,6	258			3,83	R
2,0	28	46	144			5,60	
		52,6	170	—	10	5,91	R
		65	205	—	12	7,83	B (Doppelbronze)
		70	219	—	9	16,21	R (Bimetalldraht)
1,5	16	46	82			9,94	
		70	120	—	15	14,11	R
		70	120	—	25	13,96	B (Doppelbronze)
		80	142			31,90	
1,4	13,75	70	108			18,34	
		80	123			36,60	Anm. Der Doppel-
1,3	11,8	70	93			21,25	bronzedraht be-
		80	106			42,50	sitzt eine Seele
1,2	10,0	70	79			25,0	aus Aluminium-
		80	90			49,9	bronze, der Bi-
1,1	8,5	70	67			29,7	metalldraht eine
		80	76			59,46	solche aus Stahl.
1,0	7,0	70	55			35,97	
		80	63			71,8	

Bei dem 4,5 und 4,0 mm starken Draht soll das Gewicht pro Ader ca. 60 kg (min. 54 kg), bei dem 3 bis 2 mm starken Draht ca. 25 kg (min. 22,5 kg), bei dem 1,5 mm starken Draht ca. 8 kg (min. 7,2 kg) betragen. Der Draht ist in Bunden von 40—60 cm Durchmesser und ca. 60 kg Gewicht zu liefern.

Die Ausdehnung bis zum Bruche beträgt bei Draht bis zu 50 kg Bruchlast pro mm² im Maximum 1,5 % und bei den härteren Drähten 1 %.

Bemerkung. Die mit R bezeichneten Angaben entsprechen den Bedingungen der Reichspostverwaltung, jene mit B bezeichneten den Bedingungen der Kgl. Bayer. Telegraphenverwaltung.

VII. Durchhang- und Spannungstabelle.

Für Leitungen aus Eisendraht von 40 kgmm⁻²
absoluter Festigkeit.

Temp.	Durchhang in cm und Beanspruchung pro 1 mm² bei einer Spannweite von															
	40 m		50 m		60 m		80 m		100 m		120 m		150 m		200 m	
°C	cm	kg	cm	kg	cm	kg	cm	kg	cm	kg	cm	kg	cm	kg	cm	kg
−25	16	10	24	10	35	10	62	10	98	10	140	10	219	10	390	10
−20	17	9	27	9,1	38	9,2	67	9,3	104	9,4	147	9,5	228	9,6	400	9,8
−15	19	8,1	30	8,3	42	8,4	72	8,7	110	8,9	154	9,1	236	9,3	409	9,5
−10	22	7,2	33	7,5	46	7,7	77	8,1	116	8,4	161	8,7	244	9,0	418	9.3
− 5	24	6,4	36	6,8	50	7,1	82	7,6	122	8,0	168	8,3	252	8,7	427	9,1
0	27	5,7	40	6,2	54	6,5	87	7,1	129	7,6	175	8,0	260	8,5	436	8,9
+ 5	30	5,1	43	5,6	58	6,0	93	6,7	135	7,2	182	7,7	267	8,2	445	8,8
+10	34	4,6	47	5,2	63	5,6	98	6,4	141	6,9	189	7,4	275	8,0	454	8,6
+15	37	4,2	51	4,8	67	5,2	103	6,0	147	6,6	196	7,2	283	7,8	462	8,4
+20	40	3,9	55	4,4	71	4,9	109	5,7	154	6,3	202	6,9	290	7,6	471	8,3
+25	44	3,6	59	4,1	76	4,6	114	5,5	160	6,1	209	6,7	298	7,4	479	8,1

Für Leitungen aus Bronzedraht von 50 kgmm⁻²
absoluter Festigkeit.

Temp.	Durchhang in cm und Beanspruchung pro 1 mm² bei einer Spannweite von															
	40 m		50 m		60 m		80 m		100 m		120 m		150 m		200 m	
°C	cm	kg	cm	kg	cm	kg	cm	kg	cm	kg	cm	kg	cm	kg	cm	kg
−25	14	12,5	22	12,5	32	12,5	57	12,5	89	12,5	128	12,5	200	12,5	356	12,5
−20	16	11,5	24	11,5	35	11,6	61	11,7	95	11,7	135	11,9	209	12,0	368	12,1
−15	17	10,5	26	10,5	38	10,6	66	10,9	101	11,0	142	11,3	218	11,5	379	11,7
−10	19	9,6	29	9,7	41	9,8	70	10,1	107	10,4	150	10,7	227	11,0	391	11,4
− 5	21	8,6	32	8,8	44	9,0	76	9,4	113	9,8	158	10,2	236	10,6	402	11,1
0	23	7,7	35	8,0	48	8,2	81	8,8	120	9,3	166	9,7	246	10,2	413	10,8
+ 5	26	6,9	38	7,2	53	7,6	87	8,2	127	8,8	173	9,2	255	9,8	424	10,5
+10	29	6,2	42	6,6	57	7,0	92	7,7	134	8,3	181	8,8	264	9,5	435	10,2
+15	32	5,5	46	6,0	62	6,4	98	7,2	141	7,9	190	8,5	274	9,2	446	10,0
+20	36	5,0	51	5,5	67	6,0	105	6,8	148	7,5	198	8,1	283	8,9	457	9,8
+25	40	4,5	55	5,0	72	5,5	111	6,4	155	7,2	206	7,8	292	8,6	468	9,5

Anhang.

Für Leitungen aus Bronzedraht von 70 kgmm⁻² absoluter Festigkeit.

Temp.	Durchhang in cm und Beanspruchung pro 1 mm² bei einer Spannweite von															
	40 m		50 m		60 m		80 m		100 m		120 m		150 m		200 m	
°C	cm	kg	cm	kg	cm	kg	cm	kg	cm	kg	cm	kg	cm	kg	cm	kg
—25	10	17,5	16	17,5	22	17,5	40	17,5	62	17,5	89	17,5	139	17,5	247	17,5
—20	11	16,4	17	16,4	24	16,5	42	16,6	65	16,6	94	16,6	145	16,7	257	16,9
—15	11	15,4	18	15,4	25	15,4	44	15,6	69	15,7	99	15,8	152	16,0	267	16,2
—10	12	14,4	19	14,4	27	14,5	47	14,7	73	14,8	104	15,0	160	15,2	277	15,6
— 5	13	13,4	20	13,4	29	13,5	50	13,8	78	13,9	110	14,2	168	14,5	287	15,1
0	14	12,4	22	12,5	31	12,6	54	12,9	82	13,2	116	13,4	176	13,9	298	14,5
+ 5	15	11,4	24	11,5	34	11,6	57	12,1	87	12,4	122	12,7	184	13,2	309	14,0
+10	17	10,4	26	10,5	36	10,8	61	11,3	93	11,7	129	12,1	192	12,7	320	13,5
+15	18	9,5	28	9,7	39	9,2	66	10,5	99	11,0	136	11,5	201	12,1	331	13,1
+20	20	8,5	31	8,8	43	9,1	71	9,8	105	10,3	143	10,9	210	11,6	342	12,7
+25	23	7,7	34	8,0	47	8,4	76	9,1	111	9,7	151	10,3	219	11,1	353	12,3

VIII. Das Morse-Alphabet.

nach der Vereinbarung auf der Budapester Telegraphen-
Konferenz 1896.

Buchstaben

a	·—	h	····	q	——·—
ä	·—·—	i	··	r	·—·
á, à	·——·—	j	·———	s	···
b	—···	k	—·—	t	—
c	—·—·	l	·—··	u	··—
ch	————	m	——	ü	··——
d	—··	n	—·	v	···—
e	·	ñ	——·——	w	·——
é	··—··	o	———	x	—··—
f	··—·	ö	———·	y	—·——
g	——·	p	·——·	z	——··

Ziffern

1	·————	7	——···
2	··———	8	———··
3	···——	9	————·
4	····—	0	—————
5	·····		
6	—····	Bruchstrich —— —— ——

Unterscheidungs- und andere Zeichen

Punkt	[.]	······
Semikolon	[;]	—·—·—·
Komma	[,]	·—·—·—
Doppelpunkt	[:]	———···
Fragezeichen oder Auf-forderung zur Wieder-holung einer nicht ver-standenen Mitteilung	[?]	··——··
Ausrufungszeichen	[!]	——··——
Apostroph	[']	·————·
Bindestrich	[-]	—····—
Klammer (vor und nach den Wörtern)	[( )]	—·——·—
Anführungszeichen (vor u. nach jedem Wort oder jeder Stelle, welche zwischen Anführungs-zeichen stehen)	[„ "]	·—··—·

Unterstreichungs-Zeichen
(vor und hinter die zu unterstreichenden
Wörter oder Satzteile zu setzen) ··——·—

Anruf (jeder Übermittelung vorangehend) —·—·—

Doppelstrich
(Zeichen zur Trennung des Kopfes von
der Adresse, der Adresse vom Text und
des Textes von der Unterschrift) (=) —···—

Verstanden ···—·

Irrung ········

Kreuz (Schluß der Übermittelung) —·—·—

Aufforderung zum Geben —·—

Warten ·—···

Aufgearbeitet ···—·—

Abgekürzte Ziffern
(Nur im dienstlichen Eingang und bei der amtlichen Vergleichung zulässig.)

1	·—
2	··—
3	···—
4	····—
5	·····
6	—····
7	—···
8	—··
9	—·
0	—

— Bruch-
strich

Namen- und Sachregister.

A.

Abrechnung 226.
Abschmelzsicherungen 140.
Akkumulatoren 4.
Alarmanlage 147.
Alphabet Morse 247.
Amperemeter 135.
Anhang 235.
Anruf, wahlweiser, i. Ruhestrommorse-
leitungen 167.
Anruf, wahlweiser, i. Telephonanlagen
mit vier Stellen 187.
Anruf, wahlweiser, in Telephonan-
lagen mit mehr als vier Stellen 188.
Anruf wahlweiser, in Telephonangen
mit Geheimverkehr 188.
Apparate 35.
— Telephon- 80.
— Telephon-, für kleinere Entfer-
nungen 80.
— Wand- und Tischapparate 82.
— Telephon-, für gröfsere Entfer-
nungen 82.
— Telephon-Modell der Reichspost-
verwaltung 83.
— Tisch-, für weite Entfernungen,
Modell d. Reichspostverwaltung 88.
— Zentralbatterie- 89.
— — Modelle der Reichspostver-
waltung 90.
— Telephon-, für bes. Zwecke 97.
— tragbare Telephon- 99.
— Sende-radiotelegraphische 129.
— Empfangs-radiotelegraphische
130.
— Mefs- 132.
— Ruhestrommorse- 165.
Apparatfehler, elektrische 221.
— mechanische 224.
Arbeitsstrom 162.

B.

Batterieprüfung 136.
Bauausführung 216.
Bell 64.
Berliner, J., Telephonfabrik-Aktien-
gesellschaft 138.
Betriebsübergabe 225.
Betriebsunfälle 230.
Bildtelegraphen 126.
— von Korn 126.
— Anlage 179.
Blitzschutzvorrichtungen 137.
— mit Schmelzsicherung für Fern-
sprechämter, Modell der Reichs-
postverwaltung 143.
— vereinigte, mit Abschmelzsiche-
rung 141.

C.

Citophon 81.

D.

Drosselspulen 71.
Durchhang von Leitungen 245.

E.

Elektromagnet 40.
— e-, schreibende 54.
Elemente, galvanische 4.
— konstante 4.
— Gülcher- 14.
— Meidinger- 4.
— Leclanché- 71.
— Thermo- 13.
— Trocken- 13.

F.

Fahrstuhl-Signalanlagen 148.
— Tableauanlagen 149.
Fehler in Stromquellen 220.
— in Apparaten 221.

Fernamt 207.
Fernleitungen, direkte 193.
— mit mehreren Ortsnetzen 194.
— mit drei Ortsnetzen 194.
— mit vier Ortsnetzen 196.
— mit vier und mehr Ortsnetzen 197.
Feuertelegraphenanlagen 175.
Fritter 130.
Funkeninduktoren 16.

G.

Galvanometer 132.
Galvanoskop, mit Element vereinigtes 136.
Gefahren für Leib und Leben 227.
Genest 66.
Gewichtstabellen 235.
Gewicht von Kupferdrähten 242.
Gray, Telautograph 125.
Gülcher 14.

H.

Hammer, Wagner-Neefsche 39.
Haustelegraphenanlagen 145.
Haustelephonanlagen 151.
— einfachste Form 151.
— mit Benutzung einer Haustelegraphenanlage 151.
— mit Wechselverkehr 153.
— mit Wechselverkehr und eigener Batterie an d. Sprechanstellen 154.
— für Wechselverkehr einer Hauptstelle mit Seitenstellen 155.
— mit Linienwählerverkehr 156.
— mit Vermittlungsbetrieb 158.
— mit gemeinsamer Leitung mit Vermittlungsbetrieb 158.
— in Verbindung mit öffentlichen Fernsprechnetzen 160.
Hughes, Typendrucktelegraph 123.

I.

Induktionsrollen 69.
Isolatoren 21

K.

Kabel 29.
— -Telegraphen 30.
— -Telephon 30.
— -Anlagen, Unterhaltung von 34.
Klappen 49.
— Fall- 49.
— selbsthebende 52.
Klappenschränke 103.
— mit Stöpselschnurverbindung 104.
— schnurloser 108.

Klappenschränke, Pyramiden- 111.
Klappenschränke mit Glühlampensignalen 113.
— mit selbsthebenden Klappen 114.
Klinke 77.
Kondensatoren 128.
Kontakte 37.
— Tür-, Fenster-, Jalousie- 38.
Kontrolltableauanlage 150.
Kopiertelegraphen 125.
— Anlagen 179.
Korns Bildtelegraph 126.
Kostenanschlag 210.

L.

Leclanché 11.
Leitung, die 17.
— unterirdische 29.
Leitungsausführung 217.
Leitungsdraht 20.
Leitungsdrähte, Bronze- 244.
— Eigenschaften u. der eisernen 243.
Leitungsfehler 218.
Leitungsprüfung 218.
Leitungsträger 22.
Leitungsunterhaltung 33.
Linienwähler 100.
— selbsttätige 101.
— Springzeichen 102.
Lorenz' Pherophon 81.

M.

Magnetinduktoren 14.
— dynamoelektrische 16.
Maschinen, elektrische 14.
— Wechselstrom- 15.
Maschinentelegraphen 122.
Maßeinheiten 235.
Maßtabellen 235.
Massen, spezifische 237.
Meidingers 4.
Messungen 132.
Mikrophon 65.
— Kohlenkörner- 66.
Mikrotelephon 68.
Montagebuch 217.
Morseapparat 55.
— tragbare 57.
Morsefarbschreiber, Modell Reichspost 56.
Morseschreibtelegraph 54.
Morsetelegraphenanlagen 162.
— automatische 171.

Morsetelegraphenanlagen automatische im Eisenbahndienst 173.
— automat. für Massenverkehr 175.
— Feuertelegraphen 171.
— radiotelegraphische 176.

N.

Neefscher Hammer 39.

O.

Ortstelephonanlagen, öffentliche 200.
— einfachste 200.
— weitere Ausgestaltung 200.

P.

Pherophon, Lorenzsches 81.
Plattenblitzableiter 137.
Polarisationszellen 72·
Polwechsler 15.

Q.

Quecksilberturbinenunterbrecher 39.

R.

Radiotelegraphen 128.
Relais 58.
— gewöhnliches Gleichstrom- 58.
— polarisiertes 60.
— Wechselstrom- 61.
— Stufen- 62.
Ruhestrom 163.

S.

Schnelltelegraph, Siemensscher 124.
Schnelltelegraphenanlagen 179.
Schreibelektromagnete, registrierende
57.
Schutzvorrichtungen 137.
Schwachstromanlagen 145.
Schwachstrommonteur 1.
Sicherungsanlage gegen Einbruch 147.
Siemensscher Schnelltelegraph 124.
Spannungstabelle 245.
Starkstromunfälle 231.
Stangenblitzableiter 138.
Stromquellen 3.

T.

Tableaux 52.
— -Kontrolle 54.
— -Anlagen 148.
Taster 35
— mechanisch betätigte 37.
— Morse- 37.
Telautograph von Gray 125.

Telefunken 130.
Telegraphenanlagen auf größere Ent-
fernungen 162.
Telegraphenanlagen, registrierende
179.
Telephon 62.
— lautsprechendes 64.
— als Sendeapparat 70.
Telephonanlagen auf größere Ent-
fernungen 180.
— mit mehr als zwei Stellen in einer
Leitung 182.
— mit mehreren Stellen in gemein-
samer Leitung und wahlweisem
Anruf 187.
— öffentlicher Betrieb 204.
Telephonfernleitungen 193.
Thermoelemente 13.
Tränkung von Tragstangen 23.
Tragstangen 22.
Trockenelemente 13.
Türöffneranlagen 149.
Typendrucktelegraph von Hughes 123.
Typendrucktelegraphenanlagen 179.

U.

Übertrager 126.
Umschalter 73.
— Hebel- 73.
— Stöpsel- 73.
— Linien- 74.
— Schienen 74.
— Draht- 75.
— Klinken- 77.
— Haken- 79.
— Kipp- 79.
Unfälle 230.
Unterbrecher 35.
— Quecksilberturbine- 39.
Unterhaltung der Schwachstroman-
lagen 226.

V.

Vereinigte Volt- und Amperemeter
135.
Vermittlungsamt öffentl. Telephonanlagen 204.
Vertragsabschluß 216.
Vielfachumschalter 115.
— mit Zentralbatterie 117.
— automatische 121.
Voltmeter 135.

W.

Wächterkontrollanlagen 180.
Wagnersche Hammer 39.
Wasserstandsanzeiger, elektrische 180.
Wecker, der elektrische 41.
— Gleichstrom- 41.
— Einschlag- 41.
— Rassel- 41.
— Fortschell- 42.
— Markier- 42.
— Tisch- und Konsol- 42.
— Luft- und wasserdichte 44.
— Stufen- 44.
— Wechselstrom- 45.

Wecker, Resonanz- 46.
— Summer-, Schnarr- und Klang-
feder 48.
Weckeranlage, einfache 145.
— mit Fortschellwecker 146.
— mit Signalisierung nach beiden
Richtungen 147.
Wellenanzeiger 130.
Wheatstonetelegraph 122.
Widerstandskoeffizient 239.
Widerstand von Kupferdrähten 242.

Z.

Zwietusch E. & Co. 19, 109. 116.

Hartmann & Braun

Aktiengesellschaft **Frankfurt a. M.**

Spezialfabrik

Elektrischer Meßinstrumente

für jeden Zweck.

: Installations-Materialien :

(System Peschel)

für moderne Leitungsverlegung.

Preislisten und Kostenanschläge stehen
auf Verlangen zur Verfügung.

(4)

Inseratenanhang Baumann.

C. Erfurth · Berlin SW. Neuenburger- ▫ ftraße 7 ▫

Elektrotechn. Anftalt :: Spezialfabrik galv. Elemente

Telephon: A. 4, Nr. 1826 und 4961 :: Telegramme: hakabe, Berlin

Anerkannt vorteilhaftefte Bezugsquelle für:

D. R. G. M. Trockenelemente „Thor". Auffüll-Lager-Export- Trockenelemente. NaffeBeutel- elemente „Univerfal",„Meteor" Transportable Batterien.

Sämtliche Apparate und Materialien für elektrifche Schwachftromanlagen aller Art. Blitzableiter- u. Sprach- rohrzubehör.

(1)

Arbeits- u. Ruheftrom-Elemente aller Syfteme.

Komplette Preisliften, Leitungsfkizzen = und Koftenanfchläge koftenlos =

F. Rossbach · Lack- = Fabriken

Friedberg (Hessen) u. St. Margrethen (Schweiz)

empfiehlt sämtliche **Lacke**
für elektrotechnische Zwecke

Zapon, Zapontauchlack, Metallasur, Enameloid, (Metallmattlack schwarz) **Metallgoldlack, Glühlampenlack** in allen Nüancen, **Isolierlacke** etc. =

(3)

Bergmann-

Elektricitäts-Werke □ Aktiengesellschaft

Telephon: **Amt II**	Abteilung J	Telegr.-Adresse:
Nr. 1200, 1201, 1861 u. 1899	Installationsmaterial	**Conduit-Berlin.**

Hennigsdorfer-
straße 33 — 35 **BERLIN** N. Hennigsdorfer-
straße 33 — 35

Isolierrohr mit Stahlpanzer. (5)

Isolierrohr mit Messingüberzug. — Isolierrohr mit verbleitem Eisen-
überzug (Blei-Antimon). — Isolierrohr mit galvanisiertem Metallmantel.
— Isolierrohr mit messingfarbigem Eisenmantel. — Isolierrohr mit
emailliertem Eisenmantel.

Alleinige
Fabrikanten
der

Isolierrohr ohne Metallschutz.

„Bergmann-Isolierrohre"

zur Verlegung

**unzerstörbarer, feuersicherer und
wasserdichter elektrischer Schwach-
strom- und Starkstromanlagen. ::**

Spezial-Fabrik

**für Isolierrohre, Fassungen, Schalter,
Hebelschalter, Sicherungen, Siche-
rungsschalter,Schalttafeln, sowie sämt-
liches Material für elektrische Anlagen,
den Vorschriften entsprechend.**

Kataloge u. Prospekte auf Wunsch.

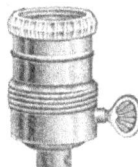

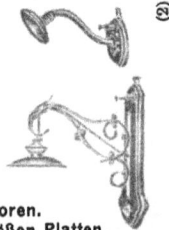

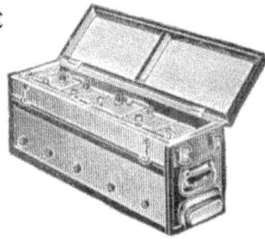

Deutsche Kabelwerke Berlin-Rummelsburg

Aktien-Gesellschaft

Isolierte Drähte, Schnüre

◘ **und Kabel aller Art** ◘

für Telephonie, Telegraphie und elektr. Licht

Bleikabel für Telephonie, Telegraphie und elektrisches Licht ◻

(6)

Elektrische Lichtanlage Betriebsfertig

200 Größen Akkumulatoren.
100 Größen Platten.

Alfred Luscher, Dresden 22/102, Akkumulatorenfabrik

Preisliste frei.

Zünderzellen.

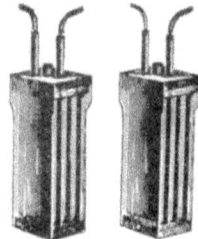

Verlag von R. Oldenbourg in München und Berlin.

Von der

Schwachstromtechnik in Einzeldarstellungen

Unter Mitwirkung zahlreicher Fachleute

herausgegeben von

J. Baumann und L. Rellstab

sind ferner folgende Bände erschienen:

Der wahlweise Anruf in Telegraphen- und Telephonleitungen und die Entwicklung des Fernsprechwesens. Von **J. Baumann**. 114 Seiten 8⁰. Mit 25 Textabbildungen. Preis M. **2.50**.

... Es wird hier dem interessantesten Problem der Schwachstromtechnik, nämlich der Einbeziehung mehrerer Stationen in ein und dieselbe Leitung in Verbindung mit dem wahlweisen Anruf, eine prägnante und erschöpfende Darstellung gewidmet, die dem Belehrung Suchenden eine willkommene Orientierung über diese Frage bietet. Das Werkchen läßt uns ein günstiges Vorurteil für die folgenden Bände der Sammlung fassen. *(Zeitschr. f. Postu. Telegr.)*

Drahtlose Telegraphie und Telephonie. Von Prof. **D. Mazotto**. Deutsch bearbeitet von **J. Baumann**. 392 Seit. 8⁰. Mit 235 Textabbildungen und einem Vorwort von K. Ferrini. Preis M. **7.50**.

Ein prächtiges Kompendium, das dem jüngsten hoffnungsvollen Kinde der Wissenschaft, der drahtlosen Telephonie, in jeder Hinsicht gerecht wird und einen hervorragenden Platz in der Literatur einzunehmen berufen ist. Klare Diktion, Übersichtlichkeit der Anordnung bei aller Schwierigkeit der Materie sind die Vorzüge des Werkes, das trotz alledem einem weiten Kreise verständlich und besonders den gebildeten Klassen wärmstens zur Lektion und Belehrung empfohlen werden kann. Die Anordnung des Stoffes ist eine sehr glückliche zu nennen. Alles in allem ein musterhaft konzipiertes Werk, das brillant illustriert dem Verständnis eines jeden Gebildeten angepaßt ist und allseitig Anspruch auf das Interesse weitester Kreise machen kann. *(Generalanzeiger für Elektrotechnik.)*

Medizinische Anwendungen der Elektrizität. Von M. U. Dr. **S. Jellineck**. 480 Seiten. 8⁰. Mit 149 Abbildungen.

Preis M. **10.—**; in Leinwand gebunden M. **11.—**.

Wir haben schon im ersten Jahrgang der »Annalen der Elektrotechnik« auf das große Verdienst hingewiesen, welches sich der Verfasser des vorliegenden Werkes um die Elektropathologie erworben hat. »Eine Orientierungsschrift über die Anwendungen der Elektrizität in der Medizin« nennt der Verfasser das vorliegende Werk, welches für Mediziner, Techniker und andere Interessenten der modernen Elektrizitätslehre geschrieben ist. Und in der Tat stellt der Inhalt des Buches einen vorzüglichen Leitfaden durch das interessante Gebiet dar. *(Annalen der Elektrotechnik.)*

Im Laufe des Februar 1908 wird erscheinen:

Die chemischen Stromquellen der Elektrizität. Von Dr. **Curt Grimm**. 224 Seiten mit über 100 Textabbildungen. In Leinwand geb. Preis ca. M. **6.—**.

Entsprechend dem Programm der „Schwachstromtechnik" in Einzeldarstellungen ist in dem I. Teil des vorliegenden Buches über Primärelemente ein möglichst umfassender Überblick über den gegenwärtigen Stand dieses Gebietes gegeben worden. Die Theorie ist dabei in kurzer, prägnanter Form zur Darstellung gelangt, ohne Anwendung mathematischer Entwicklungen, die ja auch für einen derartigen Überblick der Technik dieses Gebietes wohl entbehrt werden kann. Des weiteren sind dann die älteren und neueren Primärelemente, die Normalelemente usw., behandelt. Der II. Teil ist der ausführlichen Besprechung der Akkumulatoren gewidmet. Den Schluß bildet ein Verzeichnis der Patente der letzten 15 Jahre, ein Literaturverzeichnis und alphabetisches Sachregister.

Verlag von R. Oldenbourg in München und Berlin.

Taschenbuch für Monteure elektrischer Beleuchtungs-Anlagen.
Unter Mitwirkung von **O. Görling** und Dr. **Michalke** bearbeitet und herausgegeben von **S. Frhr. von Gaisberg**. 34. umgearbeitete und erweiterte Auflage. 250 S. 8°. Mit 182 Textabbildungen. In Leinwand geb. Preis M. **2.50**.

„Zeitschrift für Heizung, Lüftung und Beleuchtung". . . . . Das Taschenbuch ist geblieben, was es war: ein Buch aus der Praxis für die Praxis geschrieben. Kein Elektrotechniker in praktischer Betätigung seines Faches wird das Werkchen entbehren wollen, wenn er erst einmal erkannt hat, welcher Schatz von Unterweisung und Belehrung in allgemein verständlicher Form darin zu finden ist.

„Der Elektrotechniker, Wien." . . . Die Herausgeber haben es verstanden, ihr best bekanntes und weit verbreitetes Taschenbuch auf der Höhe der Zeit zu halten. Die rasche Aufeinanderfolge der Auflagen spricht am beredtesten für seine Beliebtheit.

Elektrische Kraftbetriebe und Bahnen. Zeitschrift für das gesamte Anwendungsgebiet elektrischer Triebkraft.
Herausgeber: Dr.-Ing. **Walter Reichel,** Professor an der Kgl. Technischen Hochschule Berlin-Charlottenburg. Jährl. 36 Hefte mit etwa 800 Abbildungen und zahlreichen Tafeln. Preis für den Jahrgang M. **16.—**; halbjährlich M. **8.—**.

Das Programm der Zeitschrift umfaßt nicht nur elektrische Eisenbahnen im gewöhnlichen Sinne des Wortes, also Vollbahnen, Nebenbahnen, Kleinbahnen und Straßenbahnen, sondern erstreckt sich auch auf Drahtseilbahnen, Massengüterbewältigung, Hebezeuge, Aufzüge und Fördermaschinen, Selbstfahrer, Schiffahrt, elektrische Treidelei etc. Seit Januar 1907 hat das Programm noch eine Erweiterung dahin erfahren, daß auch die Berg- und Hüttenwerke und jene Maschinenbetriebe, welche sich des elektrischen Stromes als Triebkraft bedienen, Berücksichtigung finden.

Handbuch der praktischen Elektrometallurgie.
(Die Gewinnung der Metalle mit Hilfe des elektrischen Stroms.) Von Dr. **A. Neuburger,** Herausgeber der Elektrochemischen Zeitschrift. (Oldenbourgs techn. Handbibliothek Bd. IX.) 486 Seiten 8°. Mit 119 Abbildungen.

In Leinwand geb. Preis M. **14.—**.

„Technische Rundschau Berlin". Die Fortschritte, welche die Gewinnung der Metalle mit Hilfe des elektrischen Stroms in der Praxis gemacht hat, war Veranlassung, daß auf diesem Gebiet eine große Anzahl von Fachleuten teils mit, teils ohne Berechtigung mit Neuerungen hervortraten, so daß es vielfach schwer fällt, Brauchbares aus der Fülle des Materials herauszufinden. Diesem Umstand trägt das vorliegende Buch Rechnung, indem es eine Übersicht bezw. Auswahl dessen gibt, was sich nach dem heutigen Standpunkt in der Praxis bewährt hat. Verfasser, der als Herausgeber der „Elektrochemischen Zeitschrift" in diesem Fach wohl orientiert ist, hat denn auch ein Werk geschaffen, das diesen Anforderungen vollkommen gerecht wird und dem sich mit dem Studium der Elektrometallurgie beschäftigenden Fachmann einen klaren Überblick über das darin Erreichte gibt. Der Stoff ist in erschöpfender Weise behandelt, sachlich und übersichtlich angeordnet, und auch die äußere Ausstattung des Werkes läßt nichts zu wünschen übrig.

Ausführlicher Prospekt steht Interessenten zur Verfügung.

Zu beziehen durch jede Buchhandlung.

Verlag von **R. Oldenbourg, München und Berlin.**

Elektrotechnisches Auskunftsbuch

Alphabetische Zusammenstellung
von Beschreibungen, Erklärungen, Preisen, Tabellen und Vorschriften, nebst Anhang, enthaltend Tabellen allgemeiner Natur.

Herausgegeben von **S. Herzog,** Ingenieur.

IV und 856 Seiten 8°. Gebunden Preis M. **10.**—.

———

Die ungeheure Ausdehnung, welche die elektrotechnische Wissenschaft und die elektrotechnische Praxis genommen haben, bringt es mit sich, daß dem in der Praxis tätigen Elektrotechniker manchmal Schwierigkeiten dadurch entstehen, daß er gezwungen ist, oft mit sehr großem Zeitverlust eine umfangreiche Fachliteratur zu studieren, um über einen Begriff oder beispielsweise über das Gewicht oder den Preis irgendeines elektrotechnischen Artikels Aufschluß zu erhalten. — Diesem Übelstande zu steuern, soll nun vorliegende Arbeit dienen, welche in gedrängter Form über den größten Teil der in der Praxis vorkommenden Worte, Begriffe, Gegenstände, Materien, Preise usw. in alphabetisch geordneter Weise Aufschluß gibt. Der Arbeit selbst liegt ein umfangreiches und mühevolles Studium aller Zeitschriften und Literaturerscheinungen der letzten Jahre sowie eine eingehende Sichtung der Kataloge, Preislisten und Broschüren der meisten europäischen elektrotechnischen Firmen zugrunde.

Urteile der Fachpresse:

... Das Buch wird sich sicher gut einführen und den Ingenieur wertvoll unterstützen. Druck und Ausstattung sind gut.
(Elektrotechnische Zeitschrift.)

... Das Werk bildet ein brauchbares Nachschlagebuch und wird, wo es sich darum handelt, sich rasch über einen der Elektrotechnik angehörenden Begriff zu informieren, gute Dienste leisten.
(Der Elektrotechniker, Wien.)

... Es ist nicht daran zu zweifeln, daß hier ein nützliches und brauchbares Werk vorliegt. *(Elektrochemische Zeitschrift.)*

... Das vielseitige Buch wird für rasche und sichere Auskunft sehr willkommen sein. *(Glasers Annalen für Gewerbe und Bauwesen.)*

... Dieses Auskunftsbuch dürfte auf dem elektrotechnischen Gebiete einzig in seiner Art sein. Was das Werk besonders brauchbar macht, ist die Anordnung nach alphabetischen Stichwörtern. Dabei hat der Verfasser die Auskünfte nicht lediglich den Bedürfnissen des Konstrukteurs, sondern auch kaufmännischen Gesichtspunkten angepaßt, insbesondere durch Angaben über Herkunft der Materialien, über Bezugsquellen usw. Das Werk ist nicht nur für den elektrotechnischen Fachmann, sondern für jeden wertvoll, der mit der Elektrotechnik in irgendwelchen Beziehungen steht, für Bibliotheken und technische Bureaus ist ein solcher Ratgeber unentbehrlich. Die Zahl der Stichwörter beträgt über 2000. Das Buch hat 852 Seiten.
(Deutsche Techniker-Zeitung.)

Verlag von R. Oldenbourg in München und Berlin.

Deutscher Kalender für Elektrotechniker. Begründet

von **F. Uppenborn.** In neuer Bearbeitung herausgegeben von **G. Dettmar,** Generalsekretär des Verbandes Deutscher Elektrotechniker. Zwei Teile, wovon der 1. Teil in Brieftaschenform (Leder gebunden). Preis M. **5.—.**

Uppenborns Kalender für Elektrotechniker, der seit 25 Jahren erscheint, hat sich zu einem unentbehrlichen Ratgeber und Begleiter des praktischen Ingenieurs herausgebildet.

Ferner erscheint von dem Kalender eine Österreichische (Preis **Kr. 6.—**) und eine Schweizer Ausgabe (Preis **Frs. 6.50**).

Zur Theorie der Abschmelzsicherungen. Von Dr.-Ing.

Georg J. Meyer. 107 Seiten gr. 8°. Mit 26 Abb. Preis M. **3.—.**

Der Verfasser stellt zunächst eine allgemeine Theorie der einfachen Sicherungen auf, entwickelt die von ihm benützten Hauptgleichungen und diskutiert dieselben für lange, stabförmige Einsätze. Sodann veröffentlicht Verfasser die Ergebnisse systematischer Versuche mit verschiedenen Materialien (Blei, Zink, Aluminium, Kupfer, Silber, Zinn und eine Legierung von 60 % Zinn und 40 % Blei) und mit verschiedenen Querschnittsformen. Der zweite Teil der Abhandlung beschäftigt sich mit Sicherungskombination (Hintereinanderschaltung mehrerer Sicherungen, Parallelschaltung gleicher und ungleicher Einsätze.) Zum Schluß unterzieht der Verfasser an Hand seiner Untersuchungen die Verbandsnormalien deutscher Elektrotechniker einer schärferen Betrachtung und konstatiert, daß die bestehenden Vorschriften für die Normierung der Sicherungen unter Umständen einen wirksamen Schutz nicht gewähren. Die interessante Arbeit verdient in den weitesten Kreisen der Fachwelt ganz besondere Beachtung.

(Annalen der Elektrotechnik.)

Tarif und Technik des staatlichen Fernsprech-

wesens. Beitrag zur Systemfrage der technischen Einrichtungen. Von Ingenieur **Karl Steidle,** K. B. Oberpostassessor. Teil I: **Text.** 82 Seiten 8°. Mit 29 Tafeln. Teil II (Anhang): **Die Schaltungsanordnungen des gemischten Systems.** 4° mit 17 Tabellen, 188 Stromlaufbeschreibungen und 12 Tafeln (Stromlaufzeichnungen).

Teil I brosch. Teil II in Leinwand geb. Preis M. **6.50.**

Der Verfasser beschäftigt sich in dem vorliegenden Werke mit der Frage nach dem besten System der staatlichen Telephonumschalteeinrichtungen und kommt nach einer gründlichen, bis in die letzten Einzelheiten gehenden Durcharbeitung des Problems zu dem Ergebnis, sowohl vom wirtschaftlichen als technischen Standpunkte das sogenannte gemischte System, d.i. Handbetriebszentrale mit automatischen Unterzentralen, als das geeignetste zu empfehlen. Im ersten Teile werden nun die Stromquellen, die Handbetriebszentrale, die Zwischenumschalter und die Teilnehmersprechstellen nach dem gemischten System behandelt, sowie die Einführung des automatischen Gruppenstellensystems in den praktischen Betrieb bestehender Anlagen behandelt, während der zweite Teil mit 17 Tabellen, 188 Stromlaufbeschreibungen und zwölf Tafeln Stromlaufzeichnungen die Schaltungsanordnung des gemischten (Gruppenumschalter-)Systems zeigt. *(Zeitschrift für Post und Telegraphie, Wien.)*

Zu beziehen durch jede Buchhandlung.

Verlag von R. Oldenbourg in München und Berlin

ILLUSTRIERTE
TECHNISCHE WÖRTERBÜCHER
IN SECHS SPRACHEN

(Deutsch – Englisch – Französisch – Russisch – Italienisch – Spanisch.)
Herausgegeben von den
Ingenieuren **Kurt Deinhardt** und **Alfred Schlomann**.

Die „Illustrierten Technischen Wörterbücher" haben sich
zur Aufgabe gestellt,

sämtliche Gebiete der Technik
in einzelnen Bänden nach einem neuen System
(Fachgruppenbearbeitung
unter Zuhilfenahme der Abbildung, der Formel, des Symbols)
zu behandeln.
Jeder Band umfaßt ein Spezialgebiet und ist einzeln käuflich.
Alle sechs Sprachen sind nebeneinander angeordnet.

Bis jetzt sind erschienen
Band I:
Die Maschinenelemente
und die gebräuchlichsten Werkzeuge.
Bearbeitet unter redaktioneller Mitwirkung von
Dipl.-Ing. P. Stülpnagel.
Zweiter unveränderter Abdruck.　　(11.—18. Tausend.)
Mit 823 Abbildungen und zahlreichen Formeln.
In Leinwand gebunden Preis **M. 5.—**.

Man verlange die ausführliche Broschüre über die
„Illustrierten Technischen Wörterbücher", die Probe-
bogen aus drei Bänden, Probeseiten des alphabet.
Registers, Kritiken des In- und Auslandes u. a. mehr
enthält (Gesamt-Umfang 64 Seiten).
　　Die Broschüre gewährt einen umfassenden Einblick
in Arbeitsweise und Arbeitsstätte der „Illustrierten
Technischen Wörterbücher" und wird von der Verlags-
buchhandlung R. Oldenbourg, München, Glückstraße 8,
oder Berlin W. 10, kosten- und portofrei geliefert.

Illustrierte Technische Wörterbücher in sechs Sprachen

Herausgegeben von den Ingenieuren Kurt Deinhardt und Alfred Schlomann

Vor Kurzem erschien

Band II:

DIE ELEKTROTECHNIK.

Unter redaktioneller Mitwirkung von
Ingenieur **C. Kinzbrunner.**
**Der Band enthält etwa 15000 Worte in jeder Sprache,
nahezu 4000 Abbildungen und zahlreiche Formeln.**
In Leinwand gebunden Preis **M. 25.—.**

„Die Elektrotechnik" ist von den Herausgebern in der Weise ange-
ordnet, daß zunächst die Entstehung des Stromes sowohl in den chemischen
Stromquellen wie in den Maschinen, die Verteilung und Messung des Stromes,
sodann die Fortleitung und die Anwendung desselben behandelt worden sind.
Einen besonders starken Raum nimmt auch die Schwachstromtechnik in den
Kapiteln Telegraphie, drahtlose Telegraphie und Elektromedizin ein. Die
Elektrochemie ist soweit bearbeitet worden, wie sie für den Elektrotechniker
hauptsächlich in Frage kommt. Ein großer Teil der theoretischen Elektrochemie ist bei den Primär- und Sekundärbahnen auffindbar.
Die Starkstrom- und Schwachstromtechnik dürfte in der Ausführlich-
keit, wie es in dem zweiten Bande der „I. T. W." — Die Elektrotechnik —
geschehen ist, bisher nirgends lexikalisch behandelt sein. Daß dies von den
Herausgebern bewerkstelligt werden konnte, hat seine Ursache lediglich in der
von ihnen angewandten Methode (Skizze und Fachgruppenbearbeitung), die
an sich schon eine erschöpfende und gründliche Bearbeitung bedingt.

Inhaltsverzeichnis.

I. Elemente und Batterien. — II. Kessel- und Antriebsmaschinen. — III. Elektrische
Maschinen, Grundbegriffe, Magnetismus, Induktion, Wellen, Phase, Typen,
Entwurf, Erregung, Ankerberechnung, Kommutation, Magnetfeld, Erwärmung,
Verluste, Parallelarbeiten, Wicklungen, Konstruktion und Fabrikation, Wartung,
Prüfung, Unfälle. — IV. Schaltapparate, Sicherungen, Regler, Zellenschalter,
Schalttafeln. — V. Meßinstrumente. — VI. Elektrische Zentralen. — VII. Leitungen,
Drähte, Kabel, Isolatoren, Oberirdische Leitungen, Unterirdische Leitungen,
Unterseekabel. — VIII. Hausinstallation, Leitungsprüfungen. — IX. Beleuchtung,
Glühlampen, Bogenlampen, Elektrisches Installationsmaterial, Photometrie. —
X. Verschiedene Anwendungen der Elektrizität, Blitzableiter. — XI. Telegraphie,
Leitungstelegraphie, Signalapparate, Haustelegraphie, Drahtlose Telegraphie.
— XII. Telephonie, Mikrophon, Telephon, Fernsprecher, Drahtlose Telephonie.
— XIII. Elektrochemie, Galvanostegie, Elektrometallurgie. — XIV. Elektromedi-
zinische Apparate. — XV. Maßeinheiten und Elektrophysik, Maßeinheiten, Elektro-
physik. — XVI. Anhang. — Alphabetisch geordnetes Wortregister mit Angabe der
Seite und Spalte, in denen jedes einzelne Wort zu finden ist, a) deutsch, eng-
lisch, französisch, italienisch, spanisch in einem Alphabet, b) russisch. — Errata.

Ausführlicher Prospekt steht Interessenten zur Verfügung.

Im Jahre 1908 werden erscheinen:

Band III: **Dampfkessel, Dampfmaschinen und Dampf-
turbinen.** — Band IV: **Verbrennungsmaschinen (Ex-
plosionsmotoren).** — Band V: **Automobile.**

www.ingramcontent.com/pod-product-compliance
Lightning Source LLC
Chambersburg PA
CBHW030241230326
41458CB00093B/557